火炬高质量技术经理人培训指定系列教材

U0741216

科技成果转化与技术经理人

杨晓非　孙启新　汤鹏翔　姜全红　主　编

王　燕　姜　雪　米　磊　王　京　副主编

北京航空航天大学出版社

内 容 简 介

科技创新是促进国家经济发展、提高国际竞争力的有力武器,目前,我国加快实施创新驱动发展战略,推动科技创新和经济社会深度融合发展。由于科技创新的根本目的是把创新成果转化为现实生产力,因而科技成果转化是科技创新成败的关键,而科技成果转化是复杂的系统工程,涉及众多参与主体和众多影响因素,存在着诸多风险,需要引入技术经理人全程参与,通过把相关主体聚合在一起才能实现科技成果价值的最大化。本书系统介绍了科技成果转化的规律、参与主体、影响因素以及国外的经验做法,提出了技术经理人作为高端复合型人才从事科技成果转化工作所需具备的专业素养知识和关键性核心能力。

本书内容适合技术经理人以及其他技术转移从业人士参考使用。

图书在版编目(CIP)数据

科技成果转化与技术经理人 / 杨晓非等主编. -- 北京:北京航空航天大学出版社,2024.4
ISBN 978 - 7 - 5124 - 4106 - 4

Ⅰ. ①科… Ⅱ. ①杨… Ⅲ. ①科技成果－成果转化－研究 Ⅳ. ①G311

中国国家版本馆 CIP 数据核字(2023)第 099004 号

科技成果转化与技术经理人

杨晓非 孙启新 汤鹏翔 姜全红 主 编
王 燕 姜 雪 米 磊 王 京 副主编
策划编辑 董宜斌 责任编辑 杨晓方

*

北京航空航天大学出版社出版发行

北京市海淀区学院路 37 号(邮编 100191) http://www.buaapress.com.cn
发行部电话:(010)82317024 传真:(010)82328026
读者信箱: copyrights@buaacm.com.cn 邮购电话:(010)82316936
涿州市新华印刷有限公司印装 各地书店经销

*

开本 710×1 000 1/16 印张:20.25 字数:321 千字
2024 年 4 月第 1 版 2024 年 4 月第 1 次印刷 印数:4 000 册
ISBN 978 - 7 - 5124 - 4106 - 4 定价:89.00 元

编 委 会

前　　言

近代以来，人类文明取得的丰硕成果，得益于近代启蒙运动中人们思想观念的巨大解放，同时也得益于科学发现、技术创新，得益于科学技术应用于生产实践中形成的先进生产力的发展。

创新的概念源自创新理论。马克思在《资本论》一书中阐述了生产力与生产关系的辩证关系，分析了技术对经济社会发展的重要影响和作用。1912 年，美国学者 Joseph Alois Schumpeter(约瑟夫·熊彼特)首次提出了"创新"的概念。他在《经济发展理论》一书中指出，经济发展是以创新为核心的演进过程。若没有创新，经济则是静态的、没有发展和增长的活动，经济之所以不断发展，是因为在经济体系中不断地引入创新。

要加快完善社会主义市场经济体制和加快转变经济发展方式，实施创新驱动发展战略；创新分为科技创新、制度创新、管理创新、商业模式创新、业态创新和文化创新，其中，科技创新是提高社会生产力和综合国力的战略支撑。

1. 科技创新与科技成果转化

科技创新是指多方主体通过协同创新机制的共生作用，以新产品、新方法、新市场、新材料、新组织的方式实现科技成果的商业化、产业化，最终推动人类社会进步和经济社会发展。整个科技创新过程可分为成果形成阶段、成果转化阶段、成果推广及应用阶段。

成果形成阶段一般包括理论研究阶段和技术开发阶段。理论研究阶段主要是对基本理论的研究，一般由研究机构、高校完成；技术开发阶段主要对市场需求信息、成果相关发展情况进行分析，进而立项决策，再投入一定的资金、设备、人才进行成果的改进。该阶段基本完成了理论到技术的转换，一般由科研机构、高校以及企业的研发部门共同合作完成。

成果转化阶段是科技成果由理论向实践进行转化的阶段。首先根据市场需求信息进行成果可行性分析，然后投入一定的资金、设备、人才等进行试验开发，形成实验样品，再根据市场需求信息进行样品的市场前景分析，向有市场前景的样品投入资金、设备、人才等资源，最后，将其转化成符合市场需求的商品或服务。这个阶段一般由科研机构、高校以及企业、中介机构等共同合作完成。

成果推广及应用阶段是科技成果走向市场的阶段。首先，将转化后的商品或服务交给企业，由企业做一定的包装，接着向其投入资金、设备、生产人员等资源批量生产，再投放市场获取相应的利益。这个阶段主要由企业完成，主要完成技术产品向商品产品的转化，并向市场进行输送。该阶段成果的表现形式为商品或服务。

1

从科技创新到成果转化的过程并不是单向进行的,科技成果转化为市场所需的产品服务后,需要对市场需求的实际情况进行分析,并将分析结果反馈到科技成果的基础研究阶段,进行技术的改进与创新,进而研发出更有价值的产品。

科技成果转化是科技创新的主要实现方式。科技成果转化是指为提高生产力水平而对通过科学研究与技术开发所产生的具有实用价值的成果进行试验、开发、应用、推广,直至形成新技术、新工艺、新材料、新产品,发展为新产业等的活动。

科技成果转化的目的是将科技成果转化成市场所需的商品或者服务,进而产生相应的经济效益和社会效益,其包括科技成果的"转"和"化"两个过程,分别代表科技成果"转移、转让"的流动和科技成果性质"变化"的演化过程。具体来讲,"转"指科技成果的使用权或所有权发生转移,以科技成果的商业转让、产学研合作、向公共科研机构的衍生企业转让等形式为主;"化"是指科技成果发生"质"的变化,即科技成果经过试验被深度开发和应用的具体化、实用化、商品化和产业化过程。在现实生产活动中,"化"包括科技成果的小试、中试、产品化、商品化、产业化等。

基于以上分析不难看出,科技创新是一个复杂的系统工程,科技成果转化是指这个复杂系统工程的实现过程。鉴于科技创新系统的复杂性以及各个主体之间的相互关联关系,国家不断在深化科技体制改革,强化科技与经济对接,在遵循社会主义市场经济规律和科技创新规律的基础上,破除一切制约创新的思想障碍和制度藩篱,构建支撑创新驱动发展的良好环境,建立以企业为主体、市场为导向、产学研深度融合的技术创新体系,更大程度上促进科技成果转化。

2. 科技成果转化的人才要素

在科技成果转化的全过程中,人才是第一关键要素。国家于 2015 年印发的《深化科技体制改革实施方案》及 2016 年印发的《关于深化人才发展体制机制改革的意见》均指出,人才是经济社会发展的第一资源,创新驱动实质上是人才驱动。科技成果转化中的人才既包括科学家、技术人才、企业家,也包括技术转移管理人员,如技术经纪人、技术经理人等专业技术转移性人才。

技术经理人在科技成果转化和技术转移中的重要作用在国际上是公认的,自 20 世纪 60 年代以来,国际上成立了大量的技术经理人行业组织,特别是进入 21 世纪以来,世界主要国家纷纷意识到发展技术转移国际从业标准的重要性,通过组建国际行业联盟和开展考试与资格认定工作,掌控技术转移的国际人才资源,进而在世界科技创新和经济发展中获取战略竞争优势。2018 年 12 月 5 日,国务院常务会议强调,要引入技术经理人全程参与成果转化。技术经理人作为国家高层次职业化技术转移人才,以专业化的素养能力为基础,以促成科技成果转化为使命,将在我国科技创新和成果转化工作中发挥重要作用。

我国当前的科技成果转化主要是指高校和科研院所创造的科技成果的商业化和产业化,这其中融合了知识世界的学术规则和经济世界的市场规则。高校和科研院所科技成果的商业化与市场化,技术含量高,同时涉及法律、管理等,是一项非常专业的工作。在高校和科研院所科技成果的商业化与市场化过程中,高校和科研院所以及相关科研人员拥有对科技成果的所有权,同时投资人、专利代理师、资产评估师、技术经纪人等多种角色相继出现,并发挥相应作用。在整个科技成果转化的链条中,不同类型和角色人群的理念、出发点、利益点各异。技术经理人能够运用专业知识和实务能力,把这些相关人员聚合在一起,使其发挥各自特长和优势,共同实现科技成果价值的最大化。技术经理人通过契约或雇佣关系,对科技成果进行经营管理,以实现学术和知识资本的利益价值最大化。可以说,技术经理人就是为了这个使命应运而生的。

正是因为要全程参与科技成果转化,需要把参与科技成果转化的所有相关主体聚合在一起实现科技成果价值的最大化,所以技术经理人需要具备所有相关领域的知识与能力。具体来说,由于技术经理人经营管理的是科技成果转化中的科技成果,而高校和科研院所是科技成果的产生主体,因此,技术经理人应该是受高校和科研院所委托以契约关系对科技成果商品化进行经营管理的专业人才。他们既要懂科技成果的技术,又要懂市场经营,更要具有协同合作的精神;他们是兼具多种素质的高级管理人才,既要对市场有深刻理解,也要对成果和资金的对接过程有很高的领悟力,还要有强大的战略策划能力;他们能够对项目进行包装、营销和实时跟踪,促进项目最终取得成功。

技术经理人不仅要掌握基本的专业学科知识,还要对所负责的特定专业技术领域熟悉、精通;他们只有对技术的研究开发、试验、试制、规模生产的全过程有一定程度的了解,才能提供深层次的服务。与此同时,技术经理人还要了解,并掌握研发相关科研成果的教授、专家的主体情况;关注学术前沿科研成果,在相关的学术领域具有广泛的人际关系;关注相关研究领域中具有产业转化潜力的技术成果,能够挖掘有潜力的青年人才。由于科研成果转化最终要参与到市场经济中,所以技术经理人必须了解经济学的基本知识,并掌握与自己从事业务相关的金融、财会、统计、管理等方面的知识。为了更好地了解企业的需求、促进企业购买技术,技术经理人需要熟悉相关技术用于生产的全过程,包括产品质量、工艺标准及管理情况。此外,由于政府出台的相关政策对于推动科研成果有效转化起着非常重要的作用,因此技术经理人要对国家、地方及学校出台的相关产学研政策理解透彻,善于同政府部门打交道。技术经理人要能正确运用各种科技、经济政策,调查商品可行性的市场情况、供应状态及发展趋势。

作为新时代国家创新驱动发展战略背景下国家亟需的高端复合型的专业化人才,技术经理人的培养具有非常严格的要求。技术经理人作为职业经理人的新类属发展,是一定社会经济关系在新时代的产物。现代职业经理人是凭借其经营管理能力而获得报酬的人,担当并胜任经理职务的人必须具有经营管理的能力,不具备此能力的人是没有资格成为经理人的。即使在职业经理人制度已经建立的情况下,能否形成合理的经理人生成机制的关键在于经理人经营管理能力的培养与造就。而职业经理人获得经营管理能力有两种途径：一种是"做中学"，另一种是教育培训。所谓"做中学"就是在实际的经营管理中通过向有经验的人学习，或者通过更具体的分工而逐步积累形成经营管理能力，这种途径在职业经理人产生之初占多数，在现在经营管理中仍然占比较多。但随着时代的发展，社会对管理的需求增多，各种管理的共性逐步被人们所意识，大家在对具体管理知识抽象的基础上形成了一般管理共识，于是社会上兴起了专门从事研究、传授这种知识的职业即管理教育培训。管理教育培训成了孵化现代职业经理人的"摇篮"，大大加快了职业经理人的职业化步伐。因此，技术经理人的培养形成了将"做中学"和教育培训两种途径相结合的方式，这样更能有利于培育和造就经理人经营管理能力，而仅仅依靠一种途径难以培养和造就出多方位，优秀的技术经理人。

3. 本书结构框架

基于新时代国家赋予技术经理人的历史使命和任务要求，本书系统介绍了科技成果转化的概念、工作规律、发展历程、政策生态、经验做法，"一带一路"背景下国际技术转移的发展形势，以及科技成果转化的创新主体、技术交易、创新创业和科技金融、知识产权保障，总结了从事科技成果转化工作所需要具备的共性专业常识和核心能力，为国家专业化技术转移人才培养工作提供了理论依据和实践指导。

本书在编写过程中参阅了大量的文献资料，均在正文之后的参考文献中进行了著录。此外，本书还提供了对从事科技成果转化和技术转移工作具有参考和学习价值的推荐书目，以满足技术转移从业人士自我学习发展的需要。

编　者

目　　录

第1章 科技成果转化概述

2015年,中共中央和国务院发布《关于深化体制机制改革加快实施创新驱动发展战略的若干意见》指出,要加快实施创新驱动发展战略,强化科技同经济对接、创新成果同产业对接、创新项目同现实生产力对接,增强科技进步对经济发展的贡献度。同年,全国人大对《中华人民共和国促进科技成果转化法》进行了修订,从法律制度层面对促进科技成果转化为现实生产力、科技成果转化活动、加速科学技术进步、推动经济建设和社会发展进行了规范。2017年,国务院印发的《国家技术转移体系建设方案》指出,国家技术转移体系是促进科技成果持续产生,推动科技成果扩散、流动、共享、应用,并实现经济与社会价值的生态系统。建设和完善国家技术转移体系,对于促进科技成果资本产业化、提升国家创新体系整体效能、激发全社会创新创业活力、促进科技与经济紧密结合具有重要意义。这是新时代国家对科技成果转化工作的顶层设计。为了切实做好科技成果转化工作,落实国家创新驱动发展战略,需要了解科技成果转化的目的实质、相关概念、过程规律以及科技成果转化的整体工作体系。

1.1 科技成果转化的本质

1.1.1 科学与技术

一般来讲,科学是指人们在生产实践和社会生活中积累的,并经过严密论证的关于自然、社会和思维的本质、特征和发展规律的知识体系。它既包括自然科学,又包括社会科学。它的主要目的是揭示世界各种现象所固有的规律,并对各种规律提出正确的解释。它的主要任务是透过各种杂乱无章的现象,综合、总结、研究事物的客观规律,并运用这些规律指导人们的社会实践活动。

科学的价值在于认识客观世界,在于求真,在于它的真理性。科学的本体价值是为人们提供客观事物发展规律系统的知识,而科学的社会价值是为社会发展、人类文明进步、生产力发展奠定基石,提供知识资源与动力。此外,科学的价值不限于奠定生产力发展基础,以其知识的科学价值哺育人类,它还具有巨大的认识价值和精神价值,但科学不具有直接的经济价值。

"技术"一词,含义甚广。按本意是指人类在实践活动中表现出来的技能和技巧;它以人作为载体,随着人在活动中的变化而出现或消失。随着生产的发展,大机器出现,工具从人的双手或手工工具向机械工具转变,这时技术就不是以人为载体,而是以物为载体了。技术与活动的主体分离后,得到了独立发展。这样看,技术除了包括劳动者所掌握的生产知识和操作技能,主要还是以知识形式为代表的各种工艺、操作方法与技能。单机或成套设备,单纯的设备只是技术产物和技术载体而不属于技术本身。技术作为人类改造世界的一种手段,具有直接生产力的价值,因此它具有专利性、所有权性,可以投入市场,进行有价交换。

科学与技术,原本是两个不同的概念,而且是各自独立、相互分离的。科学与技术相结合是社会生产力不断发展的结果。据有关资料记载,"科学家"一词在1840年才首次出现,当时科学与技术并没有结合,科学与技术相结合始于1850年。这是由于社会的进步,社会生产力的发展,尤其是技术的进步,不断向科学提出新的任务和要求,并将科学推向前进。而科学的每一次进步,又会为技术的发展奠定基础,创造条件。二者相互促进,共同提高。当今,由于科学与技术的高速发展,更是促进了二者的紧密结合,使其融为一体。虽然科学和技术并不是一回事,现在人们却习惯将科学与技术连在一起,合称为"科学技术"。

科学与技术的关系紧密相连,互相促进,科学引导技术,技术催发科学,科学是技术的基础,技术又是科学活动的"认识的器官"。可以说,在当代,没有科学就不会有技术;同样,没有技术的发展,也就不会有科学的发展。科学是生产力发展的后盾,技术可以直接生产力的身份表现在生产过程中,可以作为生产力发展水平的标志呈现出来。

1.1.2　科技与经济

现代科学技术已经越来越广泛地渗透到经济生活的各个方面,成为促进经济发展的重要因素。同时,现代科学技术也越来越依赖于经济发展的规模和水平,经济逐步成为科学技术发展速度快慢的决定因素。科学、技术、经济三者之间相互关联,相互影响,形成一个有机系统。随着社会的进化和发展,科学、技术、经济之间的相互关系已从简单逐步变得复杂,经历了不同的发展模式。

在人类社会形成初期,人们对技能、技巧的追求,只是为了获取更多的食物,更好地延续生命。正是由于获取食物的手段和生存技术的不断提高,人类才逐步过渡到以生产为生存形式的社会形态上来,伴随的生产技术也在不断地提高。当社会主体在技能、技巧上有了实质性的飞跃,生产会获得更多的物资储备,人类便产生了积累和发展的念头。一方面是物质积累和物质生产的发展,另一方面是技能、技巧以及精神、思想的积累和发展,这样,史前科学(准科学)就产生了。从这种意义上说,科学的产生是技术与生产(经济)飞跃发展的直接结果。这个时期,科学、技术、生产(经济)的关系是非常简单的,单向的促进关系。这时,技术、生产的发展促进了科学的发展,而科学的产生和发展只是对生产和技术经验的部分总结,科学对技术和经济的促进作用很小。

欧洲文艺复兴以后,经典科学体系建立,促进了技术、经济的发展。近代科学的产生和发展,使得科学、技术、经济三者的关系发生了变化。一方面,人们继续从生产、技术活动中总结实践经验,并将其归纳、抽象上升为理论,形成科学,另一方面,科学的羽翼已较为丰满,科学有了自身的内动力和发展逻辑,理论具备了超前性和预见性。由于理论的超前性,使科学不再仅是对生产、技术的经验总结,而更多的是指导技术、生产实践。科学的这一历史性转变,使科学、技术、经济之间相互作用的主要方式也发生了转化,即变成由科学带动技术,再由技术促进经济的发展模式,技术由此变为科学和经济的中介和桥梁。

从 19 世纪下半叶开始,人类步入了新的技术时代,科学、技术、经济之间相互作用的关系也发生了质的变化。其一,技术和经济日益融合为一体。高新技术产品和技术密集型产业的兴起,使技术本身变成一种直接财富,技术出口产业已成为国际经济竞争的焦点。技术和技术产品出口已成为世界经济贸易的重要发展趋势,同时也是发展外向型经济的必然选择。发展出口技术及技术产业是日本及欧美等一些国家成为经济大国的成功经验。其二,当今科学的发展越来越向纵深发展。高精尖科学每向前迈进一步,都要付出巨大的劳动代价。从前那种个别科学家依靠个人的聪明才智,在简陋的实验室也能做出划时代的科学成就的时代已经不复存在了,取而代之的是需要集中大批科学家,运用大批精密实验设备和大量资金的投入。经济上的支持与保证,已经成为现代科学发展必不可少的外部条件。同时,没有技术的保证,也不可能设计出高要求的实验室。所以,从某种意义上说,现代科学的进步是以技术进步和经济发展为前提和基础的。其三,科技发展的目标更明确已经成为经济发展的手段和工具,经济发展是科技进步的最终结果。

在现代发展模式下,科技成果转化为生产力,促进经济的迅速发展,而良好的经济环境,充足的科研经费以及科研经费在不同领域的合理分配,又促进了科学技术的迅猛发展,新科技成果不断涌现,进而又不断转化为新工艺、新产品,再产生更大的经济效益。科学、技术、经济的现代发展模式要求科学、技术、经济要协调发展,即科学、技术,经济在外界环境中,各个要素在某种规律的支配下,形成一种进化发展的良性循环。

1.2　科技成果转化的相关概念

1.2.1　科技成果

“科技成果”是具有中国特色的词汇,是我国科技管理研究与实践过程中形成的专有称谓。国外对于科研项目的研发结果,一般会根据其类型不同进行分类,如学术论文、专著、标准、科技报告、专利等,而没有与“科技成果”相一致的称谓。在我国,“科技成果”的概念提法主要体现在不同时期的立法中,伴随着人们的不同理解,科技成果的概念与内涵经历了一个演变过程。

1978 年,原国家科委在《关于科学技术研究成果的管理办法》中指出,

"科学技术研究成果是广大科学技术工作者劳动的结晶,是全国人民的重要财富",但这并不是对"科技成果"的概念界定。1996 年国家制订的《中华人民共和国促进科技成果转化法》中也没有对"科技成果"进行界定,而是在"科技成果转化"的描述中指出,"科技成果转化"的对象是"科学研究与技术开发所产生的具有实用价值的科技成果"。

1996 年,《中华人民共和国促进科技成果转化法》中对立法的表述把科技成果分为"具有实用价值的科技成果"和"不具有实用价值的科技成果"两种。2015 年,国家对《中华人民共和国促进科技成果转化法》进行了修订,并在立法条文中对"科技成果"进行了明确界定,"科技成果,是指通过科学研究与技术开发所产生的具有实用价值的成果。"其中把之前相区分的两种科技成果进行了统一,即只有"具有实用价值的成果"才是"科技成果"。这种概念的统一界定,对推动科技成果转化具有重要的意义。

随着我国经济的高速发展,科技创新已成为经济发展的第一推动力,是国家实现经济体制改革、调整优化产业结构、提升核心竞争力的重要手段。科技创新绝不仅仅是实验室里的研究,而是必须将科技创新成果转化为推动经济社会发展的现实动力。因此,科技成果有时也被称为"科技创新成果"或"创新成果"。

1. 科技成果的类别

1978 年,《国家科委关于科学技术研究成果的管理办法》中,把科学技术研究成果分为了三类:①科学技术成果,即自然科学方面的具有创造性的理论研究成果;②技术成果,是使生产多快好省的新技术、新方法、新产品、新工艺;③重大科学技术研究项目的阶段性成果。

1984 年,《国家科委关于科学技术研究成果管理的规定》中把科技成果分为了五大类:①为解决某一科学技术问题而取得的具有一定新颖性、先进性和实用价值的应用技术成果;②在重大科学技术项目研究进程中取得的有一定新颖性、先进性和独立应用价值或学术意义的阶段性科技成果;③消化、吸收引进技术取得的科技成果;④科技成果应用推广过程中取得的新的科技成果;⑤为阐明自然的现象、特性或规律而取得的具有一定学术意义的科学理论成果。

2000 年,科技部在《科技成果登记办法》中把科技成果分为了三大类:①应用技术成果;②基础理论成果;③软科学研究成果。2003 年,科技部在《科学技术评价办法》中对三类科技成果进行了详细解释：①基础研究成果，是指在基础研究领域阐明自然现象、特征和规律，做出重大发现和重大创新，以及新发现、新理论等的科学成果，以在国内外有影响的学术期刊上发表的代表性论文及被引用情况作为评价的重要参考指标；②应用技术成果，是指运用科学技术知识在科学研究、技术开发、后续开发和应用推广中取得新技术、新产品，获得自主知识产权，促进生产力水平提高，实现经济和社会效益的技术成果，以技术指标、投入产出比和潜在市场经济价值等作为评价的重要参考指标；③软科学研究成果，是以研究成果的科学价值和意义，观点、方法和理论的创新性以及对决策科学化和管理现代化的作用和影响作为评价重点。软科学研究成果的研究难度和复杂程度、经济和社会效益等应作为评价的重要参考指标。

2. 职务科技成果

职务科技成果在我国科技成果总量的占比较大，是科技成果转化的核心。2015年，修订的《中华人民共和国促进科技成果转化法》明确了职务科技成果的定义，即职务科技成果是指执行研究开发机构、高等院校和企业等单位的工作任务，或者主要利用上述单位的物质技术条件所完成的科技成果。调动科研人员参与科技成果转化的积极性，尤其是高校、科研院所等事业单位科研人员的积极性，是提高职务科技成果转化率的关键。

根据财政部2019年修改的《事业单位国有资产管理暂行办法》的规定，职务科技成果源于国家投资的研究项目，属于行政事业单位国有资产。在此基础上，《事业单位国有资产管理暂行办法》规定了高校、科研院所等事业单位在国有资产管理中的职责，包括负责本单位资产的增值、保值和有效利用等。尤其是该办法第20条明确规定，事业单位应当加强对本单位专利权、商标权、著作权、土地使用权、非专利技术、商誉等无形资产的管理，防止无形资产流失。就职务科技成果而言，一项技术成果被发明之后，其需要被迅速地投入到生产实践当中，技术研发的价值才得到体现，这也是国有资产有效利用的要求；更为重要的是，在科学技术迅速发展的社会背景下，技术的升级换代有可能在相当短的时间内完成。因此，一项技术被发明出来之后，其如果不能在短时间内投入应用，该项技术就有可能被新出现的技术所替代而失去使用价值，这无疑会造成国有资产的流失。就此意义而言，不管是在国有资产有效利用层面，还是在防止国有资产流失层面,高校、科研院所等事业单位都应承担推进科技成果转化的责任和义务。

1.2.2 科技成果成熟度

科技成果本身的成熟度问题是制约科技成果转移转化的最重要因素之一。大部分科研项目结题形成的所谓"成果",在先进性、实用性、成熟性、商业价值性(经济性)方面很难同时兼备,从某种意义上来说,这些"成果"并不是真正意义上的成果。许多"成果"存在技术进步小、技术参数不稳定、不能直接转化等,没有达到可以向生产转化的成熟度,难以真正应用到生产中去。因此,促进科技成果成熟化,提高成果供给质量,是加速科技成果转化的重要途径之一。

1. 科技成果成熟度的涵义

科技成果成熟度(一般也称为技术成熟度)是综合反映科技成果技术的实用性程度、在技术生命周期中所处的位置,以及实施该成果的工艺流程与所需配套资源的完善程度等,也是反映某个具体系统或项目中的技术所处的发展状态,以及该技术对于达到或实现该系统或项目预期目标的满足程度。

科技成果成熟度可以从 5 个维度评估:①实用性程度。实用性是衡量科技成果成熟度的一个重要指标。②技术生命周期。任何技术都有起步、成长、成熟和衰退 4 个阶段。起步阶段,是指一项技术的诞生或发明之初,此时还不知道该技术有何用途,即还不确定该技术的实用性如何。到了成长阶段,该技术被先知先觉的企业家或创业者转化为产品,但此时因技术自身或者配套技术、工艺流程等不完善,技术产品也不完善,而且因市场不成熟,竞争者也较少,产品价格较高。当进一步发展到成熟阶段时,技术已经普及,会大量应用于公司中,进而引发价格战,利润率大幅降低。到了衰退阶段,该技术已经十分成熟,创新空间狭小,并可能被新技术所取代。技术生命周期的不同位置反映了技术的不同成熟度,换句话说,技术成熟度也可用技术生命周期标度。③工艺流程的完善程度。产品的样品研制出来后,随着工艺流程的完善,产品的性能、品质、成熟度、规模化水平不断提高,单位生产成本不断下降,性价比不断提高,技术会达到比较高的成熟度。④配套资源的完善程度。技术成熟度涉及相关配套资源的完善程度,包括原材料、生产工具与设备、零部件、外协加工、代理商或经销商等渠道。配套资源越完善,技术成熟度越高。⑤技术发展状态。此维度包括科研项目立项、研发、产品研制、工艺开发等,以及有多少人从事该技术研究等,反映科研技术研发的应用性情况。

科技成果转化不仅取决于科技成果是否成熟,还取决于其市场形成情况,即市场成熟度。比较知名的市场成熟度模型是创新扩散模型,也称技术采用生命周期模型。从市场成熟度角度看,技术采用者分为创新者(高科技倾向者)、早期采用者(愿景先行派)、早期从众者(早期大众、价格和品质重视派)、晚期从众者(晚期大众,随大流派)和落后者(高科技保守派)五类。市场对创新的接受并不是连续的过程,各阶段的转换也不是一帆风顺的。创新者与早期采用者之间、早期采用者与早期从众者之间、早期从众者与晚期从众者之间、晚期从众者与落后者之间都存在"裂缝"。其中,早期采用者与早期从众者之间的"裂缝"比较大,前者代表初期市场,后者代表主流市场。从技术采用情况判断科技成果成熟度,可以修正仅从商业化程度判断科技成果成熟度的偏差。因此,提高科技成果成熟度,应当把握好顾客分布,并加以细分,分清各类顾客之间的关系,以及竞争对手情况,加强产品完善和工艺改进工作,以适应不同阶段的顾客需求。

2. 科技成果成熟度评价

科技成果成熟度评价,是指采用系统化标准、方法和工具等对科技成果的成熟度作出定性或定量评价,从不同的角度看,其价值有所不同。

从投资的角度看,对某一科技成果进行成熟度的评价结果可用于是否选择使用该成果的参考依据,或者用于判断该成果价值,以及转化该成果需投入资源情况,离预期目标还有多远等。从研发的角度看,对某一科技成果进行成熟度的评价结果可用于改进研究方式,调整研发的计划进度和资源配置,修改预算等,进而不断提高其成熟度,以研制关键技术。从监督的角度看,对科技成果作出成熟度评价,可判断该成果的研究是否是按照预订研发进度进行的,是否达到预期目标,以及离预期目标还有多远等,为改进研究路线、调整经费预算提供依据,达到降低研发风险的目的。从技术评估角度看,评价结果是科技成果价值评估的重要依据,因为科技成果成熟度与其价值密切相关,成熟度越高,其价值则越大,反之则越小。

从科技服务机构的角度看,通过科技成果成熟度评价,能判断科技成果所处的状态,转化该成果所应具备的条件,还需投入哪些要素资源,进而找到服务的切入点,是向委托方提出相关建议的重要参考依据。

1.2.3 科技成果转化

科学技术日益成为推动经济与社会发展,实现国家富强的决定因素,但是科学技术的研究成果在未应用于生产领域之前,仅仅是知识形态的、潜在的生产力,要使其变成直接的生产力,还需要成果管理机构和使用单位对其加以推广和应用,这个过程谓之转化。科技成果转化亦有广义与狭义之分,狭义的科技成果转化指科技成果直接转化为生产力要素,通常是应用性研究成果通过技术开发和产品开发,形成新产品、新工艺和新的管理技术或方法。广义的科技成果转化指从各类科技成果的创造形成到转化为现实生产力的过程,既包括自然科学成果的转化也包括社会科学成果,及其交叉的科技成果的转化。

2015 年,修订的《中华人民共和国促进科技成果转化法》中规定,"科技成果转化,是指为提高生产力水平而对科技成果所进行的后续试验、开发、应用、推广直至形成新技术、新工艺、新材料、新产品,发展新产业等的活动。"科技成果的转化,就是把科技成果特有的潜在效益,转化为实际的效益,包括科技成果的应用和推广、科技成果的工艺化、科技成果的产品化、科技成果的商业化和科技成果的产业化等多层含义,是十分复杂的过程。

科技成果的应用包括两个方面。一是把基础研究、应用研究或实验室里的成就应用于实际生活和生产。如果科技成果不成熟,还不能投入实际应用,那么就要继续开展研发活动,把不成熟的技术转化为成熟的技术,把输出方的技术转化为适用于输入方的实用技术。另一方面,是指用新的技术和方法改造传统的产业,或者是把先进的科学技术成就应用于实际生活,以改变现有的工作或生活方式。科技成果的推广是对成熟的技术的扩散、传播和应用。

科技成果的工艺化、产品化、商业化、产业化,既是科技成果应用的过程,也是科技成果应用的结果。工艺化是把科技成果转化为新的生产工艺,或用科技成果改造旧的生产工艺,这样做可以提高生产效率,也可以降低生产成本,或者提高工艺质量和产品质量。产品化是利用科技成果生产出新的产品,把科技成果应用于改造现有的产品,使现有的产品降低成本,或者使产品获得新的功能以及提高它的使用性能。商业化是科技成果有了市场需求,或是技术本身作为商品得到了应用,利用科技成果生产的产品投放到了市场。科技成果的产业化则是指通过科技成果的应用创造了新的产业。

1. 技术转移

"技术转移"概念的出现在 1945 年,美国 Frankin D. Roosevelt (罗斯福)总统的科学顾问 Vannevar Bush(万尼瓦尔·布什)在给总统写的《科学——无止境的前沿》报告中,首次正式提出了"技术转移"概念。1964 年,第一届联合国贸易发展会议把技术转移定义为"技术输入和技术输出的统称"。

在我国,经国家质检总局、国家标准委批准,由科技部发布实施的《技术转移服务规范》国家标准(GB/T 34670—2017)中指出,技术转移是指制造某种产品、应用某种工艺或提供某种服务的系统知识,通过各种途径从技术供给方向技术需求方转移的过程。技术转移的内容包括科学知识、技术成果、科技信息和科技能力等。

技术转移在国际上兴起的原因,主要是由于落后国家和地区赶超先进国家和地区的需要、科技经济垄断竞争的需要、发展技术贸易的需要以及军工转民用的需要,但同时也是技术自身发展的必然结果。当今技术的发展出现了三个显著特点:①综合化。原有技术相互交叉渗透产生新技术,现成技术综合应用产生综合性技术,简单技术结合组成复杂技术。所以,单独开发一项新技术需要把不同来源、不同特点、不同地区的技术结合起来已变得日益困难。②发展加速。在现代条件下,一项新技术出现,必然以先进生产力的强大力量向一切能够发挥作用的领域扩张。技术研制应用周期越来越短,技术更新速度越来越快。③以科学为基础。技术发展过程中出现的各种高新技术,基本都是在基础理论研究取得重大突破之后才发展起来的。现代技术具有科学的品格,和以往以经验为基础的技术相比,现代技术应用的范围是辽阔的,这是技术转移发展的基础。

2. 技术转移与科技成果转化的关系

科技成果转化和技术转移是两个既有密切联系又具有不同内涵的概

念。科技成果转化与技术转移互为因果,其作用和角色定位也是相互转化的。技术转移的过程中可能需要对科技成果进行转化,"转移"是目的,"转化"是手段。科技成果转化可能需要通过技术转移实现,"转化"是目的,"转移"是手段。从法律和政策的角度来说,科技成果转化和技术转移属于同一法律范畴,本质上都是调节研发者和应用者之间的关系,缩短从研发到应用的时间进程,提高科技成果的利用效率。

从国内外的法律和政策实践看,中国制订了科技成果转化法,而没有技术转移法;美国等西方国家制订了技术转移法,但没有科技成果转化法。

在二战期间及二战后,美国投入了大量的人力、物力和财力,用于基础研究和应用研究。美国是以私有制为主体的资本主义国家,维护私人企业的利益,促进自由竞争是其制度的基本原则。以西方的价值观看,美国联邦政府的开支都来自于纳税人,这些钱所资助的研究项目虽然在国防和国家安全中得到了重要应用,但是私人部门和私人企业往往并不能从中得到实惠。1980 年,美国修订了专利法,形成了《拜杜法案》,后来又相继出台了一系列相关法律,就是为了解决技术流动问题。

相比美国为代表的西方科技法律政策,中国的科技成果转化法较多体现了中国社会制度的公有制特性。科技成果转化中所指的科技成果,主要是指政府计划立项,并由政府财政资助的科研计划项目所产生的成果。这些成果理应是一种公共资源,但是科研和实际应用的脱节使得这些公共资源成了高校和研究所的私有产品。科技成果转化就是使这些公共资源从高校和科研院所的科研孤岛中转移出来,为公众所用,为社会生产所用。

从根本上说,制定法律和政策是为了维护国家的整体利益。科技政策及法规的主要作用在于促进国家的科学技术进步,进而带动整个国家的产业进步,提高产业在国际市场上的竞争力,促进经济快速发展。不论制度背景如何,科研体制有什么不同,科技成果转化都是科技政策实现的主要目标之一。站在政府这个宏观行为主体的角度,以及国家整体利益的这个高度,技术转移是科技成果转化的手段,而科技成果转化是技术转移的目的。

1.2.4　科技成果转化的市场机制

科技成果的转化，一方面依赖有效的市场，一方面依靠制度条件。有效的市场不仅包括针对产品生产、分配、交换、消费的市场，还包括有效的技术市场，即以技术作为要素和资源进行创造、交易、定价、使用的市场环境。在物质资源、人力、资本等要素充分流动的市场中，科技成果转化的壁垒和交易成本都会较低。在制度条件方面，合理的产权制度对科技成果转化具有重要的保障作用，如充分的知识产权保护制度，以及明确的科技成果使用、处置和收益权界定。技术创新的有效激励、管理与保护，会效形成知识产权创造、运用、转化的价值链条，加上巨大的市场需求潜力，即可以促进科技成果转化市场机制的良性运转。

在市场环境中，研发成果的高校与科研机构是技术供给者。生产企业，一方面是技术需求方，同时也是产品的供给方。消费者则为产品的需求方。在产品市场，产品的供给与需求一方面相互作用，一方面会相互影响；技术市场也存在与之类似的情况，只是技术的信息更加不对称，交易成本（如信息获得成本、谈判成本、制度成本，以及各种实现市场价格机制的成本等）更高，因此技术市场借助外部评价机制的需求也更大。在企业内部，企业经营者需要把握产品、服务的需求动向，同时需要发掘有效的技术供给潜力，因此，企业间的竞争主要体现在产品策略和技术竞逐两个方面。从整体看，高校与研究机构是科技创新的主要源头，而企业则是技术市场中的核心主体。

科技成果转化需要政府部门、高校及科研机构的共同参与，是技术市场、产品市场相互作用的复杂过程。技术需求的背后是市场对新产品的需求，而对新产品的需求有时恰恰源自新产品或服务的供给，比如，在智能手机、即时通讯服务程序出现之前，消费者并没有意识自身对这种服务有需求。但当便捷的产品或服务以其某一方面的改进建立起市场优势，就会逐渐激起潜在的巨大市场需求，而需求的扩大也会引导产品进一步提升创新空间，带动更新技术的供给，即形成积极的循环累积效果。中国的市场规模为新产品需求的出现提供了良好的基础条件，就为有效的技术转化提供了机会。但即使有足够的技术供给和技术需求，技术转化这个过程仍不一定是顺畅。技术转化的过程伴随大量信息传播、甄别的过程,需要充足的资源、技术人员及制度激励,才能实现技术供求双方的精准对接。

高校和科研机构作为科研活动的主体,其大量研究成果是基于学术性的,研究人员的学术判断与技术的市场需求是否一致,会影响其成果转化的效果。技术的研发人员无法和潜在的技术专利被许可人实现对接,是技术市场化存在困难的原因。高校的研发和成果转化需要专业团队支撑,若企业也能参与研发,可以在一定程度上弥补信息和激励的双重不足,联合研发项目也可能成为提升企业竞争力,并提高技术转化效率的有效方式。

科技成果从研发到商业化推广需要多方推动,包括技术供需双方,产品供求双方的共同作用,以及技术转化服务和制度政策的保障。确定科技成果的价值是实现技术转移的前提,需要合理评价技术成果价值的途径和人员。原来,我国的科技成果大都通过科技部鉴定,2016 年,科技部于正式废止了《科学技术成果鉴定办法》,科技成果的科学价值、技术价值、经济价值逐步由第三方机构进行评价,技术转移管理机构的建立成为实现技术与市场对接的有效方式。技术经理人模式在国外的成功运用为国内科技成果转化提供了借鉴。

1.3 科技成果转化的工作体系

2017 年,国务院印发的《国家技术转移体系建设方案》指出,国家技术转移体系是促进科技成果持续产生,推动科技成果扩散、流动、共享、应用,并实现其经济与社会价值的生态系统。建设和完善国家技术转移体系,对于促进科技成果资本、产业化、提升国家创新体系整体效能、激发全社会创新创业活力、促进科技与经济紧密结合具有重要意义。我国的科技成果转化工作就是按照这样的体系全链条展开设计和一体化组织,并实施的。

如本书前面所述,技术转移是科技成果转化的手段,因此国家技术转移体系也就是我国科技成果转化工作的体系。科技成果转化工作体系是一项系统工程,着眼于构建高效协同的国家创新体系,以技术转移的全过程、全链条、全要素为出发点,从基础架构、转移通道、支撑保障三个方面进行系统布局。

1.3.1 科技成果转化工作体系的基础架构

《国家技术转移体系建设方案》指出,要发挥企业、高校、科研院所等创新主体在推动技术转移中的重要作用,以统一开放的技术市场为纽带,以技术转移机构和人才为支撑,加强科技成果有效供给与转化应用,推动形成紧密互动的技术转移网络,构建技术转移体系的主要架构。

1. 创新主体

企业为科技成果转化的实施方,是科技与经济紧密结合的主要载体,解决科技与经济结合不紧密问题的关键是增强企业创新能力和协同创新的合力。建设国家技术转移体系,需发挥企业在市场导向类科技项目研发投入和组织及实施中的主体作用,推动企业等技术需求方深度参与项目过程管理、验收评估等组织及实施全过程。在国家重大科技项目中,要明确成果转化任务,设立与转化直接相关的考核指标,完善机制,拉近成果与市场的距离。要健全技术创新的市场导向机制和政府引导机制,加强产学研协同创新力度,引导各类创新要素在企业中加以应用,促进企业成为技术创新决策、研发投入、科研组织和成果转化的主体,使创新转化为实实在在的产业活动,培育新的增长点,促进经济转型升级提质增效。

高校与科研院所为科技成果的创造方和提供方。科研院所和高等学校是创新源头,也是主力军,必须大力增强其原始创新和服务经济社会发展的能力。建设国家技术转移体系,同时引导高校和科研院所结合发展定位,紧贴市场需求,开展技术创新与转移转化活动;深化科研院所分类改革和高等学校科研体制、机制改革,构建符合创新规律、职能定位清晰的治理结构,完善科研组织方式和运行管理机制,加强分类管理和绩效考核,增强知识创造和供给力度,筑牢国家创新体系基础。组织高校和科研院所及时梳理科技成果资源,发布科技成果目录,建立面向企业的技术服务站点网络,推动科技成果与产业、企业需求有效对接,通过研发合作、技术转让、技术许可、作价投资等多种形式,实现科技成果市场价值。依托国家科研院所体系实施科技服务网络计划,围绕产业和地方需求开展技术攻关、技术转移与示范、知识产权运营等。

　　建设国家技术转移体系,应以创新型企业、高新技术企业、科技型中小企业为主,支持企业与高校、科研院所联合设立研发机构或技术转移机构,共同开展研发、成果应用与推广、标准研究与制定等工作。依托企业、高校、科研院所建设一批聚焦细分领域的科技成果中试、熟化基地,推广技术成熟度评价,促进技术成果规模化应用。支持企业会同高校、科研院所等共建产业技术创新战略联盟,以技术交叉许可、建立专利池等方式促进技术转移与扩散。加快新型研发机构发展,探索共性技术研发和技术转移的新机制。充分发挥行业学会、协会、研究会等科技社团的优势,依托产学研协同共同体推动技术转移。

　　建设国家技术转移体系,要围绕环境治理、精准扶贫、人口健康、公共安全等社会民生领域的重大科技需求,发挥公益性技术转移平台作用,发布公益性技术成果指导目录,开展示范活动,推广应用,让人民群众共享先进科技成果。聚焦影响长远发展的战略必争领域,加强技术供需对接,推动重大科技成果转化应用。锁定人工智能等覆盖面大、经济效益明显的重点领域,推广关键共性技术应用,促进产业转型升级。面向农村经济社会发展科技需求,充分发挥以公益性农技推广机构为主、社会化服务组织为补充的"一主多元"推广体系作用,加强农业技术转移体系建设。

2. 技术市场

　　技术市场是从事技术中介服务和技术商品经营活动的场所。它以推动科技成果向现实生产力转化为宗旨,开展具体技术开发、技术转让、技术咨询、技术服务、技术承包活动;生产或经销科研中试产品和科技新产品;组织和开展技术成果的推广与应用相关事宜等,技术覆盖面涉及各种技术领域。

　　建设国家技术转移体系,需要构建全国互联互通的技术交易网络。依托现有的枢纽型技术交易网络平台,通过互联网技术手段连接技术转移机构、投融资机构和各类创新主体等,集聚成果、资金、人才、服务、政策等创新要素,开展线上线下相结合的技术交易活动。以"互联网＋"科技成果转移转化为核心,以需求为导向,打造线上与线下相结合的国家技术交易网络平台。平台依托专业机构开展市场化运作,坚持开放共享的运营理念,支持各类服务机构提供信息发布、融资并购、公开挂牌、竞价拍卖、咨询辅导等专业化服务,形成主体活跃、要素齐全、机制灵活的创新服务网络。引导高校、科研院所、国有企业的科技成果挂牌交易与公示。

建设国家技术转移体系,要加快发展技术市场,培育、发展若干功能完善、辐射性强的全国性技术交易市场,健全与全国技术交易网络联通的区域性、行业性技术交易市场。推动技术市场与资本市场联动融合,拓宽参与技术转移投资、流转和退出的各类资本渠道。

建设国家技术转移体系,要提升技术转移服务水平,制定技术转移服务规范,完善符合科技成果交易特点的市场化定价机制,明确科技成果拍卖、技术交易市场挂牌交易、协议成交信息公示等操作流程。建立、健全技术转移服务业专项统计制度,完善技术合同认定规则与登记管理办法。

3. 技术转移机构

通常,科技成果转化会涉及多个创新主体,但这些主体是独立、分散且互不熟悉的,如果让各个主体自行去寻找技术资源并对接,会存在很多障碍。科技成果转化的对象是无形资产,会涉及知识产权保护问题,且需要在诚信的市场环境中进行,即需要有独立于成果提供方和需求方之外的、掌握丰富的科技资源信息,具备成果评价、市场分析能力的技术转移机构,承担媒介角色,将成果转化主体有机串联起来,推动成果转化进程。

建设国家技术转移体系,要强化政府引导与服务力度,整合强化国家技术转移管理机构的职能,完善对全国技术交易市场、技术转移机构发展的统筹、指导、协调工作,面向全社会组织开展财政资助产生的科技成果信息收集、评估、转移服务活动。引导技术转移机构市场化、规范化发展,提升服务能力和水平,培育一批具有示范带动作用的技术转移机构。

建设国家技术转移体系,要加强高校、科研院所技术转移机构建设。鼓励高校、科研院所在不增加编制的前提下建设专业化技术转移机构,开拓科技成果的市场,做好营销推广、售后服务等工作。创新高校、科研院所技术转移管理和运营机制,建立职务发明披露制度,实行技术经理人聘用制,明确利益分配机制,引导专业人员从事技术转移服务。引导有条件的高校和科研院所建立、健全专业化科技成果转移转化机构,明确统筹科技成果转移转化与知识产权管理的职责,加强市场化运营能力。在部分高校和科研院所试点探索科技成果转移转化的有效机制与模式,建立职务科技成果披露与管理制度,实行技术经理人市场化聘用制,建设一批运营机制灵活、专业人才集聚、服务能力突出、具有国际影响力的国家技术转移机构。

建设国家技术转移体系,要加快社会化技术转移机构发展,鼓励各类中介机构为技术转移提供知识产权、法律咨询、资产评估、技术评价等专业服务。引导各类创新主体和技术转移机构联合组建技术转移联盟,强化信息共享与业务合作。鼓励有条件的地方政府结合服务绩效对相关技术转移机构给予支持。支持地方政府和有关机构建立完善的区域性、行业性技术市场,形成不同层级、不同领域技术交易有机衔接的新格局。在现有的技术转移区域中心、国际技术转移中心基础上,落实"一带一路"、京津冀协同发展、长江经济带等重大战略,进一步加强重点区域间资源共享与优势互补,提升跨区域技术转移与辐射功能,打造连接国内外技术、资本、人才等创新资源的技术转移网络。

建设国家技术转移体系,要完善技术产权交易、知识产权交易等各类平台功能,促进科技成果与资本的有效对接。支持有条件的技术转移机构与投资组织等合作建立基金,加大对科技成果转化项目的投资力度。鼓励国内机构与国际知名技术转移机构开展深层次合作,围绕重点产业技术需求引进国外先进适用的科技成果。鼓励技术转移机构探索适应不同用户需求的科技成果评价方法,提升科技成果转移转化成功率。推动行业组织制定技术转移服务标准和规范,建立技术转移服务评价与信用机制,加强行业自律管理。

4. 技术转移人才

建设国家技术转移体系,要完善多层次的技术转移人才发展机制。加强技术转移管理人员、技术经纪人、技术经理人等人才队伍建设,畅通职业发展和职称晋升通道。支持和鼓励高校、科研院所设置专职从事技术转移工作的创新型岗位,绩效工资分配应当向作出突出贡献的技术转移人员倾斜。鼓励退休专业技术人员从事技术转移服务。适度运用政策引导和市场激励,给科研人员更多市场收益回报,多渠道鼓励科研人员从事技术转移活动。加强对研发和转化高精尖、国防等科技成果相关人员的政策支持。

建设国家技术转移体系,要加强技术转移人才培养,依托有条件的地方政府和机构建设技术转移人才培养基地,充分发挥各类创新人才培养示范基地作用。推动有条件的高校设立科技成果转化相关课程,打造高水平的师资队伍。加快培养科技成果转移转化领军人才,纳入各类创新创业人才引进培养计划,推动建设专业化技术经纪人队伍。鼓励和规范高校、科研院所、企业中符合条件的科技人员从事技术转移工作,与国际技术转移组织联合培养国际化技术转移人才。

建设国家技术转移体系,要紧密对接地方产业技术创新、农业农村发展、社会公益等领域需求,持续实施万名专家服务基层行动计划、科技特派员、科技创业者行动、企业院士行、先进适用技术项目推广等,动员高校、科研院所、企业的科技人员及高层次专家,深入企业、园区、农村等基层一线开展技术咨询、技术服务、科技攻关、成果推广等科技成果转移转化活动,打造一支面向基层的科技成果转移转化人才队伍。

建设国家技术转移体系,要强化科技成果转移转化人才服务保障,构建"互联网+"创新创业人才服务平台,提供科技咨询、人才计划、科技人才活动、教育培训等公共服务,实现人才与人才、人才与企业、人才与资本之间的互动和跨界协作。围绕支撑地方特色产业培育发展,建立一批科技领军人才创新驱动中心,支持有条件的企业建设院士(专家)工作站,为高层次人才与企业、地方对接搭建平台。建设海外科技人才离岸创新创业基地,为引进海外创新创业资源搭建平台和桥梁。

1.3.2 科技成果转化的实现方式和通道

2015 年我们国家修订的《中华人民共和国促进科技成果转化法》规定了科技成果转化的实现方式,即科技成果持有者可以自行投资实施转化、向他人转让科技成果、许可他人使用科技成果、以某科技成果作为合作条件与他人共同实施转化、以科技成果作价投资折算股份或者出资比例以及其他协商确定的方式进行科技成果转化。

2017 年国家出台的《国家技术转移体系建设方案》指出,要通过科研人员创新创业以及跨军民、跨区域、跨国界技术转移,增强技术转移体系的辐射和扩散功能,推动科技成果有序流动、高效配置,引导技术与人才、资本、企业、产业有机融合,加快新技术、新产品、新模式的广泛渗透与应用。

1. 依托创新创业促进技术转移

鼓励科研人员创新创业。引导科研人员通过到企业挂职、兼职或在职创办企业以及离岗创业等多种形式,推动科技成果向中、小、微企业转移。支持高校、科研院所通过设立流动岗位等方式,吸引企业创新创业人才兼职从事技术转移工作。引导科研人员面向企业开展技术转让、技术开发、技术服务、技术咨询等业务,横向课题经费按合同约定管理。鼓励龙头骨干企业开放创新创业资源,支持内部员工创业,吸引集聚外部创业,推动大、中、小企业跨界融合,引导研发、制造、服务各环节协同创新。优化"孵化器""加速器"、大学科技园等各类孵化载体功能,构建涵盖技术研发、企业孵化、产业化开发的全链条孵化体系。加强农村创新创业载体建设,发挥科技特派员引导科技成果向农村农业转移的重要作用。

2. 深化军民科技成果双向转化

强化军民技术供需对接,加强军民融合科技成果信息互联互通,建立军民技术成果信息交流机制。进一步完善国家军民技术成果公共服务平台,提供军民科技成果评价、信息检索、政策咨询等服务。强军队装备采购信息平台建设,搭建军民技术供需对接平台,引导有特色优势的民品单位进入军品科研、生产领域,加快培育反恐防暴、维稳、安保等国家安全和应急产业,加强军民研发资源共享共用。优化军民技术转移体制机制。完善国防科技成果降解密、权利归属、价值评估、考核激励、知识产权军民双向转化等配套政策。开展军民融合国家专利运营试点,探索建立国家军民融合技术转移中心、国家级实验室技术转移联盟。建立和完善军民融合技术评价体系。建立军地人才、技术、成果转化对接机制,完善符合军民科技成果转化特点的职称评定、岗位管理和考核评价制度。构建军民技术交易监管体系,完善军民两用技术转移项目审查和评估制度。在部分地区开展军民融合技术转移机制探索和政策试点,开展典型成果转移转化示范。探索重大科技项目军民联合论证与组织实施的新机制。

3. 推动科技成果跨区域转移和扩散

强化重点区域技术转移,发挥北京、上海科技创新中心及其他创新资源集聚区域的引领辐射与源头供给作用,促进科技成果在京津冀、长江经济带等地区转移转化。开展振兴东北科技成果转移转化专项行动、创新驱动助力工程等,通过科技成果转化推动区域特色优势产业发展。优化对口援助和帮扶机制,开展科技精准脱贫,推动新品种、新技术、新成果向贫困地区转移转化,完善梯度技术转移格局,加大对中西部地区承接成果转移转化的差异化支持力度,围绕重点产业需求进行科技成果精准对接。探索科技成果东中西梯度有序转移的利益分享机制和合作共赢模式,引领产业合理分工和优化布局。建立健全省、市、县三级技术转移工作网络,加快先进适用科技成果向县域转移转化效率,推动县域创新驱动发展。进行区域试点示范引导。支持有条件的地区建设国家科技成果转移转化示范区,开展体制机制创新与政策先行先试举措,探索可复制、可推广的经验与模式。允许中央高校、科研院所、企业按规定执行示范区相关政策。

4. 拓展国际技术转移空间

加速技术转移载体全球化布局,加快国际技术转移中心建设步伐,构建国际技术转移协作和信息对接平台,在技术引进、技术孵化、消化吸收、技术输出和人才引进等方面加强国际合作,实现对全球技术资源的整合利用。加强国内外技术转移机构对接,创新合作机制,形成技术双向转移通道。开展"一带一路"科技创新合作技术转移行动,与"一带一路"沿线国家共建技术转移中心及创新合作中心,形成"一带一路"技术转移协作网络,向沿线国家转移先进适用技术,发挥对"一带一路"产能合作的先导作用。鼓励企业开展国际技术转移项目,引导企业建立国际化技术经营公司、海外研发中心,与国外技术转移机构、创业孵化机构、创业投资机构展开合作。进行多种形式的国际技术转移活动,与技术转移国际组织建立常态化交流机制,围绕特定产业领域为企业技术转移搭建展示交流平台。

1.3.3　科技成果转化的政策环境及支撑或保障措施

国家科技成果转化工作体系建设,要发挥市场竞争激励创新的根本性作用,营造公平、开放、透明的市场环境,做好竞争政策和产业政策对创新的引导,促进优胜劣汰,增强市场主体创新动力。发挥市场对技术研发方向、路线选择和各类创新资源配置的调节作用,调整创新决策和组织模式,强化普惠性政策支持,使企业真正成为技术创新决策、研发投入、科研组织和成果转化的主体。强化投融资、知识产权等服务功能,营造有利于技术转移的政策环境,确保技术转移体系高效运转。

1. 科技评价导向

推动高校、科研院所完善科研人员分类评价制度,建立以科技创新质量、贡献、绩效为导向的分类评价体系,扭转唯论文、唯学历的评价方式。加大成果转化、技术推广、技术服务等评价指标的权重,把科技成果转化对经济社会发展的贡献作为科研人员职务晋升、职称评审、绩效考核等的重要依据,不将论文作为评价的限制性条件,引导广大科技工作者把论文"写"在祖国大地上。

2. 衔接配套政策

健全国有技术类无形资产管理制度,根据科技成果转化的特点,优化相关资产评估管理流程,探索简化备案程序方式。赋予科研人员横向委托项目科技成果所有权或长期使用权,在法律授权前提下开展高校、科研院所等单位与完成人或团队共同拥有职务发明科技成果产权的改革试点。高校、科研院所科研人员依法取得的成果转化奖励收入,不纳入绩效工资。建立健全符合国际规则的创新产品采购、首台套保险政策。健全技术创新与标准化互动支撑机制,开展科技成果向技术标准转化的试点。结合税制改革方向,按照强化科技成果转化激励的原则,统筹研究科技成果转化奖励收入有关税收政策。完善出口管制制度,加强技术转移安全审查体系建设,切实维护国家安全和核心利益。

3. 多元化投融资服务

金融创新对技术创新具有重要的助推作用,要大力发展创业投资方式,建立多层次资本市场支持创新机制,构建多元化融资渠道,支持符合创新特点的结构性、复合性金融产品开发模式,完善科技和金融结合机制,形成各类金融工具协同支持创新发展的良好局面。国家和地方科技成果转化要引导基金设立创业投资子基金、贷款风险补偿等方式,引导社会资本加大对技术转移早期项目和科技型中、小、微企业的投融资支持。开展知识产权证券化融资试点,鼓励商业银行开展知识产权质押贷款业务。按照国务院统一部署,鼓励银行业金融机构积极稳妥地开展内部投贷联动试点和外部投贷联动业务。落实创业投资企业和天使投资个人投向种子期、初创期科技型企业按投资额 70％抵扣应纳税所得额的试点优惠政策。

4. 知识产权保护和运营

完善适应新经济新模式的知识产权保护举措,释放,并激发创新创业动力与活力。加强对技术转移过程中商业秘密的法律保护,研究建立知识产权运行机制的法律制度。发挥知识产权司法保护的主导作用,完善行政执法和司法保护两条途径优势互补、有机衔接的知识产权保护模式,推广技术调查官制度,统一裁判规范标准,改革优化知识产权行政保护体系。优化专利和商标审查流程,拓展"专利审查高速路"国际合作网络,提升知识产权质量。

5. 信息共享和精准对接

建立国家科技成果信息服务平台,整合现有科技成果信息资源,使财政科技计划、科技奖励成果信息统一汇交、开放、共享和利用。以需求为导向,鼓励各类机构通过技术交易市场等渠道发布科技成果供需信息,利用大数据、云计算等技术进行科技成果信息深度挖掘。建立重点领域科技成果包发布机制,开展科技成果展示与路演活动,促进技术、专家和企业精准对接。

6. 技术转移的社会氛围

针对技术转移过程中高校、科研院所等单位领导履行成果定价决策职责、科技管理人员履行项目立项与管理职责等,健全激励机制和容错、纠错机制,完善勤勉尽责政策,形成敢于转化、愿意转化的良好氛围。完善社会诚信体系,发挥社会舆论作用,营造权利公平、机会公平、规则公正的市场环境。

1.4　科技成果转化的过程

我国的科技成果转化是指经过实验开发,将科技成果转化为知识性商品、物质性商品,进而形成产业化,产生经济和社会效益的全过程。科技成果转化强调知识转化、价值创造,既包括科技成果从实验、开发到应用,从而形成新产品、新材料等的过程,也包括从应用到营销、推广新产品、新材料、新技术等,进而发展新产业的过程。因而,科技成果转化是科技系统与经济系统相互作用,优化科技资源配置、提高创新能力和生产力水平的过程,遵循特定的经济规律和科技发展规律。

科技成果转化包括科技成果的"转"和"化"两个过程,分别代表技术成果"转移、转让"的流动性和技术成果性质发生"变化"的演化过程。具体来讲,"转"指科技成果的使用权或所有权发生转移,以科技成果的商业转让、产学研合作、向公共科研机构的衍生企业转让等形式为主;"化"是科技成果发生"质"的变化,即指科技成果经过试验被深度开发和应用的具体化、实用化、商品化和产业化过程。

我国的科技成果转化过程中,作为参与主体,科技成果供给者、需求者及中介机构均受市场推动和政府调控两方面影响。市场是生产力发展方向的决定者,在很大程度上影响转化的速度和规模;政府则能通过制定相关政策、设立相应机构进行宏观调控,为科技成果创造转化环境,提供政策和资金支持,发挥引导作用,可推动科技成果转化。一般,科技成果转化依托于技术市场,通过技术市场转化为现实生产力,使参与主体依照市场价格均获得经济和社会效益,从而促使科技成果顺利转化。政府通过制定法律、法规保障成果转化的公平公正,以政策和经费为杠杆调控技术市场,从而保证科技成果转化高效有序。

1.4.1　科技成果转化的一般过程

根据科技成果转化系统的复杂性以及各主体之间的相互关联,科技成果转化过程一般包括基础研究、技术开发、工程研制、生产营销 4 个阶段。其中,基础研究阶段主要是对技术基本理论进行研究,形成原理样品,一般由研究机构、高校来完成。技术开发阶段是科技成果由理论向实际进行转化的阶段,首先根据市场需求信息进行可行性分析,然后对可行的成果投入一定的资金、设备、人才等,进行试验开发,形成工程样品。工程研制阶段根据市场需求信息,对该样品的市场前景进行分析,向有市场前景的样品投入资金、设备、人才等资源,将其转化成符合市场需求的产品或服务。这个阶段一般是由科研机构、高校以及企业、中介机构等共同合作完成。生产营销阶段是将科技成果转向市场的一个阶段。此阶段首先将转化后形成的产品或服务交给企业,由企业进行一定的包装,再向其投入资金、设备、生产人员等资源,批量生产,然后投放市场,获取相应的利益。这个阶段则主要由企业完成,主要完成技术产品向商品产品的转化,并输送。该阶段成果的表现形式为商品或服务。成果转化的过程并不是单向进行的,在科技成果成功转化为市场所需的产品服务后,需要对市场需求的情况进行分析,并将分析情况反馈到科技成果的基础研究阶段,进行技术的改进与创新,从而研发出更有价值的产品。

1.4.2 "死亡之谷"与"达尔文海"

从科技成果基础研究到市场的转化应用非常复杂,其过程往往不是一帆风顺的,会遇到"死亡之谷"和"达尔文海"现象,也是典型的科技成果转化阻碍问题。

1. 死亡之谷

"死亡之谷"(由美国内华达州的死亡谷引申),用于比喻在政府资助的基础研究成果与产业界资助的应用性研发之间存在的一条难以跨过的"沟壑"。"死亡之谷"最早由美国众议院科学委员会副委员 Vernon Ehlers(弗农·埃勒斯)在 1998 年向国会所提交的报告中提出。经过长时间的实践探索,学术界认为造成"死亡之谷"主要是科研项目的研发目的与风险投资者的投资目的之间的差异所致。一般来说,政府设立的基础研究项目的主要目的是满足国家公共部门的战略性需求,而风险投资者基于市场中用户的需求,追求低风险、最大化利润的目标,倾向于投资商业前景明确的、处于转化后期的科技成果。好的科技成果并不一定有转化的价值,且不同的科技成果具有不同程度的转化风险,一般,风险投资者不愿承担科技成果转化早期的风险,虽然政府承担了某些科技成果早期的转化资金成本风险,但依旧存在大量科技成果处于此阶段无人问津,最后只能湮灭于"死亡之谷"的问题。"死亡之谷"存在的可能性风险主要表现为技术发明是否符合使用价值的目的,突出表明科技成果的转换率较低,关键因素在于原始创新缺乏、次生模仿创新弱化、技术共生创新体系有待健全等,归根结底主要源于技术创新的不确定性。此现象存在的阶段主要关注的是技术的可行性问题。

2. 达尔文海

"达尔文海"最早由 Branscomb 和 Auerswald 在 2003 年提出,用于描述不同技术成果、企业家竞争的现象:"在稳定的科研界与繁华的商业和金融企业的'海岸'之间,存在着一片大量企业和不同科技成果的大海,海中存在'大鱼'与'小鱼'之间的竞争以及其他不同'物种'之间的竞争,物竞天择,胜者生存。""达尔文海"是指科技成果转化为产品原型后,在投入生产与大规模生产之间存在的阻碍。具体是指,中试阶段后,同一领域内可能存在多种科技成果竞争,在商业资源有限的情况下,可能最后只能有一种成功。在多种科技成果竞争的过程中,要进行转化技术的企业不仅需要解决融资的问题,还面临技术人员的研究动力不足、企业管理失败、转化过程各方信息交流不畅、技术推广所需基础建设不足等困难。企业只有在成功解决上述困难(即渡过"达尔文海")后,其转化的基础科技成果才能创造经济价值。在此阶段,研发产品明显存在是否能被市场所认可的巨大风险,而主要是经济的可行性问题。"达尔文海"从根本上体现为工程化产品或产品化工程逐渐产生批量化生产以及陆续实现规模化市场需求的过程。产业之所以可形成,就是其产品能为众多消费者所认可与接受,也就是通常意义上所说的产品能符合市场需求。

第 2 章　国外科技成果转化的经验做法

科技成果转化是中国的特有概念,国外通常称其为技术转移,也称技术商业化。自 20 世纪 70 年代联合国有关部门对技术转移进行考察与研究以来,技术转移活动受到世界范围内不同行业、不同规模的企业、研究机构及政府部门的广泛关注,美国、德国、日本等国家和地区高度重视技术转移。技术是一种具有隐性特征的商品,技术的转移存在很大的风险性和复杂性。因此,借鉴国外典型国家在技术转移方面的经验,对开展我国的科技成果转化工作具有启示和参考意义。

2.1　美国的经验做法

科技成果转化在美国对应的概念是技术转移。美国作为全球的科技创新大国,一直非常注重创新成果的技术转移。

二战后,美国建立了以国防研究开发为主体的国家创新体系,通过军用技术向民用工业的扩散,促进经济发展。20 世纪 70 年代中后期,美国许多重要产业均被日本和欧洲一些国家超越,如汽车、化工等行业,其国际竞争力受到了较大的影响,之后引起了美国政府的高度关注和反思,美国开始采取措施加强民用工业的技术创新。从 80 年代起,美国以协调联邦实验室、大学与产业界的充分合作,促进公共技术转移为目标,连续通过了十多项法案,建立了世界上最完整系统的国家技术转移促进体系,对实现美国研究开发体系转型,提高美国科技创新能力发挥了重要作用。特别是在 1980 年美国国会推行促进科技成果转化《拜杜法案》以及后来的一系列相关的法律法规,奠定了美国科技成果转化在速度和效率上的国际领先地位。在美国的技术转移体系中,大学和科研机构形成了各具特色的技术转移模式,成为国家技术转移体系的重要组成部分。

2.1.1　美国技术转移体系

在完善全面的法律基础上,美国建立了多层次的技术转移机构,既有联邦和州政府资助和支持的机构,也有私营部门和非营利组织建立的机构,共同构成了面向产业和区域的技术转移体系。

在美国,从事技术转移活动的机构主要是企业、大学、联邦政府实验室和私营非学术机构。其中,私营非学术机构分两大类:一类是本身从事研究开发,同时又转移技术的研究型技术转移机构,如独立和附属的研究所以及研究联合体,大部分为非营利组织。另一类是本身不从事研究开发,只转移或协助转移他人技术的非研究型技术转移机构,如信息服务公司、技术中间商、咨询公司、律师事务所、会议公司、高技术企业孵化器、研究园、技术和专业人员协会和学会等。

1. 美国政府部门的技术转移机构

美国没有专门的科技管理部门,而是由各职能部门下设技术转移机构,管理下属的国家实验室完成技术转移工作。商务部管理技术转移总体工作,对各职能部门的技术转移工作进行信息收集和汇总,定期向国会与总统递交国家实验室技术转移专题报告。1989 年,美国成立罗伯特·C·波德国家技术转移中心(Robert C. Byrd National Technology Transfer Center),该中心主要提供科技成果的转移服务,以推动美国技术转移及技术成果产业化。国家技术转移中心由美国能源部(DOE)、联邦小企业局(SBA)、国家航空航天局(NASA)等联邦机构提供经费资助,服务内容主要包括技术转移、网络信息服务、专业培训和技术转移出版物发行等。

2. 美国国家实验室的技术转移机构

美国国家实验室是美国最主要的科研机构,每年会产生大量具有市场价值的研究成果。美国的国家实验室研究体系形成于二战后,包括军工、物理、能源、生物技术等方面的基础和前沿领域的研究机构。政府所属的国家实验室按照管理形式可以分为两类:一类属于政府所有,并由政府管理,其工作人员都是政府公务员,如美国国立卫生研究院。另一类实验室归政府所有,但委托大学或私营机构进行管理,其工作人员不属于政府雇员,如麻省理工学院的林肯实验室。

目前,美国国家实验室技术转移活动的主要依据是《史蒂文森·怀德勒技术创新法》和《联邦技术转移法》。这两个法案在既有法律的基础上，加强了联邦实验室的技术转移职能，并转变了对技术所有权的认识。新的法案摒弃了过去人人都有平等权利获得联邦实验室研究成果，从而无人愿承担风险将其商品化的做法，允许实验室向企业发放独占性许可证，让企业进行商品化开发。

3. 联邦实验室技术转移联盟（FLC）

联邦实验室技术转移联盟（The Federal Lab Consortium for Technology Transfer，FLC）成立于1974年，是由美国国家实验室共同组成的技术转移组织机构，1986年，根据《联邦技术转让法》得到特别许可证，允许其在全国范围内促进联邦实验室的技术转移、信息交流与咨询，组织开展技术转移政策和法律讨论，并建立服务网络。FLC拥有6个区域分部，每年在全国范围内开展培训、讲座以及召开全国和区域性会议，其主要职能包括培训联邦实验室联盟的成员、奖励实验室的技术转移项目、培育良好的技术转移环境、促进技术供需者合作。

4. 联邦实验室技术转移办公室（ORTA）

按照《史蒂文森·怀德勒技术创新法》和《联邦技术转移法》的要求，年度总预算超过2 000万美元的每个实验室，应至少为联邦实验室研究和技术应用办公室提供1名专业人员作为专职职员。ORTA的主要职能是，为实验室所从事的研究项目提供应用评估报告，为国家实验室研究项目进行产业化的信息推广，搭建国家实验室的研究、开发资源与产业需求信息相联系的平台，从事国家实验室的技术转移、信息推广和相关服务支持工作。

5. 州政府层面的技术转移机构

美国州政府层面的技术转移机构建设主要包括科技园、创新创业空间建设等。

（1）依托科技园促进技术转移。比较典型的案例是北卡罗来纳州政府与大学共同合作建设"三角研究园"、奥斯汀市政府建设的"奥斯汀高技术中心"等。犹他州的"硅坡"（Silicon Slopes）为全美国顶尖的新兴技术中心，涌现出一大批信息软件企业，此与犹他州普若佛市为技术转移、创新创业创造良好的条件和建设高效服务的科技园有密切的关系。

（2）建设创新创业空间。除了加州的硅谷,美国其他很多州也通过支持建设创新创业空间的方式促进创业和技术转移,如犹他州建立生物创新走廊（Bio Innovation Gateway,BIG）孵化器,与犹他大学、犹他州立大学以及杨百翰大学等深入合作,促进生命科学产业的创新创业。由犹他州立法院和州长共同设立的"生物创新走廊"USTAR 的主要职能是支持创新创业,通过连接资本、管理和产业打通技术转移障碍和突破市场鸿沟等。

（3）发挥公、私合作的优势,推动技术转移。美国政府高度重视私营部门在促进技术转移中的重要作用,如 2012 年启动建设的美国制造业创新网络。美国制造业创新中心是公私合作、商业化运营的范例,即通过政府牵引、企业主导、高校和科研机构支持,充分整合各种创新资源,形成了"产学研政"合作共赢的创新生态系统,即先进制造技术从基础研究到应用研究,再到商品化、规模化生产的创新链条,为美国制造企业先进制造技术和应用做了表率,促进了前沿创新技术向规模化、经济高效的制造能力的转化进程。

6. 大学技术经理人协会（AUTM）

AUTM 前身是成立于 1974 年的"大学专利管理者协会（the Society of University Patent Administrators,SUPA）",1989 年 SUPA 更名为"大学技术经理人协会（the Association of University Technology Managers,AUTM）"。时至今日,由于"technology manager"的概念已经无法完全包含从事技术转移工作的相关人员的群体,"Technology Transfer Professionals（TTP）"日益成了这个群体的新的全球性统称。AUTM 是非营利组织,其目前拥有来自全球 800 多所高校、研究中心、医院以及企业和政府机构的 3 000 多名会员。AUTM 由 60 个委员会组成,为 AUTM 成员提供大量的有关技术转移方面的数据,调研报告,专业的发展课程,培训及世界范围内的技术转移推介和对接。AUTM 的具体职责包括:①为会员提供技术转移方面的培训,促进技术转移职业化发展;②搭建技术转移网络信息平台,通过该平台可以直接连接各个专利技术转移组织;③从发明披露、专利授权、技术许可等方面对政府资助项目的机构进行年度调查;④定期发行出版物、举办年会,为全球技术转移经理人和行业组织提供沟通交流的平台。

7. 美国大学技术转移机构

美国共有 3 600 多所高等院校和 6 900 多所职业技校。其中有大约 875 所高校从事科学或工程研究活动。在这批院校中,前 100 所大学的研究又占了美国所有学术研究开发活动的 80%,形成了基础研究的核心。在政府政策的引导和鼓励下,各大学纷纷成立了专利许可和技术转移办公室、附属研究所和研究中心、高技术企业"孵化器"等,以加强与企业的联系与合作。

在美国,有大约 150 个技术转移办公室,也就是说所有的研究型大学和部分较小的学校已经设立了该类机构。最早的一批在第二次世界大战之前就已经成立,但大部分是在 1980 年代建立的,主要是为了响应转向竞争力议程的科技政策,特别是《拜杜法案》出台后对技术管理的需求。美国大部分的技术转移办公室是大学中的独立部门,有的和项目管理办公室(受基金或合同资助的科研项目)有联系,有的则完全独立。另外,少数大学有独立的基金会负责技术转移,最著名的就是威斯康星大学的 WARF 基金会。

8. 大学技术转移办公室

在《拜杜法案》的推动下,20 世纪 70 年代以来,美国的研究型大学开始成立技术转移办公室。1970 年,斯坦福大学最早成立了技术转移办公室。技术转移办公室的工作人员由专业技术人员组成,他们了解国家政策法规,有着丰富的产业经验,同时也是经验丰富的谈判家。技术转移办公室的职能主要包括专利、版权许可,知识产权保护、管理,公共服务,创业和创办新公司审核。技术转移办公室在美国大学的技术转移中起着重要作用。

美国大学技术转移办公室的技术转移程序主要包括:①披露技术发明。学校科研人员向技术转移办公室提交"发明和技术披露表",技术转移办公室有专业人员负责各项技术转移。②进行项目评估,技术转移办公室的专业授权人员对科技成果的用途、竞争优势、创新之处、潜在的市场等情况进行评估。③在评估的基础上,根据相关信息数据库,以及对市场信息和相关专利信息检索与分析,选择符合条件的技术进行专利申请。技术授权人员通过前期的信息和了解锁定客户群体,对其发布技术的相关信息,与相关企业签订信任披露协议。④授权人员与企业进行谈判。

⑤签订技术转让合同。技术成功转移以后,授权人员还负责监督企业技术转化执行情况、跟踪产品市场化的进程、提供相关技术咨询服务、收取技术许可收入等。大学技术转移办公室模式在 20 世纪 90 年代在美国得到推广和普及,成为美国大学和研究机构技术转移及知识产权经营的标准化模式。

大学技术许可策略由诸多因素决定,如大学的办学目标、研发预算、技术发展阶段等。美国大部分高校技术转移活动会通过技术转移办公室实施。目前,高校技术转移办公室主要通过赞助研究许可、权益许可和现金许可 3 种方式将技术转移给企业。

其中,赞助研究许可策略指企业赞助高校实验室的研发工作,获得技术的使用权。此方式通常应用在技术的早期研发阶段,研发阶段的技术通常通过赞助研究许可转移到成熟企业。权益许可策略指新兴企业通过给予高校一定股份,获得技术的使用权。这种策略为高校技术转移办公室提供了财务支持,此方式可将技术更快地推向市场。不过,由于实践阶段的技术还需要投入一定经费进行进一步的研发,投资回报率较低,因此大型企业通常对这种策略不感兴趣。此策略一般应用于与小微企业的许可合同。通常做法是,与实践阶段的技术通过权益许可转移到创业企业,并入住高校孵化器。现金许可策略指企业用现金购买技术的使用权,此策略通常应用于技术的标准化生产阶段,即策略的条件是技术的知识产权已经确定,且已经有明确的市场应用前景。由于高校技术转移办公室会追求技术许可带来的收入,因此技术的应用前景越明确,办公室就会越倾向于选择现金许可策略。

9. 大学概念验证中心

美国的概念验证中心是在大学内部运行的组织机构,即通过提供种子资金、商业顾问、创业教育,促进技术转移。2001 年,加州大学圣地亚哥分校的冯·李比希创业中心是美国成立最早的概念验证中心。近年来,为了更加有效地进行技术转移,较多大学纷纷建立概念验证中心,概念验证中心作用的作用越来越大,有效地推动了美国大学科技成果转化。2011 年后,概念验证中心成为国家基础设施中极具潜力的要素。2013 年,美国商务部发表的《创建创新与创业型大学》报告中也指出,在大学技术转化领域上升最快的当属概念验证中心。

概念验证中心通过与技术转移办公室合作,加速了已申请专利的技术进入市场,是对技术转移办公室工作的重要补充。概念验证中心将具有前景的技术从实验室转向市场搭建起了桥梁,成为技术转移的中转站。概念验证中心的资金主要来源于 5 个方面,包括联邦政府资金、大学知识产权商业化的收入、私人捐赠、州政府资助和民间基金会等。概念验证中心的主要职责有:①为具有创新的科研项目提供种子基金;②为科研人员提供技术转移帮助,包括技术的商业评估、争取外部投资、提供产品孵化空间等;③参与大学的创业教育活动等。概念验证中心在美国大学技术商业化过程中,在解决资金与资源、技能、信息不对称和激励问题等方面发挥了重要作用。

2.1.2 美国技术转移的经验

美国处在全球创新发展的最前沿,是世界上创新水平最高、成果最多、技术转化应用能力最强的国家,这与其高校创新生态的良性演化息息相关。美国硅谷以斯坦福大学为摇篮不断孵化新的初创企业,同时通过天使投资、风险投资机构和资本中介高效运作,最终形成了比较集聚的高校创新生态系统。

1. 高度关注科技成果的商业价值实现

在以硅谷为代表的高新技术集中区域,企业高度关注科技成果商业价值实现,主导着从科技创新到商业创新及产业化的全过程。美国的高新技术企业与高校的联系甚密,高校负责基础创新,经过企业的商业二次创新与研发,产生新的产品及服务,形成新的产业生态,顺利促进科研成果的商业化,有效缓解了创新与商业脱节的现象。例如,斯坦福大学于1951年在硅谷地区创建了工业园,旨在促进科技创新成果的商业化。同时,斯坦福大学采用"人才尖子"战略,承认且注重高校科研人员的价值,其毕业生与教授创办了大量创新企业,一大批基础研究成果在该时期实现了商业价值。

2. 拥有完善的创新资本体系

美国健全的创新资本体系是其高校创新生态系统良性发展的重要因素,其具有多元构成、民间资本占主导、链条完善等特征。美国各地的主导产业有所差异,如波士顿的生物医疗产业蓬勃发展仰赖于政府与社会资本共同组成的创新资本体系,而硅谷信息产业的快速发展及世界性企业的不断出现,与成熟的风险投资市场体系密不可分。在计算机普及时期,美国政府制定了优化风险投资环境的政策和发展计划,使风险投资形成了一系列规则,完善了其退出机制,风险投资市场逐渐成熟,使风险文化根植于硅谷。高校创业者将盈利的一部分作为风险投资继续支持技术创新与创业,由此形成了有效的正反馈机制,使高校创新生态系统初见雏形。在互联网时代,天使投资人作为一类新型群体出现,硅谷的各类投融资机构将资本与其他创新要素紧密联系在一起,形成"高校创新簇群"。另外,美国的私人民间资本实力雄厚,其投资方式十分多元,其在科技研发、创新企业孵化及培育等环节的作用不可忽视。在美国的高校创新生态系统中,科研机构、高校及创新型企业是创新活动的重要起点,而天使投资、风险投资则是重要的"加油站"。在初创企业经过多轮融资得以产业化与商业化的期间,风险投资积极参与其中,有效缩短了创业投资的回报周期,形成完整的高校创新孵化链条。

3. 灵活有效的激励措施

美国硅谷成功吸引与集中了全球顶尖的创新人才,这与其有效的人才激励政策、人才流动机制与完善的法律法规密不可分。美国硅谷的科技人员收入高、发展空间广、成长机会多。优秀的创新人才除高薪资外,还能通过技术入股、股权激励等获得持续性分工收入。同时,硅谷内部鼓励创新人才进行横向流动或自主创业。硅谷还拥有"宽容失败"的创新文化,对新理念、新机遇、新员工持开放态度,面向全球广聚人才。美国注重平台经济的法律保障,赋予其法定优先豁免权,这为专利技术与平台经济的发展营造了良好的营商环境。美国政府还制定了有效的政策,为高科技创新公司提供服务。近年来的互联网的崛起令硅谷的创新创业浪潮更为多元,政府默许了整个互联网上的商业活动合法化,使得高校创新企业数量出现爆发式增长。

4. 创新发展模式不断更新

近年来,美国的创新发展呈现出与时俱进的多元化、多样性的创新发展趋势,涌现出大型企业孵化、创新中心培育等多种新兴创新模式,使硅谷不断涌现更具时代特色的改变世界的创业者与连续创业者,促进了高校创新成果的有效转化。一些大企业在公司内部建立了创新研发部门,形成了支持员工利用自有技术成立附属公司的小型创业团队的机制,而母公司则充当投资人的身份帮助其附属公司孵化和发展。这一机制很大程度上激励了企业员工的创新水平与转化积极性,提高了企业技术研发能力。美国拥有数量庞大的创新中心,承担着高校创新企业孵化与培育的功能。如位于麻省理工学院附近的剑桥创新中心,汇集了 800 多家公司,每年获得风险投资金额约 20 亿美元(相当于整个英国的风险投资)。其创新中心内部包括创业者个人、初创公司、大型企业与跨国企业、创业工坊、创投公司等。

5. 完善的社会创新分工体系

美国拥有高效、分工细化、互利共赢的产业链与价值链。类似苹果、英特尔等拥有核心技术、创新能力及先进服务模式的企业专门从事技术创新与产品研发;类似富士康、捷普等制造水平高、规模庞大的外包企业,则主要从事产品批量加工生产;其他中小企业主要向外包企业供应零部件及相应服务;物流等生产型服务则由其他专业化公司承担。同时,大小公司之间竞争与合作并存,初创公司与小公司的运行机制灵活、创新效率较高,不断推出具有价值的科研成果;大公司通过资金注入、企业并购、人才培训等方式与小公司展开合作,帮助小公司迅速成长壮大。大学是美国完善的创新分工体系中不可或缺的重要一环。硅谷周边有斯坦福大学、加州大学伯克利分校等 20 所名牌高校,波士顿区域则分布着哈佛大学、麻省理工学院等世界顶尖学府,它们提供了高素质的人才与高水平的科技成果,成为区域高校创新生态系统构建与发展的核心要素。在计算机普及时期,斯坦福大学在全球率先成立了技术转移办公室,将科技发明推销给工业界;高校发明人则通过不断改良产品性能扩大潜在的消费市场。同时,大学与产业界共办研讨会,促使产学研群体相互交流。由此,高校创新生态初步形成,大学与企业之间的联系更加紧密。

2.2 德国的经验做法

历史上,德国就是一个非常注重科技创新的国家,作为二战的发起者和战败国,当时,德国的经济和社会发展遭受毁灭性的打击,同时流失了大量优秀的科技人员,科技发展整体水平一度落后。二战后,德国政府高度重视科技创新的复苏和发展,之后开始经济腾飞,注重工业基础与技术创新的结合。两德统一后,德国政府制定了一系列促进科技创新的战略规划,并辅以政策举措的配合,不断加大科技投入,建立完善的科技管理体系和研发体系,使其重新回到了科技大国和创新强国的行列。

2.2.1　德国技术转移体系

德国是欧洲最大的技术拥有国和出口国,其科技创新能力在世界上占据领先地位。德国拥有一整套结构完善、分工明确、协调一致的科研体系,企业、高校、科学协会和州立科学院构成了德国科研实力的 4 大主体。在其整个体系中,高校的科研经费投入占科研总投入的 1/3,是德国科研投入的重要主体。马克思-普朗克学会、赫尔曼-冯赫姆霍兹协会、戈特弗里德-威廉-莱布尼茨协会和弗劳恩霍夫学会是德国 4 大科学联合会。其中,马克思-普朗克学会倾向于做大学很难完成的指向性相对明确的基础研究;赫尔曼-冯赫姆霍兹协会和戈特弗里德-威廉-莱布尼茨科协会则从事大型复杂系统研究以及大型科学实验装置的建造和运行,有较强的前瞻性、战略性和公益性;弗劳恩霍夫学会主要做技术开发和成果转化事宜,向中小企业提供新的技术技术转移,企业的研究机构主要从事与产品直接有关的技术开发工作。

德国在长期的发展过程中,形成了十分完善的技术转移体系,其中包括政府建立的德国技术转移中心、公共研究机构,比较成熟的市场化运作的史太白技术转移中心(STC)、弗朗霍夫研究学会(FhG),还有不少高校、科学学会、州立科学院、企业等研发主体,都会设立技术转移中心或技术转移机构推广其发明创新的新型技术。这一体系非常规范,而且不同的技术转移机构分工明确、功能互补,形成了德国科研成果高效完善的技术转移体系。

1. 德国技术转移中心

德国技术转移中心是德国政府设立的非营利公共组织,分布在德国各地,几乎每个州都有一个分中心,其在各州经济技术和交通运输部指导下开展技术咨询和技术转移服务工作。中心运作经费一部分来自政府,即各州的科技基金会,一部分来自工商协会,即各行业企业缴纳的会费。

德国各个技术转移中心的人员具有严格的专业分类和比重设置,大都来源于高新科技领域的高学历人才,以及专业领域内的权威人士。这样可以有效地依据不同行业的需求来鉴别发明创造的潜在价值,使技术推广变得更有针对性。德国技术转移中心主要的服务职能包括:①技术交易服务,即将技术的供需双方信息纳入技术系统,为双方提供交易机会及中介服务;②咨询服务,为企业寻求合作伙伴,支持区域技术创新;③专利及信息服务,帮助企业查询专利信息以及申请专利,为企业查询国内外的科技、经济和科研成果等各种数据;④进行中心所属地区产业和科技发展的前瞻研究,探索对未来有深远影响的科研课题,引导企业和科研机构的技术创新方向,并开展科技研发的企业和机构提供各方面帮助,包括从政府部门、科技基金会和欧盟组织中为企业谋求创新资金资助;⑤负责组织各种形式的学术报告会和展会。通常,政府主导下的非营利性质的技术转移中心承担着信息平台的功能,它甚至不提供具体的技术创新服务和应用方案解决,而只提供有需求的企业信息以及能够提供相应科研服务的高校或其他研究机构的信息。

2. 德国大学技术转移组织

早在 19 世纪,德国的大学研究所及大学教授就与企业存在着技术转移关系,但当时大学向企业的技术转移并非是通过技术政策得到提倡的,大学技术转移的加强是大学与企业之间日益相互依赖的结果。企业需要大学的科学知识,大学也需要从企业获得转让科技成果的资金。

20 世纪 70 年代中期以来,加强政府资助的研究机构向工业界的技术转移已成为国家技术政策的主要目标。在德国,技术政策加快了大学向企业技术转移的速度。为加强大学向企业的技术转移力度,联邦政府和州政府运用法律手段消除对技术转移活动的一些限制,为启动技术转移项目给予相关财政支持,建立了一些新的技术转移形式的组织。

3. 大学技术转移办公室

近年来,德国大学纷纷成立技术转移办公室,作为企业与大学之间的媒介和大学研究的公共关系机构,专门负责大学的技术向企业进行转移。大学技术转移办公室,除辅助大学研发机构进行研发与市场对接,还辅助专利申请工作。德国专利申请周期长、花费较大,维持费用较高,一般高校的技术转移机构会预测具有较好市场化前景的专利进行申请,专利申请费用一般由高校技术转移机构承担。以柏林工业大学为例，柏林工业大学设有技术转让部，负责管理大学的专利申请、项目评估、市场预测，宣传大学的技术成果，进行国内外技术合作与交流。柏林工业大学建立了一整套数据库，企业如果看准某个项目，就可以直接找到负责的教授沟通相关技术转移的协商事宜。

4. 校企合作研究机构

在德国，企业的科研投入约占全国科研总投入的 70％，除了企业内部的研究开发部门之外，还设立与高校建立校企合作研究机构。德国许多大型企业都在高校开办了研究机构，充分利用高校的科技优势进行技术研发，方便将大学科研成果市场化，进而为企业生产服务。

为使科研成果迅速转化，德国高校十分注重科研活动与企业的合作。很多高校都设立了专门的校企合作部门对接企业科研部门，协商合作有关技术的开发和应用，提供定制的个性化技术解决方案，并在此基础上跟进企业对于技术的更新和升级等工作。校企合作的研发将基础研究和应用研究相结合，以科研带动教育与生产，有效地推动了学校科研成果的产业化。

德国政府也积极参与并倡导校企合作，提出了一系列合作研究促进计划，旨在刺激企业和政府资助的大学和研究机构从事联合研究项目。这种校企合作的研发模式集基础研究和应用研究为一体，优化配置了高校的学术资源，将其有效地转化为生产力。目前，德国高校的科研经费中约14％来自企业，企业与大学在与企业合作的过程中，其人员交流也得到了进一步加强。大学的科研人员在企业的研究开发部门工作一段时间，或企业的科研人员在大学研究所从事一个时期的合作研究。这样，会使企业的科研人员能深度了解研究方法、研究中存在的问题，并获得科技新成果；大学的科研人员也能及时了解企业当前存在的技术问题。

5. 大学技术转移公司

在德国，有些大学还会成立了专门的公司负责技术转移，如德国波鸿鲁尔大学（RUB）。RUB 在 1998 年设立了全资公司 Rubitec，直接进行技术转移和成果转化。作为 RUB 的技术转移公司，Rubitec 与 RUB 紧密相连，负责对接 RUB 的研究和开发活动，旨在促进 RUB 的研究和开发成果快速高效地进行转化和产业化。Rubitec 的运作模式如下：

（1）发起和管理研发项目，支持科技成果转化。Rubitec 为德国中小企业提供与 RUB 的合作机会，协助研发项目的启动，支持研发的科技成果转移转化为可销售的产品和工艺；帮助项目通过政府的支持方案；为企业提供技术服务。

（2）评估专利申请和许可，建立利益分配机制。Rubitec 负责 RUB 发明专利申请和许可。对 RUB 教授的发明的新颖性和市场潜力等进行分析和评估，并进行专利申请辅导。德国专利申请周期长、花费多、维持费用较高，只有技术转移工作人员意识到专利具有很好的市场化前景的时候才会申请专利。在 RUB，如果教授或研究人员准备申请专利，RUB 会先对拟申请的专利进行预评估，通过评估后，Rubitec 帮助其完成专利申请。专利申请成功后，Rubitec 获取收益的 30%。

（3）对接中小企业，促进 RUB 研发成果的应用和转化。德国科技型中小企业数量众多，且是德国经济体系中最为活跃的组成部分，这些中小企业往往对大学的技术更感兴趣，也更易于吸收大学的技术。Rubitec 会协助中小企业明确其技术需求，为科研成果的工业应用进行开发等，对 RUB 科研人员的新成果进行发布，并帮助科技型中小企业进行技术匹配分析，实现高效率的大学专利技术转移。

（4）发起和促进初创的大学衍生企业。Rubitec 为初创企业创始人提供建议及协助实施他们的经营理念，支持企业申请各类资助，帮助企业寻找风险投资。

6. 德国技术转移研究机构

（1）弗劳恩霍夫学会

弗劳恩霍夫应用研究促进会（Fraunhofer – Gesellschaft，FhG）即弗劳恩霍夫学会，成立于 1949 年，是联邦德国政府在二战结束不久，为加快经济重建和提高应用研究水平而支持建立的公共科研机构，以德国历史上著名的科学家、发明家和企业家约瑟夫·冯·弗劳恩霍夫命名。

弗劳恩霍夫学会不隶属于政府或其他部门，属于"民办公助"的非营利科研机构，科研经费 70% 来自企业和政府委托的项目收入，30% 为政府承担。作为德国最大的科研机构，弗朗霍夫协会致力于应用研究领域的技术开发，为中小企业及政府部分提供合同式的科研服务，通过提高技术水平和改进生产工艺，加强其企业伙伴的竞争力。

弗劳恩霍夫学会下设诸多研究所,研究所是科研项目的具体实施单位,设立于各地的大学之中,研究所所长和技术骨干由大学各研究领域的知名教授担任,员工中 40% 为高校在职博士和硕士,其余为社会聘用人员。这样一方面可以降低研究所的人力开支,另一方面也使学生能够尽早与社会工作对接,不断提升自身的研发能力和创新精神。它与史太白技术转移中心最大的区别是其会利用自身的各项资源形成具有知识产权的技术专利,并将这些技术专利转化成为实际产品或新型服务,是一种自上而下的完备的科技成果转移路线,而史太白主要是将客户需求委托给科研机构进行研发合作,并不具备独立的知识产权,它承担的是中间媒介的作用。

弗劳恩霍夫学会共有 67 家研究所及其他独立研究机构,在欧洲、美洲、亚洲、非洲、大洋洲以及中东 22 个国家和地区设立了分支机构和代表机构,目的在于实施弗朗霍夫学会的国际战略,实现本地化研究与国际化研究的平衡。

弗劳恩霍夫协会在国际范围开展并进行应用研究,直接为私营、国营企业乃至全社会服务,提供技术完善和商业成熟的产品和服务:一是从事面向样机制造的产品开发与优化;二是开展技术和生产工艺的开发与优化;三是进行新技术推广,包括提供最先进的测试条件对产品进行性能测试,对服务企业的人员进行培训,为新产品和新工艺的规模化提供支撑服务等;四是开展科技评估支持,包括可行性研究、市场调查、趋势分析报告、环境评价和投资前分析报告等;五是开展包括提供资金筹集建议(注重面向中小型企业)、认证服务(包括颁发认证证书)等服务。

除境外的事务所和研究所外,弗劳恩霍夫学会在德国境内还建立了多个创新集群网络和多个技术联盟网络。创新集群网络和技术联盟网络是研究机构与产业间形成的创新连接网络,其中地域和技术互动是主要的构成性因素。这些网络是弗朗霍夫与区域性创新资源及行业群组实现知识和技术交互运作的重要平台。集群的意义不仅在于信息和知识的交流,更在于创新集群中的研究院所、企业、中介机构等创新主体发挥各自优势及资源互补,实现特定技术的生产和应用以及区域经济发展,达到创新总目标。创新集群网络和技术联盟网络是实现发明从设计、产生到商业化应用整个过程的网络整体。

（2）马克思-普朗克学会（马普学会）

马普学会作为德国著名的非营利性基础研究机构,在自然科学、生命科学和人文社会科学等领域负有盛名。一直以来,马普学会高度注重基础研究与应用研究的联系,在加强以市场应用为导向研发的同时,不断推进技术转移工作。为了更好地实现技术转移,马普学会于 1970 年成立了专门机构——马普创新公司,并通过书面协议形式向其授权,全权委托该公司处理知识产权和技术转移事务。

马普创新公司专注于技术转移全过程的每一个环节,基于现代化的运行管理理念,采取多元化技术转移模式,并辅以完善的投融资机制、有活力的利益分配制度以及融入开放的全球合作网络等策略,致力于打造功能完善、运行高效、全链条、市场化、精细化的技术转移服务体系。

马普创新公司致力于探索多层次的技术转移服务模式,不仅为科研人员提供前沿的技术转移信息以及知识产权方面的咨询服务,还重点通过技术评估、专利许可、衍生企业,建立清晰流畅的产学研合作渠道,提供高效、灵活、全方位的技术转移服务体系。马普创新公司大力推动了专利许可的发展。马普创新公司将马普学会科学家的发明注册成为专利,并以专利许可的方式交予企业,实现商业化应用是公司进行技术转移的常规方式。对于科研人员的职务发明,公司首先通过广泛的市场调研、评估,重点审查该发明申请的新颖性、创造性和商业应用性是否达到专利授权标准,然后积极与潜在的企业合作伙伴接洽专利许可事宜。值得一提的是,马普学会十分重视技术成果未完全成熟的早期介入技术转移服务工作,使科研人员能够聚焦技术的潜在市场开展产业化导向的研发,从而提高技术转移的成功率。

马普创新公司还积极鼓励衍生企业的发展,指导和帮助马普学会的科研人员创立各类创新型高技术企业,是创新公司技术转移工作的一大特色。尤其对于一些无法在原有产业版图找到机会的革命性技术,创新公司致力于指导和帮助衍生独立商业化运作的高科技企业,并评估该企业创业理念的科学性和经济潜力,协助其进行商业模式设计、财务规划和战略制定;此外,还出台了一系列内部管理规范,用于处理科研人员、衍生企业与科研机构等多方利益关系,包括知识产权的拥有和使用权、利益冲突等问题,从而促进技术转移工作顺利推进。

此外,马普学会还接受企业委托的合作研究项目形成的知识产权所有权,企业拥有几乎免费的普通许可使用权(只要承担知识产权保护和对发明人补偿的相关费用),还可获得贯穿知识产权转移转化全程的咨询服务,如此不仅有利于保障委托企业的利益,而且也有利于马普学会支撑产业的发展。

(3)史太白技术转移中心

史太白技术转移中心(Steinbeis Transfer Centers,STC)是德国最大的技术转移中心,成立于 1971 年,为纯私营机构,最初其核心为两个部分,即公益性的史太白经济促进基金会和专门从事技术转移、具有非营利性质的史太白技术转移有限公司,后又延伸出史太白大学作为技术转移的人才库。STC 充当着政府、学术界与工业界的联系平台,以各类型顾客需求为出发点,致力于为技术创新的各个阶段提供全方位的多维服务,包括咨询服务和研究开发。

德国史太白技术转移中心由总部与世界各地的史太白专业技术转移中心共同组成,经过 40 多年的发展,已经由一个州立的技术转移机构发展成为全球布点、以点带面、相互协作的国际化、全方位、综合性的技术转移网络,其规模和业绩在欧洲位居首位,全球名列第三。史太白技术转移中心的业务是直接面向全球提供技术与知识转移服务,其宗旨是"企业的伙伴、促进创新的信息和咨询源泉、技术和知识的中心"。

史太白技术转移中心和其附属机构依托大学、科研机构或者公司设立;在用人机制上,史太白网络以大学教授、科研机构专业人员为基础,以项目合作为依托,采取灵活的用人机制。大学教授、科研机构专业人员在史太白技术转移中心和其附属机构是兼职的、比较固定的,并可担任史太白技术转移中心和其附属机构的负责人。

史太白经济促进基金会是非营利性组织,注重公益性,其职能主要是制定统一的服务原则和标准,指导和督促加盟的史太白专业技术转移机构按其规范的流程提供服务,但为保证各专业技术转移机构一定的独立自主,通常不直接干预经营,各技术转移机构反而还能在基金会的帮助下获得项目和任务,共同分担风险,与高校院所专家搭建沟通的桥梁,建立自己的专家库。

史太白技术转移有限公司总部,负责搭建政产学研联系平台,致力于科技创新的全过程、各阶段,向不同客户提供多方位的技术转移服务;负责对各专业技术转移机构的管理,综合性的大型项目会由史太白技术转移有限公司组织,选择一些专业的技术转移机构开展分工合作。

史太白大学成立于 1998 年,是史太白经济促进基金会延伸产物,其理念是通过对人的创新创业能力培养实现知识和技术转移转化为商业价值,即双元制教育模式,目的在于为企业培养优秀人才。史太白大学要求学生必须在毕业前利用所学知识为企业做技术转移项目,只有成功把高校、科研院所的成果转移到企业,为企业带来利润的学生才能顺利拿到学位证书。

史太白技术转移中心的各专业技术转移机构完全按市场化运作,每年有新技术转移机构加入,也会有技术转移机构面临亏损倒闭,通过激烈市场竞争,保持企业活力。此外,该中心设有奖金,用于奖励优秀的技术转移项目、机构、人员。评估成绩主要表现在实际工作中,包括成功转移的质量、效率和经济收益等。

史太白技术转移中心着眼中小企业客户需求,提供全方位、整体性解决方案。在全球经济不景气的形势下,各国中小企业面临的困难也日趋增加,导致企业对产品创新、工艺改进、新型服务、多元化经营、合资以及在总体上效率与性能的改进需求愈来愈旺盛,使企业要求在外部技术与知识方面获得更多的支持。史太白技术转移中心围绕这个目标,针对中小企业这个技术转移服务的最大群体,组织大量资源,帮助中小企业在市场变化中做出快速反应。

史太白技术转移中心的另一个特点是构建了以专家学者为核心的技术转移服务网络。各地史太白技术转移中心基于各类大学和研究机构发展而来,吸引了大批大学教授参加。大批专家学者的加盟保证了服务质量,也使得每个专业技术转移机构擅长于某一方面的转移工作,既能承担某方面深入的项目,也能通过若干中心的协同工作,完成大型综合性课题。能够通过强大而又完备的专家网络基础,根据客户的具体需求,迅捷而又弹性地作出反应。

2.2.2　德国技术转移的经验

德国是世界经济和科技强国,在金融危机发生后率先走上经济复苏之路,在应对欧债危机中更是成为欧元区的坚强堡垒和欧洲经济复苏的重要引擎。德国经济的良好表现与其领先世界的科技水平和创新能力是分不开的。

1. 供需契合的德国高校科研

在德国的经济市场主体结构中,98％的企业属于中小型企业,约有65％属于创新型企业,对于创新技术的迫切需求使大部分企业都建立了自身的科研部门。然而随着科研技术投入费用和技术开发难度的加大,以及政府鼓励校企合作政策的推广,不少企业选择与高校共同开发的方式节约研发成本,这也是德国高校科研能够实现供需匹配的重要因素。这与我们国内不少高校的教师或科研人员开展的社会横向课题的性质类似,只不过我们国内横向课题较大一部分是高校教师主动寻求合作机会,提供应用方案的解决和改善,较少进行实际的技术创新,一般以项目化合作的形式开展,并不具备可持续性。德国校企合作的基础是由企业的需求出发,主动寻求能够提供相应基础研究与应用研究的高校和专家团队,以科研拉动教育和生产,使在高校产生的研究成果能够直接契合企业拓展市场产品的需要。德国校企合作是高校科研成果转化的基础,其不同于目前我们国内校企合作还处于主要集中解决毕业生就业需求的初级阶段,而是从经济、实用、高效的角度,结合科研的供方和需方,使企业与高校形成一种基于创新经济产品和服务的长期可持续的合作关系,针对企业迫切需要的各种技术创新开展科研,节约了科研成本,提升了科研开发效率。

2. 重视专家队伍建设

德国技术转移机构非常重视专家团队建设。如史太白技术转移中心构建以专家学者为核心的跨区域、跨国界的技术转移服务网络。各分支机构绝大多数基于各类大学和科研机构发展而来,吸引大批教授和学者参加。譬如,与宝马公司合作从事工业自动化培训的 EAT 史太白技术转移机构、与戴姆勒公司合作开展汽车电子研发的 TZM 史太白技术转移机构等,均由大学教授组建,并担任负责人,且团队中的专家教授数量大约占到了所有员工总数的13％。

3. 以需求为导向的技术转移模式

德国技术转移机构紧密围绕客户需求,以顾客利益为中心,服务于技术创新的、全过程,并提供整体性解决方案。以史太白技术转移中心为例,史太白技术转移中心"所提供的技术必须以客户需求为导向",它强调"没有现成的技术""企业需要什么就提供什么",如此形成一套因需而生、因需而变的个性化服务模式。史太白技术转移中心以强大而完备的专家网络为基础,组织专家教授,通过史太白技术转移分中心与企业合作开展研发工作,或直接将客户需求委托给科研机构。史太白技术转移中心完全按市场化运作、自主决策、自负盈亏,根据企业需求,每年会有几十个新的技术转移机构成立,同样,每年也有技术转移机构由于其研发项目及成果不适合企业需求,而无法获得合作伙伴持续支持或找不到新的合作伙伴而关闭。大多数史太白技术转移机构能根据企业新的技术需求,不断调整服务内容,与合作伙伴保持持久的、紧密的合作关系。

4. 以人为载体的技术转移手段

德国技术转移机构不仅根据客户需求通过技术服务、技术开发、技术转让等方式把技术转移给企业,而且非常注重人在技术转移中的作用,认为技术转移是依靠人的大脑实现的,而且这一过程是可持续的。譬如,史太白技术转移中心很少通过组织教授团队或通过属下技术转移机构,将某一项技术以协议形式转让给合作的企业伙伴,而是遵循约翰劳恩"你就是你自己的老板"的理念,组织专家教授与企业长期合作,使其成为企业的一分子,通过"确定自身价值,设定自身目标,自我约束,最后迈向成功"的个人发展战略,将自身掌握的技术应用于企业中,或根据企业需求开展技术研发。

5. 强有力的政策扶持和资金投入

不管是作为国家级公共技术转移信息平台的德国技术转移中心,还是"民办公助"非营利科研机构性质的协会,甚至是逐渐步入完全市场化运营轨道的史太白技术转移有限公司,在其建立初期或运行期间,德国政府都通过支持新型专业技术转移机构成立、重点支持基础设施建设或通过项目方式购买其服务,得到了政府的有力支持。以史太白技术转移中心为例,在其发展过程中,德国政府提供了享受税收优惠、政府拨款、政府服务采购三方面支持,对于史太白技术转移中心的发展起到了非常重要的作用。

6. 完善的管理体制和组织机构

德国不同的技术转移机构采取不同的管理体制。例如德国技术转移中心是德国的一个非营利公共组织，从德国弗劳恩霍夫协会的法律地位和机构性质上看，其是民办、公助的非营利科研机构，而史太白则采取一种开放的管理模式，既保留史太白基金会非营利性质，又实行公司化管理。德国技术转移机构内部有着较为完善的组织机构，为其开展技术转移工作提供了坚实有力的组织保障。以德国弗劳恩霍夫协会为例，其管理机构由企业界、学术界和政府代表共同组成，并得到科学技术咨询委员会的技术指导，设有全体委员大会、评议会、理事会、管理委员会和科学技术咨询委员会等。

7. 品牌化的经营战略

德国技术转移机构非常注重品牌化建设。德国技术转移中心、史太白技术转移中心以及弗劳恩霍夫协会，在其长期发展历程中，各自形成了具有自身特色的运营模式、组织机构以及管理机制，并通过为企业无微不至的服务在企业中树立了良好形象。特别是史太白技术转移中心依靠其强大的技术转移资源和转移能力，建立了集中化和分散化相结合的管理机制以及采取面向可持续产出的技术转移模式，与合作伙伴建立了紧密持久的合作关系，在技术转移方面获得了很大成功，其不断宣传和推广，在德国企业界，甚至在国际同行中享有盛誉，成为全球著名的技术转移机构。

2.3　英国的经验做法

第一次工业革命发源于英国，以蒸汽机的发明和应用为主要标志，工业革命不仅促进了英国的经济社会发展，同时直接导致纺织、煤炭、冶金等近代工业的兴起，使全世界的生产力得到了极大提高。但自二战结束后，英国不管是经济增长，还是科技进步，都开始步入下滑的轨道，尤其是相对于德国、法国等欧洲国家，英国的经济地位也逐渐下滑。进入 20 世纪末期，英国政府再次将科技创新作为国家发展的核心动力，大力培育国家创新体系，努力保持英国在世界科技和产业领域中的领先地位。

经过长期的持续发展,英国科技创新取得了世界瞩目的成绩。世界知识产权组织(WIPO)、康奈尔大学(CU)和英士国际商学院(INSEAD)共同发布的《2016年全球创新指数》(The Global Innovation Index 2016)年度报告显示,英国创新指数排名全球第二,是世界上最具创新力的国家之一。英国人口仅占世界人口总数的1%,其研究人员却占世界的4.1%,科研投入占世界的3.2%,创造了世界论文下载量的9.5%、论文引用量的11.6%和高被引论文总数的15.9%。2018年QS世界大学排名前10的大学中,英国占了4所,英国高校强大的科学研究实力为英国创新发展提供了源源不断的动力。在全球1400多家研发支出最多的跨国企业排行榜中,英国拥有的企业总数排在全球第4位。

2.3.1 英国技术转移体系

英国是最早开展技术转移活动的国家。自1949年英国政府组建国家研究开发公司起,就有专门机构负责将政府公共资助形成的研究成果进行商业化。英国的技术转移体系主要包括区域技术交流网络、大学技术转移机制(大学技术转移中心、国家大学技术转移协会)、公共研究机构技术转移机制、英国技术集团等。

1. 区域技术交流网络

由于英国的各个科研机构和大学分散在不同地区,英国政府提出构建区域技术交流网络,以促进技术转移和产学研的合作。例如,其2001年建立的伦敦技术网络,旨在为企业和伦敦地区的大学、科研机构之间搭建一个技术交流和合作的平台。类似极具影响力的技术交流网络还有剑桥技术网络、苏格兰技术网络等。这些技术交流网络将可能参与技术转移的人群、项目、区域联系在一起,主要有以下特点:①在同一个领域中可以集合大量企业;②网络中的成员需要有类似的技能,且人员流动性较强;③可以将相邻地区的整个供应链联系起来;④具备良好的人脉网络关系;⑤知识更新换代迅速,保证产业界、学术界之间具有很强的竞争活力。

由于这样的技术交流网络对参与人员素质要求较高,因此技术网络联络员大多是每个大学或科研机构推荐的专家。这些专家通常都具有很广泛的人际关系,有一定的金融融资、管理经验,可以对潜在的技术转移项目进行分析和指导。有时技术交流网络还会根据实际需要,对这些联络员进行短期培训,使他们能够更好地掌握产学研合作的相关知识和技能,从而将企业在生产、经营活动中的实际市场需求准确反馈给科研机构和大学。

2. 大学技术转移机制

英国大学形成了比较完善的两个层次的大学技术转移组织,以便对技术转移活动进行管理。在院校层面上,英国大学纷纷通过成立专业化的大学技术转移机构——大学技术转移中心,使得大学科研人员和产业界均能快速、准确地获取足够的帮助;在国家层面上,通过国家技术转移协会对各个大学技术转移中心进行系统的培训和指导,从而提高各个大学技术转移中心的运作效率。相比于其他欧盟国家,英国大学建立技术转移办公室的数量比较多,比例较高,技术转移中心的职能也比较完善,技术转移人员数量也是欧盟国家中最多的。同时,不同于别的欧洲国家仅建立国家大学技术转移协会的情况,英国大学根据技术转移活动的不同方式,成立了两个侧重点不同的全国技术转移协会,以便对大学技术转移的不同侧重点进行专业化的管理。

3. 大学技术转移中心

为了充分挖掘科研成果的商业价值,英国绝大多数大学都成立了大学技术转移中心以便对技术转移活动进行管理。通过大学技术转移中心实现英国大学科研成果转化也就成为了英国大学进行技术转移的有效的组织保障。这些大学技术转移中心形成了遍布英国全国各地的技术转移网络。英国大学技术转移中心不仅数量众多,而且发展得较为成熟。对于大学技术转移中心而言,其所涵盖的职能和工作人员数量是衡量自身发展程度的重要指标。

由于英国各个大学技术转移中心并非参照统一的运作模式进行构建,因此在专利活动方面不同的大学技术转移中心的职能也各不相同。绝大多数的英国大学技术转移中心自身都具备寻找技术转移机会的能力,所以通常可直接进行许可合同活动。对于专利申请活动,尽管有一部分英国大学技术转移中心也自行从事专利申请,但大多数英国大学技术转移中心还是将专利申请外包给第三方机构进行。另外,英国大学还提供了各种服务以便大学-产业界的技术转移,包括提供帮助产业界辨析技术需求、专利的技术经济分析、风险资本投入、有关技术转移的咨询等,形成了伴随着技术转移全过程的技术转移服务体系。特别针对中小企业的技术需求,英国大学设立了专门针对中小企业的咨询处,协助中小企业明确其技术需求。通过采取诸如网络化营销、客户关系管理、管理信息系统等现代化管理手段,对大学科研人员的新成果进行发布,并针对性地帮助中小企业进行技术匹配分析。

4. 国家大学技术转移协会

英国大学技术转移活动的开展较早,且十分活跃,英国国家大学技术转移协会的建立也更为成熟和专业化。PraxisUnico(The UK University Companies Association)和 AURIL(Association for University Research & Industry Links)是英国成立的两个国家大学技术转移协会,分别对大学技术转移活动的不同侧面进行管理。

PraxisUnico 是一个非营利性的大学技术转移组织,由志愿者组织成管理委员会进行管理。该组织侧重于中小型大学衍生企业的建立和业务发展等方面的经验交流。通过保持和协会会员、政府、产业界、学术界、风险投资者和风险投资机构等利益相关者的紧密联系,PraxisUnico 建立起通畅的技术转移渠道,并给予这些利益相关者实质性的帮助和支持。PraxisUnico 下设三个分委员会:会员服务委员会、培训委员会和会议委员会,分别执行服务协会会员、组织课程培训和安排会议三项职能。PraxisUnico 还广泛地和英国国内外的合作伙伴展开战略性合作,形成了战略联盟。

AURIL 是致力于知识创造、技术发展和技术转移方面的专业性的英国协会。该协会侧重于大学和大型企业、政府之间的沟通与协调。近年来,AURIL 已经成为向英国政府提供有关技术转移和创新咨询和建议的关键组织。同时,AURIL 在 2007 年还成立了技术转移学院(Institute of Knowledge Transfer),通过开展持续职业发展的培训项目对从事技术转移活动的工作人员展开培训,为英国大学、研发机构和产业界等建立技术转移的行业标准。

5. 公共研究机构技术转移机制

进入 21 世纪以来,随着英国政府"投资于创新:科学、工程与技术发展战略""2004~2014 科学技术投入框架""对研究基础与创新投入的经济影响的测度"等文件及报告的陆续发布,英国社会要求公共科研系统加强向社会知识转移的呼声日渐高涨。

英国公共科研机构主要由研究理事会所属研究机构和为数不多的政府部门所属研究机构共同组成。英国的研究理事会从 20 世纪 20 年代起开始陆续成立,目前共有 7 家,包括生物技术和生物科学研究理事会(BBSRC)、科学技术设施研究理事会(STFC)、自然环境研究理事会(NERC)、医学研究理事会(MRC)、工程与自然科学研究理事会(EPSRC)、经济与社会研究理事会(ESRC)以及艺术和人文科学研究理事会(AHRC)。7 家研究理事会作为独立的非行政部门类资助基础性、战略性和应用性研究机构(Non - Department Public Bodies),是英国财政性科研项目最重要的资助机构,支持近百家大学、研究所和研究中心的公共研发活动。其下属的数十家研究所/研究中心一直从事着英国高水平的科研活动,与英国政府部门下属的研究机构一样,被统称为公共部门研究机构(Public Sector Research Establishments,PSREs),是英国公共科研体系的重要构成部分。

公共科研机构技术转移具有以下特点:

(1) 在管理模式上,集中模式与分散模式并存。英国公共科研机构的大部分运行经费来源于公共资金,接受管理部门(包括研究理事会、政府部门或 CR-UK 在内的资助机构)的总体业务管理。研究理事会等管理机构对下属研究机构技术转移工作的管理主要采取了集中式和分散式两种模式。分散模式以 BBSRC 为代表,是一种科研机构较强而管理部门较弱的管理模式。管理部门主要发挥总体的管理协调和政策环境建设作用,具体工作由科研机构自行落实。科研机构在技术转移中的主体地位更加明显,在组织安排、利益分配等方面有更多的自由裁量权。集中模式则以 MRC 和 CR-UK 为代表,是一种管理部门较强而科研机构较弱的管理模式。在这种模式下,管理部门对所有下属研究机构的技术转移工作有统一管理协调权、决策权、评估监督权和收入分配权等,并通过指定机构全权落实下属研究机构的技术转移工作,在技术转移工作中的主导地位更加显著。管理模式的选取涉及技术本身以及科研机构所处内外环境等不同方面。

(2) 在组织模式上,以技术中介为主、机构自行开展为辅。英国公共科研机构技术转移工作组织模式以技术中介为主、科研机构自行开展为辅。中介型企业和科研机构内设业务单元是技术转移的实施主体,其中,以中介型企业为主。它们通过自身专业能力制订合理的技术转移方案,从而促成技术成果向现实生产力转化。这类企业常常兼具慈善机构性质,企业身份保证其运行机制的灵活性,慈善身份则可使其获得国家相关税收政策优惠。此外,中介型企业大多与所服务的主要机构在隶属关系上具有关联。在此背景下,尽管这些机构身份为企业,但仍不同程度地受到所属科研机构的制约,同时在资金或资源上也能得到其支持。相比较之下,科研机构内设业务单元开展技术转移的组织模式只有少数机构采用,而工作的服务对象基本局限于本机构。

(3)在商业模式上,以技术成果属性/参与主体属性定位的多元化选择。技术转移的目的是通过高效的商业化运作促使技术成果尽快转化为生产力。英国公共科研机构技术转移商业模式具有较好的开放性,其根据技术成果属性以及参与主体的实力、需求以及对风险承受能力等因素综合形成了资源互补、优势共享的多元化业务类型,包括技术许可、创建企业、合作研究、业务咨询与服务、技术成果管理等多种类型。其中,技术许可是最常规的技术转移模式,即通过协议约定使被授权机构获得一定期限内的技术使用权。同时,一些成熟技术也以科研机构自创实体或通过转让、入股等形式募集社会资金组建新公司运营,从而实现技术的产业价值。但这类技术转移实现较为复杂,同时具有较高风险性,需要较高专业能力把握与落实。另外,英国公共科研机构在技术转移时,会根据工商界、政府部门等外部客户的需要,针对性地配备专长人才或建立实验室等资源,以契约方式开展研究合作以及咨询业务等,使技术转移工作链条不断根据社会需求进行延伸。

(4)多层次激励政策推动各方参与。英国公立科研机构的技术转移中,来自不同层次、针对不同对象的激励政策对工作的开展起到了有效的推动作用。首先,在国家层次上,政府扮演了积极倡导者的角色。20世纪末期,英国政府认识到公共部门研究机构自身能力建设在知识转移方面的不足致使其知识产出不能在社会经济发展中发挥更大作用,因此在2001年设立PSRE基金,用以加强公共部门研究机构在实施技术转移中的配套设施和能力建设,并对以实现商业化为目的的概念阶段成果进一步研发进行支持。其次,在资助机构/科研机构层面上,虽然这些机构在作为工作指导者的同时也常常扮演监督者角色,但它们会采用多种激励手段促成具体工作的推进,包括安排资金支持技术转移机构进行能力方面的配套建设和促进转化型研究;灵活地指导技术转移机构充分利用国家在慈善事业方面的税收优惠等激励政策;积极制定奖励制度,明确规定对技术转移参与相关方进行奖励的办法,从而激发科研机构以及发明人重视研发,并参与技术转化工作的积极性。

6.英国技术集团

在历史上,英国曾被誉为科学家、发明家的圣地,但到了 20 世纪 40 年代中后期,英国在国际上的政治、经济地位急剧下降,英国的许多重大发明,如盘尼西林、喷气技术等,尽管诞生在英国本土,但却被其他国家拿去开发成商品,进而占领英国市场。在这样的背景下,英国在 1949 年 6 月成立了国家研究开发公司(National Research Development Company,NRDC),专门从事科技成果开发与应用,负责将政府公共资助形成的研究成果的商品化。根据英国 1967 年颁布的《发明开发法》,NRDC 有权取得、占有、出让为公共利益而进行研究所取得的发明成果,所有大学和公立研究机构,无论是实验室还是研究所,也无论是团体还是个人,只要所进行的研究是由政府资助的,成果一律归国家所有,由 NRDC 负责管理。

1975 年,英国工党政府又成立了国家企业联盟(National Enterprise Board,NEB),主要职责是进行地区的工业投资,为中小企业提供贷款,研究高技术领域发展的投资问题。1981 年,英国政府把 NRDC 与 NEB 合并,改名为"英国技术集团"(British Technology Group,BTG),仍拥有原 NRDC 对公共研究成果管理的权利。

1984 年 11 月,英国保守党政府认为《发明开发法》的垄断规定不利于科技成果充分发挥作用,抑制了科技人员的积极性,宣布废除了这一规定,由此使发明者有了自主权,可以自由支配自己的发明创造,有利于发挥科技人员的积极性和创造力。这样 BTG 再也不能无偿占有公共资助的科研成果,但由于多数大学和公立研究机构对知识产权保护与商品化缺乏足够的资金和专长,仍愿意与 BTG 合作。

为了推动 BTG 的市场化运作,1991 年 12 月,英国政府把 BTG 转让给了由英国风险投资公司、英格兰银行、大学副校长委员会和 BTG 组成的联合财团,促使 BTG 实现私有化。此后,BTG 采取了一系列措施拓宽技术来源,从最初着眼于国内市场,主要依靠研究院所和大学,发展成长为今天的国际公司,业务领域涵盖欧洲、北美和日本,75％以上的收入来自英国以外的业务,使技术转移国际化,成为世界上最大的专门从事技术转移的科技中介机构。

BTG 属于科技中介股份有限责任公司,它的运行机制就是通过自身卓有成效的工作,充分利用国家赋予的职权,同国内各大学、研究院所、企业集团及众多发明人有着广泛的紧密联合,形成技术开发—推广转移(销售)—再开发及投产等一条龙的有机整体,利润共享,BTG 真正起到联结开发成果转化为现实生产力的桥梁和纽带作用。

BTG 具有捕捉未来市场技术,并从中获得回报的独特能力,通过投资于技术的进一步开发和扩大知识产权的范围,创造新的价值。BTG 不仅通过转让技术使用获取价值,而且通过建立新的风险投资企业,把获得的巨大报酬返还给它的技术提供者、商业合伙人和股东。所以,众多国内外发明人或企业都纷纷把自己的专利、发明等成果委托给 BTG。BTG 经审议后替发明人支付专利申请费用和代办申报,颁发许可证,真正使发明者得到了知识产权的法律保护,即可对专利等开发成果进行转让,利润分成。这种运作模式使 BTG 在技术供方和技术发展方中都拥有能够共同获得利润的合作伙伴,同世界许多技术创新研究中心以及全球主要的技术公司都有密切的联系。

BTG 的技术转移一般经过技术评估、专利保护、技术开发、市场化、专利转让、协议后的专利保护与监督、收益分享等 7 个阶段。

(1) 技术评估。BTG 按照严格的标准评价每项技术是否真正具有创新性,判断这项技术能否完全获得专利保护,是否有足够的市场潜力,并会确定一个明确的商业化进程。

(2) 专利保护。一旦决定接受该项技术,BTG 会与发明人签订发明转让协议,由发明人把发明权转让给 BTG。协议书规定了双方的责任、权利和义务,以及收入分享的原则。然后,依据协议规定,BTG 专利部门的律师还将代为发明人填写专利申请表,负责,并承担专利申请费、保护费以及侵权纠纷的诉讼费等全部费用。

(3) 技术开发。对具有开发潜力但尚未完全成熟的专利技术,BTG 会制定开发和营销计划,资助发明人做进一步开发,加速其商业化进程,提高技术转移的成功率。

(4) 市场化。BTG 负责联系对技术感兴趣的客户。BTG 与北美、西欧和日本等发达国家的企业有广泛的联系,已形成了国际性网络。这一优势可使 BTG 从世界各地寻找到最合适的买主,即在英国或国际上有能力成功地开发专利技术的被许可人。把科技成果和专利变成实实在在的市场产品是 BTG 的主要目标,在这个过程中,为专利找到最佳实施公司或企业是 BTG 的主要工作。通过市场分析,BTG 能够制定出技术发展的完整市场战略,识别和跟踪最优的商业化路线。

(5) 技术转让。一旦买主确定后,BTG 会与其谈判,签订转让协议。从技术转让到新的商业冒险和战略联盟的形成,每一个谈判协议都是独一无二的,但是目标都是使 BTG 的收入最大化。有些技术在获得专利后,在推向市场的过程中会失败或被更好的技术或产品取代。因此,BTG 选中,并获取专利的技术中,只有 45%~50% 被成功地推向市场并创收。这也使得 BTG 在转让专利评价其价值时,不仅要考虑产品的生命周期、专利有效期、同类产品的竞争力、产品的市场潜力、专利申请费、保护费、侵权诉讼费和市场开发费等,还要考虑专利被推向市场的成功率。

(6) 协议后的利保护与监督。在技术被转让之后,BTG 仍会关注技术的使用情况。BTG 的工作不仅要确保专利不被侵犯,版税被完全支付,还要使其不错过新的创收机会。在专利的整个生命周期中,BTG 负责对其进行保护,监测可能发生的侵权行为。一旦发现有侵权行为,BTG 有经验丰富的专利律师和雄厚的经济实力对付它。此外 BTG 也监测被许可人的经营和财务情况,确保被许可人根据专利使用许可协议,诚实地向 BTG 支付专利使用许可费。对违反合同者,则诉诸法律手段加以解决。

(7) 收益分享。BTG 一般不采取卖专利的方式赚钱。BTG 的理念是:一项技术产生的市场收益要大家共享。BTG 与专利所有者一般是平分从生产厂家那里得来的利益份额。BTG 已经同世界上一些非常著名的大型跨国公司及一些小公司成功建立了互惠互利的关系。无论是大学研究机构还是商业组织,只要把它们的技术带给 BTG,依靠这种关系就能使收入增加而获得利润。

2.3.2　英国技术转移的经验

英国非常注重将学术界的科学发现和理性探索与产业界相结合,由此逐渐恢复了英国工业在国际市场上的竞争力。自 20 世纪 70 年代起,英国政府先后制定,并实施了多个促进技术转移的计划和措施;2003 年,时任英国政府首席科学顾问的兰伯特先生提出了著名的"兰伯特评论",指出了英国在技术转移和产学研合作方面存在的问题及未来发展方向,随后更提出了"兰伯特工具包",在英国及欧洲其他国家广泛运用,并根据产学研合作发展趋势不断更新。兰伯特理论和工具包被认为是当今产学研合作时产生的知识产权归属、科研机构与企业之间利益分配等问题提供的解决范本。

1. 设立多种类型的技术转移机构

除了大学里的技术许可办公室,英国还有很多商业化运作的科技中介机构,如英国技术集团(BTG)、普雷塞斯协会(Praxis Unico)等。虽然各个机构的运作模式不尽相同,但他们都致力于从市场的实际需要出发挑选技术项目,并通过最有效的手段将技术推向市场,从而实现技术的商品化。其基本任务是通过提供技术寻找和筛选、技术成果评估、专利保护申请、协助进行技术的市场化推广、市场包装、技术转让及监控技术转让进展等一系列服务,推动新技术的转移和开发工作,促进大学、工业界、研究理事会以及其他科研机构科技成果的产业化和商品化。

2. 利用科技中介推动科技成果商业化

(1)成立企业化运作、提供全方位服务的企业孵化器,促进大学研究成果商业化。在英国,大学、研究机构都把企业孵化器当作推动专利技术商业化的一种方式。欧盟委员会的标杆管理研究发现,80%~90%欧洲受孵化的公司在 5 年后仍然可以存活下来,而一般英国新成立的企业中大约有 1/3 的小公司会在开始的 3 年内破产。全英国都设置了企业孵化器,已经为占中小企业总存量 6% 的企业的创新活动提供了帮助。英国孵化器运行有如下特点:一是实行独立企业化运作,董事会通常由学校、地方政府、投资商三方组成,并面向社会公开招聘孵化器总经理,有很多本校教授、博士受聘。学校鼓励教师在企业孵化器内创办企业,并同意教师持有无形资产中一定份额的股权。二是资金来源多元化,英国政府会对生物技术、信息工程、电子生物等领域的企业孵化器给予资金支持。2001年设立的高校创新基金、2005 年,英国商业、企业与法规部建立的企业孵化器发展基金都向孵化器提供资助。当时,欧盟欧洲区域发展基金通过建立专门的大学计划,促进大学与私营企业结合,从而为成立企业孵化器提供了财政支持。除此之外,英国孵化器还有风险投资基金、地方政府设立的投资基金及企业、商业天使融资及名人捐献基金等支持。另外,英国政府还允许企业孵化器在其孵化成功的商业公司中占有少量股份,并通过这个股份取得回报。三是提供税收优惠政策,把减免的税收返还企业孵化器,以支持企业孵化器的进一步发展。四是建立完整的服务体系。1998 年英国成立了 UKBI (The United Kingdom Business Incubation),UKBI 是一个领先的企业孵化网络,可以为被孵化的企业提供高质量的服务,专业技能、技巧和信息。

(2) 在大学、研究机构和企业之间建立技术交流网络。以知识转移网络为例,它是 2004 年英国贸工部启动的技术计划中的一部分内容,由政府、工业界和学术界共同出资建立,目标是通过加强知识技术向企业转移的深度、广度以及加快转移的速度,提升英国企业的技术创新实力。知识转移网络可以给其成员带来如下好处:①提供与其他企业和科研界交流的机会;②获得筹资的机会,可以向英国技术战略委员会就有关合作研发、知识转移伙伴关系以及创新资助资金,风险资本等寻求资助;③所在团体、政府及欧盟间的交流使成员国有机会影响英国内外政策的制定。此外,英国还参与建立欧洲创新驿站网络,以促进联盟国间技术转移与技术创新。目前,包括英国在内的 33 个国家已加入了欧洲创新驿站网络。每个创新驿站都雇用对他们服务的地区及企业的技术和经济状况非常了解的专业人员,走访企业和研究机构,识别技术需求和技术潜力、为企业和研究机构之间的合作牵线搭桥。

3. 储备多种类型技术转移资金

在技术转移实践中,往往需要大量的资金投入,良好的融资渠道及多类型的融资平台是发展技术转移必不可少的环节。目前,英国技术转移领域参与的资金主要有以下几种类型。

(1) 政府理事会设立的基金。主要是指由基金理事会和研究理事会发放的基金,这些理事会涉及生物技术、科技设施建设、自然环境、医学、工程与自然科学、经济与社会和社会人文等领域。这些由国家政府出资的基金主要用于提升大学科研水平、创办科技企业、支持学校技术许可办公室建设、大学与企业开展技术转移过程中的工作费用、技术转移技能培训、创业培养等。大学、科研机构和专业的技术转移机构通常会每年申请此类基金。

（2）社会融资资本。此类技术转移资金来源多是社会资本，包括天使投资、众筹、风险投资、企业风投等。社会资金会以股权投资的方式加入到技术持有者的后期研究开发活动中，并帮助其顺利实现技术向产品的转移和产品的市场化，以期从中获得 10～20 倍甚至更多的回报。这样的融资渠道不仅要求个体技术持有人具备独特的产品理念，优秀的团队，其所开发的产品还要具备巨大的潜在市场。

（3）债务融资。主要以银行贷款、P2P、企业借款为主。通常技术持有者已经找到合作方或者下游购买方，双方达成了合作意愿保证项目开发或者技术转移能够按期开展。此时，合作双方以合同取得贷款，并保证所得收益用于贷款的偿还。

4. 设立基金支持大学科技人员创业

英国政府于 2001 年创立了"高等教育创新基金"，无偿支持大学的技术转移工作。其资金来源于英国科学技术办公室和高等教育基金委员会，该基金是大学募集资金计划中永远存在的一部分，到 2010/2011 年，资助强度已经从每年几千万英镑增加到每年 1.5 亿英镑。1999 年，英国政府启动了第一轮大学挑战基金，其种子资金来源于政府、大学自筹和其他基金，为从大学衍生的小企业起步提供种子基金，支持其研发活动。2009 年 6 月，英国政府出资 1.5 亿英镑作为种子基金，成立英国创新投资基金，投资于具有较高增长潜力和商业基础的技术，以及数字化、生命科学、清洁技术和先进制造业在内的小企业，支持其成长。创新基金的实施加快了高等学校的知识向企业转移的速度。

5. 资助双方共同开展商业化前技术的研发

英国政府先后实施了多个旨在鼓励科技界与产业部门合作的计划，如联系计划、知识转移合作伙伴计划和技术计划，目的是鼓励企业投资于政府资助研发成果的商业化前开发。这三个计划的特点是，每个计划都是以企业的需求为中心，科研机构进行协助，政府提供部分资助，强调"产学研用"的结合，使成果在产生的源头就有明确的市场需求，以利于商业化应用。

6. 给予高校科技成果处置权和收益权

1967 年,英国政府颁布的《发明开发法》规定,由政府资助的研发成果一律归国家所有,国家研究开发公司负责研究成果的商品化。然而由于当时没有发明人的参与,研发成果商业化的成功率非常低。1984 年 11 月,英国保守党政府废除了这一规定,这就使得大学有机会获得由公共资助的研究所产生的知识产权的所有权。如果研究项目是由高等教育拨款委员会(HEFC)或研究理事会(Research Councils)资助的,则产生的知识产权属于大学,而对于其他政府资助项目知识产权问题,根据 2001 年 12 月由英国专利局制定的政策,政府资助的研究产生的知识产权一般应授予发明者。为了激励研究人员技术转移的积极性,英国大学将知识产权许可和转让得到的净收益(扣除一些费用,如专利费、知识产权管理费等)在大学、下属学院和个体发明者之间分配。随着净收益额增加,大学得到的比例相应地增加,而个人得到的比例相应地减少。

2.4　以色列的经验做法

以色列地处中东地区,1948 年独立,人口数量近 900 万,其资源与市场都相对匮乏。自从中华人民共和国成立以来,以色列一直十分重视科学研究和技术开发,把发展科技,特别是高科技作为促进经济发展的手段。如今,以色列经济由建国初期依赖农业转变为立足高科技的发展,高科技产品同其他技术密集型产品的出口额占据了以色列整个出口总额的 75%。在军工、农业、信息、材料、环保、能源、医药医疗等领域创造了全方位的科研成果及产业优势。

以色列享有"创新国度"的美誉,被公认为是全球在研发和创新方面最具创造力的国家之一。以色列研发经费投入占 GDP 的比重全球第一,科学技术在 GDP 中的贡献超过 90%,高技术企业密度达到平均 2 000 人拥有一家企业,国内从事研究开发的全职人员约占总人口的 9.1%,人均科技论文数量与质量等指标均位居全球第一;以色列科技企业纳斯达克股票市场的总数仅次于美国,不但超过欧洲的总数,还超过日本、中国及印度的总数;风险投资额居世界第二。

以色列新兴高科技公司最为密集,其新兴高科技公司数目仅次于硅谷,排名世界第二。以色列人均风险资本投资量和人均拥有高技术公司数量均排名全球第一;在美国纳斯达克上市的公司数量仅次于美国和中国,超过350家的跨国公司在以色列设有研发中心,其中许多是财富500强公司。以色列已成为仅次于美国硅谷的全球第二大创新中心。

以色列吸引了众多国际著名跨国公司,包括英特尔、微软公司在内的数十家全球500强电脑公司在以色列建立研发机构。除硅谷外,以色列每平方公里拥有的软件和电子工程师是全球最多的。微软在以色列设立了美国以外的第一家研发中心,思科公司也设立了美国以外唯一一家研发中心,摩托罗拉设立了美国以外最大的研发中心。

以色列的技术成果遍布信息技术/软件、半导体、电信、网络安全、医疗设备、生命科学、纳米技术和国防科技等高科技领域,在数字成像、电子医疗设备、手术设备和诊断包等领域开发出了具有世界水平的技术和产品。以色列"科技立国"的高明之处在于,对具有实用价值的高科技成果进行后续试验、开发、应用、推广,直至形成新产品、新工艺、新材料、新产业。以色列高技术发展的事实证明,技术转移已成为推动经济发展的重要动力。在技术转移快速发展的背后,以色列目前已经拥有750多家涉足生命科学领域的公司,每年还有近50家新兴高科技公司诞生,这些机构所承载的高技术产品在技术转移过程中已成为世界贸易发展的主导力量。

2.4.1　以色列技术转移体系

以色列是最早在大学和研究机构建立技术转移机构的国家。成立于1959年的魏茨曼科学研究学院的耶达技术转移公司(YEDA)是世界上第一家技术转移公司,比1970年美国斯坦福大学成立的技术许可办公室早了11年。时至今日,YEDA不仅是以色列拥有最多专利的技术转移公司,也是世界上第三大最为盈利的技术转移公司。

目前,以色列在高校系统建立了7个技术转移机构,在医院系统建立了5个技术转移机构,另外还成立了一个专门进行国防技术转移转化到医疗行业应用的机构,这些机构的目标是集中将先进的科研成果推向市场。

以色列大学系统内的7个技术转移机构,除了海法大学,其他6所研究型大学均建有自己的技术转移公司（technology transfer company），分别是：魏茨曼科学研究学院的耶达技术转移公司（YEDA）、耶路撒冷希伯来大学的伊萨姆技术转移公司（YISSUM）、以色列理工学院的技术研究与发展基金有限公司（T3）、特拉维夫大学的拉莫特技术转移公司（RAMOT）、巴尔·伊兰大学的巴尔伊兰研究与发展有限公司（BIRAD）和本·古里安大学的内盖夫技术与应用公司（BGN），另外一家技术转移机构是由地区性学院设立的。其中 YISSUM 技术转让的年收入也超过了美国麻省理工学院和哈佛大学。

1. 魏茨曼科学研究院耶达技术转移公司（YEDA）

YEDA 是以色列第一家技术转移公司，负责以色列魏茨曼科学院的成果转化。以色列魏茨曼科学院是以以色列第一任总统魏茨曼命名的学院，据说是魏茨曼完成了世界上第一个技术转移。

魏茨曼科学研究院于 1934 年建于雷霍沃特，如今已成为世界领先的多学科研究中心，在加速以色列工业发展和催化创新企业的建立过程中发挥着重要作用。YEDA 是世界上较成功的技术转移公司，在技术转移和商业化方面具有极为丰富的实践经验，其研究人员参与了大量旨在加速以色列工业发展和建立以科技创新为基础的新型企业的研究项目。魏茨曼研究院主要从事基础领域研究，YEDA 专门负责研究成果的应用开发和技术转移。YEDA 与魏茨曼研究院的科研人员保持密切联系，并持续跟踪研究成果，一旦发现有商业化可能的成果后，会成立专门的评估小组对该项成果进行评估；通过评估后，YEDA 负责该项成果的专利写作、申请、授权及后续所有商业化运作。YEDA 将具有商业化潜力的成果通过网站及其他媒介公布于众，吸引商业合作伙伴，无论是以色列本国公司还是外国公司，都可以前来洽谈合作，签订合作协议后，合作伙伴可以免费获得技术细节，开展商业化进程。在合作伙伴产生销售收入之前，YEDA 不收取任何费用；只有在产品投放市场之后，YEDA 才收取 1% 左右的销售收入作为专利授权费用，其中的 60% 会上交魏茨曼研究院，以支持其基础研究。在科技成果转化过程中，YEDA 负责从实验室到市场全过程的各个产业化步骤，成为魏茨曼研究院基础研究和商业应用的中间桥梁。

YEDA 的成功经验有以下几点：一是有魏茨曼研究院这样世界领先

的、具有强大科研能力的研发团队。技术转移的基础是科技创新的成果和专利,没有科研基础,后续的技术转移、产业化发展都是空中楼阁。二是对创新成果技术转移的高度重视和主动性。魏茨曼研究院很早就意识到科研成果转化的重要性,在1959年就成立了YEDA,其不仅是以色列最早开展技术转移的机构,也是世界上技术转移的一个先锋。YEDA继承了魏茨曼研究院的传统,对于推广科研成果、寻求商业合作伙伴秉持很高的开放性和主动性,建立起了科研成果到专利商业化的良性循环。三是有健全的机制,可以解决各方利益的冲突,以及产业化和学术化之间的合作障碍,确保资金的来源。四是团队的多元化,既有商业的背景,又有学术的背景,以及专业的法律、财务团队的支持。这些经验都非常值得学习和借鉴。

YEDA的成功为其他技术转移公司铺平了道路,今天,以色列几乎每个研究机构都有自己附属的技术转移公司。其目标就是将大学内的研究成果商业化,为科研成果在市场上找到"归宿"。大学从每个成交的技术转让中收取一定比例的收入(比例因个案、研究机构不同而不同),这为大学带来了非常可观的收入。

2.4.2 以色列推动技术转移的经验

自20世纪90年代以来,以色列政府出台了一系列促进高科技产业发展的政策和激励措施,如颁布了促进产学研结合的磁石计划和小磁石计划;修订了《鼓励产业研究开发法》,进一步推动高技术成果的转化;鼓励企业开展长期的通用技术研发活动,主要支持研发投资规模大、比例高的企业,实施通用技术研发计划;为创业者提供最初的研发条件,让其能够把自己的创新构想转化成产品,并通过产品吸引投资者出资组织生产,进而建立起自己的企业,实施技术孵化器计划;启动了支持高技术产业发展的风险投资等,这些措施进一步完善了国家技术创新体系,使以色列成为世界上技术创新活动较活跃的地区。

1. 以色列创新生态体系成熟

以色列《研发法案》的颁布实施和首席科学家制度为以色列创新提供了前提保障,包括"种子"前研发、种子期研发、竞争性研发、共性技术研发以及合作研发等,以色列制定了不同阶段的支持计划,如磁石计划、尤里卡计划、双边产业研发合作计划等。以色列孵化器制度及风险投资环境也居于世界领先，为技术从实验室走向市场提供了有力支持。

2. 创新创业孵化器

推动高科技企业孵化器发展是以色列创新发展获得成功的举措。以色列从 1991 年开始实施技术孵化器计划，为创业的企业提供资金、技术、场所和市场服务。政府对孵化器有着严格的限制和壁垒条件，大型、小型孵化器功能定位明晰、精而不滥，形成了全球最强大的孵化器体系。

在孵化器启动建设之初，以色列制定了有针对性的政策举措，形成了完善孵化器建设的政策体系，其显著的特征表现为：①结合以色列国情，准确定位高科技企业孵化器的发展目标；②以色列政府主导孵化器发展，但不直接干预孵化器的经营管理，遵循市场规律，保障孵化器良好运营；③充分运用全球资源，吸引世界顶尖资源建设孵化器，对接各国风险投资，建立学术与企业利益共同体，建设孵化器网络，打造成全世界最成功的孵化器；④结合市场实际需求，实施新的孵化器计划，开展高科技企业孵化器私有化改造工作。

孵化器运营过程中，政府坚持"共担风险，但不分享受益"的原则，实行市场化的运营管理，政府不直接干预经营管理，在初创企业高风险阶段出资与企业共担风险，为进入孵化器的企业提供为期两年的优惠贷款，创业失败的企业无需提供偿还责任。政府对孵化项目投资最高达 85％。进入孵化器的企业在获得政府种子基金支持的同时，更容易获得风险投资资金的支持。以生命科学领域为例，60％以上的企业通过孵化器发展起来。孵化成功的企业上市或并购后，政府资金及时退出，转为由专业投资机构接管运营。以色列还有大量由私人机构运营的创业辅导机构和加速器，促进企业的创新创业。

以色列高科技企业孵化器专门针对高科技创业企业提供孵化服务，能够有效提升企业的创业成活率。以色列系统高效的孵化器政策，有力推动了高科技孵化器发展，成为以色列重要的支柱型产业。

3. 政府基金与外资共建风险投资

以色列政府在风险投资方面采取了许多有效措施。早在 1991 年，政府就以"舍己利益，共担风险"的策略，出资 1 亿美元与国内外的投资者合资建立了 10 个风险投资基金。时至今日,以色列已经称为全球风险投资重地,全球创业投资资金非常关注以色列高新技术企业,纷纷在以色列设立分支机构。现在,以色列活跃的风险投资基金已有 100 多家,运行资金超过 120 亿美元,仅次于美国,位居世界第二。以色列人均高技术风险投资资金占有量居世界首位。政府和各类风险基金支持的研发项目被要求瞄准国际水平,研发的技术和产品在国际市场上要有竞争力,同时,以色列人以其创业精神而著称,自主创业率全球领先。这就促使以色列高科技得以跨越式发展,也是以色列发展高科技产业的一个鲜明特点。

以色列发展风险投资的经验主要包括:①实行政府基金先期引导,并适时退出,推动财政资金效率最大化。政府仅在企业的早期阶段和国际化发展等高风险阶段给予企业政策性财政融资扶持,出资与企业共担失败风险,以达到帮助企业降低风险、提高其存活率的效果。在资助项目成功后,政府不占有项目股权,仅回收投资本金及合理的补偿利息,这样能够有效规避政府对微观经济活动的直接干预。②鼓励外资机构设立风投基金,充分利用外资风投。以色列通过构筑竞争开放的风险投资市场和完善有效的法律体系保障,聚集推广风险投资,按照公私 1:2 或 1:3 比例鼓励外国投资机构在以色列设立风投基金,支持高科技初创企业发展,并促进创新成果的商业化转化。截至 2015 年年底,以色列约有 80 家活跃的风险投资机构,其中近 1/4 为外资分支机构,以欧美投资机构为主。虽然外资风投机构数量不占优势,但是从投资总额看,外资机构风投总额占以色列风投总额的比例超过 60%,外资机构占据了主导地位。③开拓国外融资市场,推动科技企业上市融资。以色列高科技创业企业的融资主要集中在以欧美发达国家为主的海外地区。以色列所有银行在西方国家金融中心都设立了提供短期、长期融资和出口资金融通服务的子公司、分部或办事处。利用银行"走出去"发展策略,以色列积蓄了大量从事投资、国际交易以及商业银行业务的宝贵经验。与此同时,大量国际知名的投资银行在以色列设立办事处,为以色列的孵化企业提供有效的资金融通渠道和兼并收购服务,促进以色列高新技术企业能在美国纳斯达克、英国创业板以及其他欧洲证券市场顺利上市。如截至 2015 年年底,以色列已有超 140 家高科技公司在美国纳斯达克上市,上市企业规模全球第二。

4. 以色列企业与大学结合紧密

以色列几乎每个大学生都有创业的经历,大学生在毕业前曾经参与过企业实习或者组建自己的公司,这为大学科学研究和立项提供了直接的市场需求。以色列高科技公司的创始人和经理人中,有 70% 以上毕业于以色列理工学院。以色列纳斯达克上市公司的创始人和一把手中,68% 毕业于以色列理工学院。

5. 重视高校技术转移

以色列推进高校科技成果转移转化的显著特征主要包括:①高度重视开展创新性科学研究。通过重点挖掘科学研究的应用前景及社会价值等举措,设立高校科技成果转化的价值风向标,形成了高校在科技研发上务实求真的工作作风,为以色列高校技术转化工作奠定坚实的工作基础。②高度重视高校技术转化队伍建设。以色列高校技术转化公司职员由技术鉴定专家、市场运作专家、知识产权专家以及法律专家等组成,其共同开展技术转化的系统服务工作,有效保障了高校技术转化工作的顺利完成。与此同时,通过培育科技成果专业人才,敏锐发现高校研究成果、策划创业项目、培育融资项目,实现以色列高校技术转化效益最大化。③高度重视知识产权的保护与许可工作。这是以色列高校技术转化工作的突出特点,通过形成完备的法律运作保护模式,对极具创新性的专利技术许可权,通过转让、入股等方式保证创新技术的长期收益,严格保护创新性技术成果专利。④高度重视技术转化服务保障体系。以色列高校技术转化机构的服务全面而细致,孕育了良好的创业孵化机制和环境,保证高校教授专注于科学研究。

6. 高校技术转移中心公司制运作

以色列每所大学都成立了独立运行的全资技术转移公司负责学校科研成果的商业化,技术转移公司的运行成本来自学校。科学家不参与技术转移和商业化谈判。完善的技术转移流程和合理分工,较高且稳定的回报保证了以色列高校技术转移高成功率和高收益。以色列高校的科技成果绝大多数是以技术许可的形式与公司合作,通过后期市场销售获得提成。一般是 4∶4∶2 分配,即科学家占 40%,大学占 40%,科学家所在的实验室占 20%。技术转移公司从大学获得的收益中获得利润。

7. 产权明晰的创新合作规则

以色列知识产权属于发明人所在机构,高校技术转移公司制定了完善的技术转化规范流程。教授从事的研究与技术转移中心相互独立,当其技术发明具有商业潜力时,高校、技术转移公司和发明人就会签署协议,以明确三方对于该发明的权利和义务。此时,高校会将专利权益转移给技术转移中心,技术转移中心根据协议投入资源,并将发明产品化。最终,技术转移公司按融资额的 35% 提取管理费,科技成果转化收益的 40% 给予发明人团队,60% 给高校及发明人所在学院。

以色列拥有特殊的兼职离岗创业规定。高校鼓励教授成立初创公司,允许其有 2 年的离职创业期,教授每 7 年可暂时离开高校,去其他地方从事研究工作。在此期间,他依然受聘于高校,保留原有职称与薪酬。如教授希望开设自己的创业公司,可进行休假与请假。因此,有充分创业准备的高校发明人会申请暂时离开高校去创业,如后续公司规模持续扩大,高校发明人可成为公司顾问,并投入 20% 的工作时间,此举可帮助公司有效运营,并获得融资,是一种双赢的创新举措。

8. 独特的创新文化

以色列独特的创新文化使大企业、初创企业间形成了人员的自由流动循环。当大企业雇佣的科学家与工程师有想法和创意时可以离开公司进行创业。这些市场型创业公司以满足社会需求为根本,通过创新技术或模式解决问题,其中很多是颠覆式创新与开放式创新,因此极具竞争力。

以色列人普遍重商,他们具有敏锐的市场意识与极高的企业家精神。他们不会羞于谈论个人差异,认为商业失败是十分有价值的学习经验。以色列人还拥有冒险精神,其社会鼓励创新与表达、将理念转变为产品。他们不注重形式,大部分讨论时可以做到开诚布公,比较关注实际行动与临场应变的能力,在需要时能打破思维桎梏,并灵活地修订规则。以色列的风险资本家与连续创业者乐于与他人交流,这种创新文化与创业风险不断结合,孕育出以色列独有的创新生态环境。

9. 全方位的主动创新能力培育

知识型人才资本的储备是以色列创新生态的重要抓手。以色列奉行人才强国发展战略,高校科研体系空间布局合理均衡,与当地产业界联系密切。以色列的基础教育注重打破思维定式与培养独立思辨能力;高等教育则培养创新创业能力为主,高校会成立科技成果商业化中心以推动其与商界的交流,促进科技成果转化;其职业教育与业余教育推动全民创新,鼓励学生选修亟需的高科技课程,形成了良好的社会创新氛围。

由于以色列特殊的国防技术需求,其军队的技术开发部门每年招收优质的高中毕业生进行为期 6 月的培训,在通过遴选后即进行项目研发。因此,一部分高中生在服役之前就开始学习相关课程。在服役期间,被招募的学生会组成团队攻克技术问题,且团队中高度积聚了专业的工程师与创新人员,他们在不断尝试与失败经历中积攒经验,直至满足技术要求。当学生们退役,走向社会时,年龄大约为 24～30 岁,但其已拥有丰富的创业经验与技术水平。政府在培育年轻人技术专业性的同时,为其未来成长为专业技术人员与实业家提供了很好的项目经验与成长环境。

第3章 科技成果转化的政策环境

科技成果转化通常包括供给端、需求端和中间转化渠道等环节，涉及管理、服务和运营等内容，是一项统筹性强、专业性高、涉及面广的系统性工程。影响科技成果转化的因素是多方面的，其中科技成果转化法律政策所形成制度体系中管理制度上的障碍是最重要的原因。实现科技成果转化需要构建适应新问题、新现象和新形势的政策环境，通过深化科技体制改革，完善国家科技创新治理体系，破除体制机制障碍，为科技成果转化筑牢制度和体制机制基础。

2015 年，中共中央和国务院做出重要决策，发布了《关于深化体制机制改革–加快实施创新驱动发展战略的若干意见》，加快实施创新驱动发展战略，破除一切制约创新的思想障碍和制度藩篱，营造大众创业、万众创新的政策环境和制度环境。2017 年，国务院印发的《国家技术转移体系建设方案》指出，建设和完善国家技术转移体系是一项系统工程，要着眼于构建高效协同的国家创新体系，从技术转移的全过程、全链条、全要素出发，从基础架构、转移通道、支撑保障三方面进行系统布局。在支撑保障方面，要营造有利于技术转移的政策环境，确保技术转移体系高效运转。

3.1 我国科技成果转化法律政策体系

3.1.1 我国科技成果转化法律政策体系架构

党中央、国务院高度重视科技成果转化工作，尤其近年来，我国修订、出台了一系列促进科技成果转化的法律法规、政策措施和行动方案，初步形成了具有中国特色的促进科技成果转化政策法规体系。其中，以《中华人民共和国促进科技成果转化法》为代表的法律法规为我国科技成果转化工作提供了法律制度基础,为创新驱动发展战略的实施起到了保驾护航作用;中央政策主要包括中央政府和相关部委围绕科技成果转化出台的一系列配套政策和具体行动,是对相关法律制度的进一步延伸和细化;地方政策主要包括地方政府和高等院校围绕科技成果转化出台的一系列具体政策和行动,是对法律法规和中央政策的进一步落实,同时也是结合地方特色和实际情况进行的积极探索。

1. 法律法规

法律法规是科技成果转化工作的制度基础。我国不仅高度重视科技成果转化领域的法律法规制定工作,而且还根据法律法规在实施过程中呈现的新问题、新现象和新形势进行适时适度修订。当前我国涉及科技成果转化领域的主要法律法规有《中华人民共和国促进科技成果转化法》《中华人民共和国科学技术进步法》《中华人民共和国专利法》《中华人民共和国公司法》《中华人民共和国商标法》《中华人民共和国著作权法》《中华人民共和国专利法实施细则》《中华人民共和国商标法实施细则》《中华人民共和国著作权法实施条例》《中华人民共和国集成电路布图设计保护条例》《中华人民共和国资产评估法》《中华人民共和国民法典》等,主要涉及科学技术进步、企业国有资产、专利、著作权、个人所得税、农业技术推广、公司、商标、资产评估等方面,这些法律法规奠定了国家创新体系建设的重要法律制度基础,为促进科技成果转化、实施创新驱动发展战略起到了保驾护航作用。

2. 制度文件

制度文件是科技成果转化工作的具体措施。我国科技成果转化制度文件主要由中央政策和地方政策组成。

中央政府出台的一系列旨在促进科技成果转化的指导意见和行动方案以及围绕科技成果转化工作,在深化体制机制改革、强化科技人员收入分配政策激励、深化职称制度改革和人才评价管理、构建国家技术转移体系、加强国有资产管理等方面出台的一系列政策文件激发了创新主体科技成果转化的动力,优化了科技成果转化环境,对于促进科技成果转化和实施创新驱动发展战略具有重要意义。

促进科技成果转化法律法规和中央政策的落地执行需要相关配套政

策的支撑。为深入贯彻落实中央促进科技成果转化精神，加快推动科技成果转化为现实生产力，财政部、科技部、教育部等部委出台了一系列相关配套政策文件，这些配套政策主要聚焦国有资产管理、股权激励和税收政策、支持和鼓励事业单位专业技术人员"双创"、科技成果转化引导基金管理等方面。这些配套政策文件的出台，是各部委根据自身职能定位和行业特点对中央促进科技成果转化精神的积极贯彻落实，有助于科技成果转化工作的有序推进。

为深入贯彻落实中央促进科技成果转化精神，加快推动科技成果转化为现实生产力，绝大多数地方政府结合本地实际情况，出台了相关配套政策，均以修订转化条例、出台行动（实施）方案等形式，推出了大量"政策包"激发科技成果转化动力。地方政府促进科技成果转化的政策文件，明确了工作推进的路线图和时间表，细化了重点任务分解，亮点突出，特色鲜明。比如，2016年，北京市按照成果信息发布、释放创新主体活力、搭建中试与产业化载体平台、优化人才队伍、完善资金支持等创新链条设计了10多个方面，提出了36项重点任务，体现了科技成果转移转化的规律；上海市政策具有科技成果完成单位拥有"转化自主权"、高校可以建立科技成果转化机构、企业可以享受税收优惠、进一步明确了收入如何分配等亮点。地方政府出台的这些政策法规，突出了对中央促进科技成果转化精神的衔接、深化和落实，尤其是对中央政策法规中较为原则性的条款进行了细化和丰富，有助于中央促进科技成果转化精神的细化落实。此外，地方政府出台的这些政策法规还突出了地方特色，是对长期以来地方科技成果转化形成的实践经验的总结和固化，进一步增强了地方政府促进科技成果转化行动方案的可操作性。

高等院校是我国技术创新体系的重要组成部分，是知识创新和人才培养的重要基地，是促进科技成果转化的重要力量。长期以来，受评价机制等因素影响，高等院校创造的绝大多数科技成果被束之高阁，科研人员进行科技成果转化的动力不足，科技成果转化能力和水平很低。为贯彻落实《促进科技成果转化法》《实施〈促进科技成果转化法〉若干规定》《促进科技成果转移转化行动方案》《教育部科技部关于加强高等学校科技成果转移转化工作的若干意见》《促进高等学校科技成果转移转化行动计划》等法律法规和政策文件精神，一些高等院校结合自身实际情况陆续出台

(修订)了促进科技成果转化的政策文件。可以说,高等院校作为科技成果的供给方,在促进科技成果转化方面做出了很多探索,尤其是在《促进科技成果转化法》修订后,为落实中央相关政策文件精神,部分高等院校在科技成果转化的组织实施、转化方式、权益管理、配套措施、责任追究等方面大胆改革创新,极大地提高了各方促进科技成果转化的积极性。

3.1.2 我国科技成果转化法律政策演进

1978 年 3 月,召开的全国科学大会提出了科技工作的 10 项具体任务,其中一项就是加强科学技术成果和新技术的推广应用,提出了研究制定相应的技术经济政策,积极鼓励科学技术成果的推广应用。同年 11 月,国家科委在《科学技术研究成果的管理办法》中,把科学技术研究成果分为自然科学理论研究成果、技术成果(新技术、新方法、新产品和新工艺)、重大科学技术研究项目的阶段成果。该办法明确了国家科委负责督促检查各部门、各地方科技成果交流推广的工作职责。另外,国家科委还先后制订了《中华人民共和国专利法》《中华人民共和国技术合同法》等法律,建立,并发展技术市场,支持民营科技企业创办与发展,开启我国以发展技术市场为前提的技术有偿转让模式。

1992 年,由国家经贸委、原国家教委、中国科学院共同组织实施了"产学研联合开发工程",旨在建立国有大中型企业与高等院校、科研院所之间的交流合作制度。这种合作尝试是以政府的统一指挥为基础,不是从市场供求关系着眼考虑问题,更没有考虑建立适当的激励机制以保证这种合作良性运行的可持续性。政府提供资金给高校、研究机构进行科学研究,政府又将科技成果授予国有大中型企业使用,但是运用这项技术投入生产的企业与发明创造这项技术的高校、研究机构并无直接联系,而是政府将二者联系起来,成为科技成果转化的桥梁和动力,就企业、高校、研究机构而言,都处于被动的状态。

1993 年国家制定的《中华人民共和国科学技术进步法》确立了"国家实行经济建设和社会发展依靠科学技术,科学技术工作面向经济建设和社会发展"的基本方针,而 1996 年制定的《中华人民共和国促进科技成果转化法》是我国从立法层面对科技成果转化的制度保障。为了贯彻落实《促进科技成果转化法》,国家有关部门先后出台了《关于促进科技成果转化的若干规定》《关于以高新技术成果出资入股问题的规定》《关于以高新技术成果出资入股若干问题的规定的实施办法》《关于以高新技术成果作价入股有关问题的通知》等。这一系列文件对促进科技成果转化为现实生产力，推动经济社会发展发挥了重要作用，但这些法律政策未从市场需求和激励机制方面促进科技成果的转化，既缺乏激励科研人员积极性的具体制度，也无保障科技成果转化的有力手段。

2007年，全国人大常委会通过了《中华人民共和国科学技术进步法》修正案，增加了一个特别重要的条文，即在国家资助的科研成果享有模式上，有条件地改变过去实行的"谁投资，谁所有、谁管理、谁受益"的科技创新成果运行模式，确立起"项目承担者享有国家资助完成的科技成果的知识产权"的权利归属模式。这一规则显然旨在提高研究单位和研究人员对科技成果实施转化的积极性，用以有效实现国家科技发展的战略目标。2012年，中共中央国务院发布的《关于深化科技体制改革加快国家创新体系建设的意见》提出，高校要建立与产业、区域经济紧密结合的成果转化机制，鼓励支持高等学校教师转化和推广科研成果。2014年，财政部会同科技部、国家知识产权局印发《关于开展深化中央级事业单位科技成果使用、处置和收益管理改革试点的通知》，在中关村等国家自主创新示范区和合芜蚌自主创新综合试验区遴选了20家中央级事业单位，正式启动了试点，为后续法律修订做了有益的探索。

2015年，中共中央和国务院做出重要决策，发布了《关于深化体制机制改革加快实施创新驱动发展战略的若干意见》，提出完善成果转化激励政策，包括下放科技成果使用、处置和收益权，提高科研人员成果转化收益比例，加大科研人员股权激励力度，同时，建立高等学校和科研院所技术转移机制。在这之后，新修订的《中华人民共和国促进科技成果转化法》于2015年10月施行，2016年国务院印发《实施〈中华人民共和国促进科技成果转化法〉若干规定》，国务院办公厅印发《促进科技成果转移转化行动方案》，这三份文件的先后出台被称为促进科技成果转化三部曲。中央有关部委先后出台了一系列的贯彻落实文件，各地方纷纷制定地方成果转化条例或制定贯彻落实文件，逐步形成了新时期促进科技成果转化的制度体系。

《中华人民共和国促进科技成果转化法》的修订，进一步规范了科技成果转化处置流程、完善了促进科技成果转化法律制度,明确了科技成果持有者成果转化的 6 种方式,协议定价、在技术交易市场挂牌交易、拍卖等定价方式,破解了科技成果使用、处置和收益权等政策障碍。尤其规定了国家设立的研究开发机构、高等院校对其持有的科技成果,可以自主决定转让、许可或者作价投资,但应当通过协议定价、在技术交易市场挂牌交易、拍卖等方式确定价格。瞄准当前制约科技成果转化的突出问题,较好地回应了科研机构和广大科技工作人员的呼声和迫切要求。

2016 年 3 月,国务院发布的《实施〈中华人民共和国促进科技成果转化法〉若干规定》进一步明确了科技成果转化的相关配套政策,包括促进研究开发机构、高等院校技术转移、激励科技人员创新创业、营造科技成果转移转化良好环境等,其中科技成果转化获得奖励的份额不低于奖励总额的 50%,更大程度鼓励了研究开发机构、高等院校、企业等创新主体及科技人员转移转化科技成果。

2016 年 4 月,国务院办公厅印发《促进科技成果转移转化行动方案》,对科技成果转化工作做出了具体部署和安排,以更加创新、开放、系统的思路,谋划推动科技成果转化工作。具体体现在:完善科技成果转移转化政策环境,强化重点领域和关键环节的系统部署,强化技术、资本、人才、服务等创新资源的深度融合与优化配置,强化中央和地方协同推动科技成果转移转化,建立符合科技创新规律和市场经济规律的科技成果转移转化体系,促进科技成果资本化、产业化,形成经济持续稳定增长的新动力。

2017 年 9 月,国务院印发的《国家技术转移体系建设方案》指出,建设和完善国家技术转移体系是一项系统工程,要着眼于构建高效协同的国家创新体系,从技术转移的全过程、全链条、全要素出发,从基础架构、转移通道、支撑保障三个方面进行系统布局。

2016 年 8 月,教育部、科技部联合发布《关于加强高等学校科技成果转移转化工作的若干意见》,要求全面认识高校科技成果转移转化工作,简政放权,建立健全科技成果转移转化工作机制,其中规定"高校对其持有的科技成果,可以自主决定转让、许可或者作价投资,除涉及国家秘密、国家安全外,不需要审批或备案",以及高校领导尽职免责等,更是推动高校加快科技成果转移转化。

2016 年 9 月,财政部、国家税务总局推出《关于完善股权激励和技术入股有关所得税政策的通知》,对符合条件的非上市公司股票期权、股权期权、限制性股票和股权奖励实行递延纳税政策,对上市公司股票期权、限制性股票和股权奖励适当延长纳税期限,对技术成果投资入股实施选择性税收优惠政策,进一步推动了企业科技成果作价入股的能动性。

2016 年 11 月,教育部办公厅印发的《促进高等学校科技成果转移转化行动计划》,通过加强制度建设、创新服务模式、加强平台建设等方面,充分发挥高校在科技成果转移转化中的突出作用,推进高校科技成果转化体制机制改革,理顺科技成果转移转化各环节,优化资源配置,充分调动高校科技人员积极性,提升高校科技成果转移转化水平,切实增强了高校服务经济社会发展能力。

2017 年 3 月,人社部印发《关于支持和鼓励事业单位专业技术人员创新创业的指导意见》,支持和鼓励事业单位选派专业技术人员到企业挂职或者参与项目合作、支持和鼓励事业单位专业技术人员兼职创新或者在职创办企业(兼职可以参加职称评审)、支持和鼓励事业单位专业技术人员离岗创新创业(离岗保留三年待遇)、支持和鼓励事业单位设置创新型岗位等,以发挥事业单位在科技创新和大众创业、万众创新中的示范引导作用,激发事业单位专业技术人员科技创新活力和创业热情,促进人才在事业单位和企业间合理流动,营造有利于创新创业的政策和制度环境。

2018 年 5 月,财政部、税务总局、科技部出台的《关于科技人员取得职务科技成果转化现金奖励有关个人所得税政策的通知》,其中规定,从职务科技成果转化收入中给予科技人员的现金奖励,可减按 50% 计入科技人员当月"工资、薪金所得",依法缴纳个人所得税,进一步激发了科技人员转化职务科技成果的积极性。

2019 年 3 月,财政部发布的《事业单位国有资产管理暂行办法》(2019 年修改版),主要是赋予了国家设立的研究开发机构、高校对其持有的科技成果自主管理的权限,简化了有关评估程序,同时明确了有关定价公开机制和故意低价处置国有资产行为的处理措施。高等院校将其持有的科技成果转让、许可或者作价投资给国有全资企业的,如果对象是非国有全资企业的由单位自主决定是否进行资产评估。此举不仅扩大了高校科研院所的自主权,加快了成果转化的速度和效率,同时也为产权交易机构带来了新的发展机遇。

2019 年 12 月,人力资源和社会保障部印发《关于进一步支持和鼓励事业单位专业技术人员创新创业的指导意见》,支持和鼓励科研人员离岗创办企业,支持和鼓励科研人员兼职创新、在职创办企业,支持和鼓励事业单位选派科研人员到企业工作或者参与项目合作,支持和鼓励事业单位设置创新型岗位,充分调动了广大科研人员创新创业的积极性、主动性、创造性,激励他们投身到科技创新和创新成果转化事业中去。

在此基础上,围绕科技成果转化如何"做得好",强化专利质量和运用,激发科研人员创新积极性,加强技术转移机构建设等方面,教育部、国家知识产权局和科技部先后联合印发《关于提升高等学校专利质量促进转化运用的若干意见》强调高质量的科技成果,科技部等 9 部门出台《赋予科研人员职务科技成果所有权或长期使用权试点实施方案》,将高校和科研院所职务科技成果的所有权分享给相关科研人员,之后科技部、教育部又出台了《关于进一步推进高等学校专业化技术转移机构建设发展的实施意见》。

2020 年 2 月,教育部、国家知识产权局、科技部出台《关于提升高等学校专利质量 促进转化运用的若干意见》,目标在于全面提升高校专利质量,强化高价值专利的创造、运用和管理,更好地发挥高校服务经济社会发展的重要作用。重点任务包括完善知识产权管理体系、开展专利申请前评估、加强专业化机构和人才队伍建设、优化政策制度体系等。同年同月,国家知识产权局和教育部发布了《关于组织开展国家知识产权试点示范高校建设工作的通知》,主要目标是着力提升知识产权高水平管理能力、着力提升知识产权高质量创造能力、着力提升知识产权高效益运用能力、着力提升知识产权高标准保护能力。可以看出,提高高校专利质量、促进科技成果转移转化,已经成为当前高校支持创新型国家建设的重要责任。

2020 年 5 月,科技部等 9 部门推出的《赋予科研人员职务科技成果所有权或长期使用权试点实施方案》,探索建立赋予科研人员职务科技成果所有权或长期使用权的机制和模式,形成可复制、可推广的经验和做法,推动完善相关法律法规和政策措施,进一步激发科研人员创新积极性,促进科技成果转移转化。试点主要任务包括赋予科研人员职务科技成果所有权、赋予科研人员职务科技成果长期使用权、落实以增加知识价值为导向的分配政策、优化科技成果转化国有资产管理方式、强化科技成果转化全过程管理和服务、加强赋权科技成果转化的科技安全和科技伦理管理、建立尽职免责机制、充分发挥专业化技术转移机构的作用。同年同月,科技部、教育部出台的《关于进一步推进高等学校专业化技术转移机构建设发展的实施意见》,进一步提升了高校科技成果转移转化能力,推进高校技术转移机构高质量建设和专业化发展,其机构属性是为高校科技成果转移转化活动提供全链条、综合性服务。重点任务包括建立技术转移机构、明确成果转化职能、建立专业人员队伍、完善机构运行机制、提升专业服务能力、加强管理监督。

2020 年 10 月,《中共中央关于制定国民经济和社会发展第十四个五年规划和二〇三五年远景目标的建议》提出"加强知识产权保护,大幅提高科技成果转移转化成效",表明在未来若干年里,科技成果转化的目标和工作重心是提高成效,包括提升转化水平、增强转化能力、更好地发挥科技成果转移转化对经济社会发展的促进作用。《国民经济和社会发展第十四个五年规划和 2035 年远景目标纲要》分别从企业主体、人才激励和知识产权运用三个方面强化科技成果转化,进一步明确了"形成企业为主体、市场为导向、产学研用深度融合的技术创新体系""创新科技成果转化机制",为科技成果转化实现"有的转""愿意转""转得顺""转得好"指明了方向。

3.2　我国科技成果转化的体制机制设计

3.2.1　科技成果处置、收益和分配制度

在资产处置方面,国家设立的研究开发机构、高等院校对其持有的科技成果,可以自主决定转让、许可或者作价投资,不需报主管部门、财政部门审批或者备案。在收益管理方面,国家设立的研究开发机构、高等院校转化科技成果所获得的收入全部留归本单位,纳入单位预算,不上缴国库。在分配管理方面,从科技成果转让净收入或者许可净收入中或形成

的股份或者出资比例中提取不低于 50% 的比例对完成、转化职务科技成果做出重要贡献的人员给予奖励和报酬。

延伸:2020 年 10 月 17 日,十三届全国人大常委会第二十二次会议通过了对《专利法》第四次修正案,新修订的《专利法》第六条增加了"该单位可以依法处置其职务发明创造申请专利的权利和专利权,促进相关发明创造的实施和运用"的内容,授予职务发明单位处置专利权和专利申请权,为高校院所等科研事业单位和国有企业赋予科技人员职务科技成果知识产权提供了法律依据。第十五条增加了"国家鼓励被授予专利权的单位实行产权激励,采取股权、期权、分红等方式,使发明人或者设计人合理分享创新收益"款项。

同时,我国开始在部分单位开展赋予科研人员职务科技成果所有权或长期使用权试点工作。国家设立的高等院校、科研机构科研人员完成的职务科技成果所有权属于单位。试点单位可将本单位利用财政性资金形成或接受企业、其他社会组织委托形成的归单位所有的职务科技成果所有权赋予成果完成人(团队),试点单位与成果完成人(团队)成为共同所有权人。赋权的成果应具备权属清晰、应用前景明朗、承接对象明确、科研人员转化意愿强烈等条件。对可能影响国家安全、国防安全、公共安全、经济安全、社会稳定等事关国家利益和重大社会公共利益的成果暂不纳入赋权范围,加快推动建立赋权成果的负面清单制度。试点单位可赋予科研人员不低于 10 年的职务科技成果长期使用权。科技成果完成人(团队)应向单位申请并提交成果转化实施方案,由其单独或与其他单位共同实施该项科技成果转化。

3.2.2 科技成果转化方式

科技成果转化方式包括:①自行投资实施转化;②向他人转让该科技成果;③许可他人使用该科技成果;④以该科技成果作为合作条件,与他人共同实施转化;⑤以该科技成果作价投资,折算股份或者出资比例;⑥其他协商确定的方式。

延伸:国家鼓励研究开发机构、高等院校采取转让、许可或者作价投资等方式,向企业或者其他组织转移科技成果。国家设立的研究开发机构、高等院校所取得的职务科技成果,完成人和参加人在不变更职务科技成果权属的前提下,可以根据与本单位的协议进行该项科技成果的转化,并享有协议规定的权益。国家设立的研究开发机构、高等院校科技人员在履行岗位职责、完成本职工作的前提下,经征得单位同意,可以兼职到企业等单位从事科技成果转化活动,或者离岗创业,在原则上不超过 3 年时间内保留人事关系,从事科技成果转化活动。

2018 年 3 月,国务院办公厅印发的《知识产权对外转让有关工作办法(试行)》(国办发〔2018〕19 号)规定,技术出口、外国投资者并购境内企业等活动中涉及国家安全的专利权、集成电路布图设计专有权、计算机软件著作权、植物新品种权等知识产权对外转让的,需要按照该办法进行审查。其中,知识产权包括其申请权;知识产权转让行为包括权利人的变更、知识产权实际控制人的变更和知识产权的独占实施许可三种情形;审查内容是知识产权对外转让对我国国家安全的影响及对我国重要领域核心关键技术创新发展能力的影响。该《办法》明确了两种审查工作机制:一是对于技术出口中涉及国家安全的知识产权对外转让审查,按照知识产权的不同类型进行归口管理,由相应的国家主管部门按照职责进行审查;二是对于外国投资者并购境内企业安全审查中涉及的知识产权对外转让审查,由相关安全审查机构根据拟转让的知识产权类型,征求国家相关主管部门意见,并按照有关规定作出审查决定。

3.2.3　科技成果转化定价机制

科技成果转化定价是科技成果转化很重要的一环,按照发挥市场配置资源的决定性作用原则,科技成果转化定价应关注 3 个因素:定价方式、科技成果价格及其测算依据和价格形成过程。国家设立的研究开发机构、高等院校对其持有的科技成果,可以自主决定转让、许可或者作价投资,但应当通过协议定价、在技术交易市场挂牌交易、拍卖等方式确定价格。通过协议定价的,应当在本单位公示科技成果名称和拟交易价格。

延伸:科技成果转化过程中,通过技术交易市场挂牌交易、拍卖等方式确定价格的,或者通过协议定价,并在本单位及技术交易市场公示拟交易价格的,单位领导在履行勤勉尽责义务、没有牟取非法利益的前提下,免除其在科技成果定价中因科技成果转化后续价值变化产生的决策责任。

在赋予科研人员职务科技成果所有权或长期使用权试点中,试点单位领导人员履行勤勉尽职义务,严格执行决策、公示等管理制度,在没有牟取非法利益的前提下,可以免除追究其在科技成果定价、自主决定资产评估以及成果赋权中的相关决策失误责任。

3.2.4 科技成果转化国有资产处置制度

中央级研究开发机构、高等院校对持有的科技成果,可以自主决定转让、许可或者作价投资,除涉及国家秘密、国家安全及关键核心技术外,不需报主管部门和财政部审批或者备案。授权中央级研究开发机构、高等院校的主管部门办理科技成果作价投资形成国有股权的转让、无偿划转或者对外投资等管理事项,不需报财政部审批或者备案。

延伸:2019 年 3 月,财政部以财政部发布了修改《事业单位国有资产管理暂行办法》的决定。修订后的《事业单位国有资产管理暂行办法》规定:"国家设立的研究开发机构、高等院校将其持有的科技成果转让、许可或者作价投资给非国有全资企业的,由单位自主决定是否进行资产评估";"国家设立的研究开发机构、高等院校将其持有的科技成果转让、许可或者作价投资给国有全资企业的",可以不进行资产评估;"国家设立的研究开发机构、高等院校对其持有的科技成果,可以自主决定转让、许可或者作价投资,不需报主管部门、财政部门审批或者备案,并通过协议定价、在技术交易市场挂牌交易、拍卖等方式确定价格。通过协议定价的,应当在本单位公示科技成果名称和拟交易价格。"第五十六条规定:"国家设立的研究开发机构、高等院校转化科技成果所获得的收入全部留归本单位"。

3.2.5 科技成果转化激励机制

我国实行以增加知识价值为导向的分配政策,落实科技成果转化的奖励激励措施,坚持长期的产权激励和现金奖励并举,探索赋予科研人员职务科技成果所有权或长期使用权。对科研机构、高校转化职务科技成果给予个人的股权奖励,允许个人递延至分红或转让股权时缴税;对全国高新技术企业转化科技成果给予相关人员的股权奖励,实行 5 年分期纳税政策;企业或个人以非货币性资产(包括技术成果)投资入股,对资产评估增值所得,允许 5 年内分期缴税。允许科研人员从事兼职工作获得合法收入。科研人员在履行好岗位职责、完成本职工作的前提下,经所在单位同意,可以到企业和其他科研机构、高校、社会组织等兼职,并取得合法报酬。

研究开发机构、高等院校的主管部门以及财政、科学技术等相关行政部门应当建立有利于促进科技成果转化的绩效考核评价体系,将科技成果转化情况作为对相关单位及人员评价、科研资金支持的重要内容和依据之一,并对科技成果转化绩效突出的相关单位及人员加大科研资金支持。国家设立的研究开发机构、高等院校应当建立符合科技成果转化工作特点的职称评定、岗位管理和考核评价制度,完善收入分配激励约束机制。

延伸:依法批准设立的非营利性研究开发机构和高等学校,从职务科技成果转化收入中给予科技人员的现金奖励,可减按 50% 计入科技人员当月"工资、薪金所得",依法缴纳个人所得税。对于高校院所接受企事业单位委托的横向项目,如果是属于职务科技成果转化工作中开展的技术开发、技术咨询与技术服务,高校院所可按有关情况与规定,到当地科技主管部门进行技术合同登记,认定登记为技术开发、技术咨询与技术服务合同的,可以按促进成果转化法等法律法规给予科研人员现金奖励,计入所在单位绩效工资总量,但不受核定的绩效工资总量限制。

3.2.6 科技成果转化风险防控机制

国家设立的研究开发机构、高等院校应当建立健全技术转移工作体系和机制,完善科技成果转移转化的管理制度,明确科技成果转化各项工作的责任主体,建立健全科技成果转化重大事项领导班子集体决策制度。国家设立的研究开发机构、高等院校应当向其主管部门提交科技成果转化情况年度报告,说明本单位依法取得的科技成果数量、实施转化情况以及相关收入分配情况,该主管部门应当按照规定将科技成果转化情况年度报告报送财政、科学技术等相关行政部门。高校应根据国家规定和学校实际建立科技成果使用、处置的程序与规则。在向企业或者其他组织转移转化科技成果时,可以通过在技术交易市场挂牌、拍卖等方式确定价格,也可以通过协议定价。协议定价的,应当通过网站、办公系统、公示栏等方式在校内公示科技成果名称、简介等基本要素和拟交易价格、价格形成过程等,公示时间不少于 15 日。高校对科技成果的使用、处置在校内实行公示制度,同时明确,并公开异议处理程序和办法。

延伸:国家设立的研究开发机构、高等院校作为科技成果的重要供给侧,近年来纷纷通过建立科技成果管理制度体系和集体决策领导机制,设立技术转移责任部门专职负责科技成果转化工作,规范科技成果转移转化工作流程,建立科技成果转移转化分级审批决策机制,开展科技成果转移转化尽职调查、公示和异议处理,构建了相对完善的科技成果转化风险防控体系。

3.2.7 科技成果转化载体建设

(1)国家高新区。《国务院关于促进国家高新技术产业开发区高质量发展的若干意见》(国发〔2020〕7 号)要求国家高新区"加强关键共性技术、前沿引领技术、现代工程技术、颠覆性技术联合攻关和产业化应用,推动技术创新、标准化、知识产权和产业化深度融合",同时支持"重大创新成果在园区落地转化,并实现产品化、产业化"和"在国家高新区内建设科技成果中试工程化服务平台,并探索风险分担机制",提出"探索职务科技成果所有权改革。加强专业化技术转移机构和技术成果交易平台建设,培育科技咨询师、技术经纪人等专业人才。"

(2)国家级新区。《国务院办公厅关于支持国家级新区深化改革创新-加快推动高质量发展的指导意见》在"完善创新激励和成果保护机制"中提出:"健全科技成果转化激励机制和运行机制,支持新区科研机构开展赋予科研人员职务科技成果所有权或长期使用权试点,落实以增加知识价值为导向的分配政策";在"积极吸纳和集聚创新要素"中提出:"允许高校、科研院所和国有企业的科技人才按规定在新区兼职兼薪、按劳取酬。"《国务院关于深化北京市新一轮服务业-扩大开放综合试点建设国家服务业-扩大开放综合示范区工作方案的批复》(国函〔2020〕123 号)支持未来科学城、国际合作产业园区、北京高端制造业基地、北京创新产业集群示范区等载体建设。《国务院办公厅关于提升大众创业、万众创新示范基地带动作用-进一步促改革稳就业强动能的实施意见》提出"建设专业化的科技成果转化服务平台,增强中试服务和产业孵化能力"。

（3）国家技术创新中心。科技部、财政部印发的《关于推进国家技术创新中心建设的总体方案（暂行）》（国科发区〔2020〕93号）提出推进国家技术创新中心建设的目的是"健全以企业为主体、产学研深度融合的技术创新体系，完善促进科技成果转化与产业化的体制机制，为现代化经济体系建设提供强有力的支撑和保障"，国家技术创新中心定位于"实现从科学到技术的转化，促进重大基础研究成果产业化"，"既要靠近创新源头，充分依托高校、科研院所的优势学科和科研资源，加强科技成果辐射供给和源头支撑；又要靠近市场需求，紧密对接企业和产业，提供全方位、多元化的技术创新服务和系统化解决方案，切实解决企业和产业的实际技术难题"，因而是科技成果转化的重要平台。2021年，科技部、财政部联合制定的《国家技术创新中心建设运行管理办法（暂行）》明确，国家技术创新中心定位于实现从科学到技术的转化，促进重大基础研究成果产业化，为区域和产业发展提供源头技术供给，为科技型中小企业孵化、培育和发展提供创新服务，为支撑产业向中高端迈进、实现高质量发展发挥战略引领作用。中心分为综合类和领域类：综合类创新中心围绕落实国家重大区域发展战略和推动重点区域创新发展，开展跨区域、跨领域、跨学科协同创新与开放合作，成为国家技术创新体系的战略节点、高质量发展重大动力源；领域类创新中心围绕落实国家科技创新重大战略任务部署，开展关键技术攻关，为行业内企业特别是科技型中小企业提供技术创新与成果转化服务。

（4）国家科技成果转移转化示范区。《科技部办公厅关于加快推动国家科技成果转移转化示范区建设发展的通知》为充分发挥国家科技成果转移转化示范区的带动作用，以科技成果转化引领示范区高质量发展。

（5）新型研发机构。《科技部印发〈关于促进新型研发机构发展的指导意见〉的通知》规定，新型研发机构"聚焦科技创新需求，主要从事科学研究、技术创新和研发服务"，其发展目标是"促进科技成果转移转化"，而且"主要开展基础研究、应用基础研究，产业共性关键技术研发、科技成果转移转化，以及研发服务等"是其认定条件，可见新型研发机构是科技成果转化的重要载体。该意见提出了支持新型研发机构发展的政策措施。

（6）大学科技园。科技部、教育部印发的《国家大学科技园管理办法》第二条规定："国家大学科技园是指以具有科研优势特色的大学为依托，将高校科教智力资源与市场优势创新资源紧密结合,推动创新资源集成、科技成果转化、科技创业孵化、创新人才培养和开放协同发展,促进科技、教育、经济融通和军民融合的重要平台和科技服务机构。"可见,大学科技园是科技成果转化的重要平台和科技服务机构。

延伸:2020 年,科技部、教育部印发的《关于进一步推进高等学校专业化技术转移机构建设发展的实施意见》提出的总体思路是"以技术转移机构建设发展为突破口,进一步完善高校科技成果转化体系,强化高校科技成果转移转化能力建设,促进科技成果高水平创造和高效率转化。"高校专业化技术转移机构(以下简称技术转移机构)是为高校科技成果转移转化活动提供全链条、综合性服务的专业机构。在不增加本校编制的前提下,高校可设立技术转移办公室、技术转移中心等内设机构,或者联合地方、企业设立的从事技术开发、技术转移、中试熟化的独立机构,以及设立高校全资拥有的技术转移公司、知识产权管理公司等方式建立技术转移机构。

3.3 我国国有资产管理的相关政策

在我国科技成果转化的工作中,国家设立的科研院所和高校是源头创新的主力军,是科技成果的重要创造主体。当前,我国着力推动的科技成果转化工作就是要把科研院所和高校创造的科技成果同经济和产业对接,通过企业这个实施主体把科技成果转化成现实生产力。国家设立的科研院所和高校,其科技成果都是国有资产,在科技成果转化的过程中,防止国有资产流失是必须遵循的重要原则。因此,我国国有资产管理体制和相关政策对实施科技成果转化工作有着重要的影响。

3.3.1 我国国有资产管理体制的改革发展

我国的国有资产管理体制经历了三个发展阶段:1949～2003 年以"管企业"体制为主的时期;2003～2013 年以"管资产"体制为主的时期;2013年以来以"管资本"体制为主的时期。

从中华人民共和国成立初期到改革开放前,我国国有资产监管体制经历了集权—分权—集权—分权的不断演变。中华人民共和国成立初期执行指令性计划的资源配置方式,这一时期国有资产的所有权、使用权、收益权合一,国营企业由国家财政拨款,没有经营自主权,所得利润上缴国家,不自负盈亏。1978 年,党的十一届三中全会确定了"改革开放"的政策,开始了以"放权让利"和"两权分离"为代表的扩大企业经营自主权、激发企业活力的探索。1979 年,开始扩大国营工业企业经营管理自主权的试点,1981 年,开始把扩大企业自主权的工作在国营工业企业中全面推开,赋予企业更大的经营管理自主权。1988 年,国务院批准设立国家国有资产管理局,随后各省市也均成立了国有资产管理局,目的是将政府的社会经济管理职能与国有资产产权管理职能分离开。1998 年,国务院推行新一轮机构改革,撤并国家国有资产管理局。将原国家国有资产管理局的职能分配给国家经贸委、自然资源部、财政部等,国有资产监管体制进入"多龙治水"时期,多个部门分割行使国有资产监管职能,"管人""管事""管资产"的权利分属于国家不同部委。

2003 年以后,我国国有资产管理体制进入以"管资产"体制为主的时期。这一时期的标志性事件是 2003 年国资委成立,按规定,国资委不直接干预企业的生产经营活动和投资决策,而是负责管人、管事、管资产,由此开始"政资分开",由"管企业"到"管资产"过渡,强调国家的出资人职责和所有者权益,政府和企业之间的关系由行政隶属关系逐渐向产权纽带关系转变。2003 年 3 月,根据第十届全国人民代表大会第一次会议审议批准的《国务院关于机构设置的通知》,成立国务院国有资产监督管理委员会(简称国资委),属于国务院直属特设机构。由此可以整合此前多个部门的分散职能,提高监管效率,国资委只代表国家履行出资人职责,将经营权交给企业管理者。2006 年 12 月,国家出台的《关于推进国有资本调整和国有企业重组指导意见》将国有资本调整和国有企业重组、完善国有资本有进有退、合理流动的机制作为经济体制改革的一项重大任务,大力推进企业内母子公司重组、企业突出主业的兼并重组、旨在做大做强的重组。这一阶段,推进和完善了电信、电力、民航等行业企业的改革和重组。2007 年 6 月,《国务院办公厅转发发展改革委关于 2007 年深化经济体制改革工作意见的通知》提出要加快国有经济布局和结构调整,由国资委、财政部牵头,研究提出国有经济布局和结构调整的政策建议,实施关于推进国有资本调整和国有企业重组的指导意见,加快中央企业调整重组的步伐,抓紧解决国有企业历史遗留问题,推进国有企业进行政策性关闭破产。2010 年 3 月,《国务院关于落实〈政府工作报告〉重点工作部门分工的意见》要求坚定不移推进改革,进一步扩大开放。

2013 年 11 月,国家决定开启了"管资本"为主的全面深化改革时期,不仅有利于实现政企分开、政资分开、提高国有资产运营效率,而且有利于调整和优化国有经济布局。之后,党中央提出"使市场在资源配置中起决定性作用,更好发挥政府作用"。国有资产监管体制改革在逐渐厘清政府与市场关系的同时,不断赋予企业更大的经营自主权。另外,国家对国有资产保值增值提出了更具体的要求。

我国国有资产管理体制改革具有以下鲜明的特点:

(1)围绕产权改革推进国有资产监管体制改革。围绕产权改革的主线推行国有资产监管体制改革,依次经历了放权让利、两权分离、产权明晰、权责统一四个阶段,改革中不断激发企业活力、提高企业积极性,有助于进一步明晰国家的所有者和出资人身份和地位。随着我国社会主义市场经济体制的确立,国有资产监管体制改革也致力于打造有竞争活力的市场竞争主体,尤其强调健全和完善国有企业法人治理结构,对国有企业进行公司制改革,更是有助于确定国有产权在各法人治理主体间的分配,改革后,国家通过国有资本投资运营公司实施"管资本"的运作,尊重产权,政府作为出资人,企业自主经营。

(2)监管方式由行政控制逐渐过渡到依托市场机制。新中国成立初期,我国的国有资产监管是以直接的政府行政控制方式为主,随着改革的推进,逐渐过渡到依托市场机制进行监管,政府对国有企业从具体的事务性的监管逐渐过渡到只作为出资人和提供宏观制度环境的保障。放权让利、两权分离的改革为扩大企业经营自主权做出了重要探索,国资委成立后以"管资产"为主进行的一系列改革在"政资分开"方面成效显著,2013年后,以"管资本"为主推进改革,分类改革、改组组建国有资本投资运营公司、建立国有资本授权经营体制等改革举措都标志着政府对国有企业的监管方式逐渐过渡到依托市场机制。

(3)加强监督防范国有资产流失是基本原则。在中国国有资产监管体制 70 年来的改革中,防止国有资产流失是必须遵循的重要原则。如国务院办公厅出台了《关于加强和改进企业国有资产监督防止国有资产流失的意见》，从着力强化企业内部监督、切实加强企业外部监督两方面对加强监督防止国有资产流失进行了制度安排。与此同时，强化国有资产损失和监督工作责任追究，并加强监督制度和能力建设。之后，《中华人民共和国国民经济和社会发展第十三个五年规划纲要》，强调要以管资本为主加强国有资产监管，健全国有资本合理流动机制。

国资委成立后，对国有资本运营监管，使出资人到位，落实了国有资本的管理、监督和经营责任，建立起权责明晰的国家所有权委托代理体制，形成对每一部分经营性国有资产可追溯产权责任的体制和机制。政府授权有关部门如财政部、审计署对授权经营的机构进行审计监督。《国有资产法》规定了人大监督、行政监督、审计监督和社会监督四个层面的国有资产监督。

3.3.2　事业单位国有无形资产的管理政策

1.《事业单位国资管理办法》的修订

2006 年 5 月，财政部公布了《事业单位国资管理暂行办法》，2017 年12 月，财政部《财政部关于修改〈注册会计师注册办法〉等 6 部规章的决定》对《事业单位国资管理暂行办法》进行了第一次修改，2019 年 3 月，财政部对《财政部关于修改〈事业单位国有资产管理暂行办法〉的决定》（简称《决定》）对《事业单位国资管理暂行办法》进行了第 2 次修改。

《决定》修改的主要内容包括赋予了国家设立的研究开发机构、高校对其持有的科技成果自主管理的权限，简化了有关评估程序，同时明确了有关定价公开机制和故意低价处置国有资产行为的处理措施。

根据《决定》，国家设立的研究开发机构、高等院校对其持有的科技成果，可以自主决定转让、许可或者作价投资，不需报主管部门、财政部门审批或备案，并通过协议定价、在技术交易市场挂牌交易、拍卖等方式确定价格；通过协议定价方式确定价格的，应当在本单位公示科技成果名称和拟交易价格；转化科技成果所获得的收入全部留归本单位；将其持有的科技成果转让、许可或者作价投资给国有全资企业的，可以不进行资产评估；转让、许可或者作价投资给非国有全资企业的，由单位自主决定是否进行资产评估。

2. 事业单位科技成果处置权限的政策

2011 年 2 月,财政部印发的《关于在中关村国家自主创新示范区进行中央级事业单位科技成果处置权改革试点的通知》指出,为了积极支持中关村国家自主创新示范区建设,进一步激发区内中央级事业单位及其研发人员的积极性和创造性,财政部决定在中关村国家自主创新示范区进行中央级事业单位科技成果处置权改革试点。其中,中央级事业单位科技成果处置,是指中央级事业单位对其拥有的科技成果进行产权转让或注销产权的行为,包括无偿划转、对外捐赠、出售、转让等。此次针对中关村国家自主创新示范区开展中央级事业单位科技成果处置权和收益权管理改革,简化了 800 万以下科技成果处置流程,并将成果处置收益由全额上缴中央国库,调整为分段按比例留归单位:一次性处置单位价值或批量价值在 800 万元以下的,由所在单位按照有关规定自主进行处置,并于一个月内将处置结果报财政部备案;一次性处置单位价值或批量价值在 800 万元以上(含)的,由所在单位经主管部门审核同意后报财政部审批,政策实施截止时间为 2013 年 12 月 31 日。

2013 年 9 月,财政部印发了《关于扩大中央级事业单位科技成果处置权和收益权管理改革试点范围和延长试点期限的通知》,将科技成果处置权和收益权管理改革试点政策实施范围由北京中关村国家自主创新示范区扩大到武汉东湖国家自主创新示范区、上海张江国家自主创新示范区和安徽合芜蚌自主创新综合试验区,政策实施时间延长至 2015 年 12 月 31 日,以在更大范围内推进改革,破除制约科技创新的制度障碍,促进科技经济有机结合。

财政部在 2011 年和 2013 年试行的中央级事业单位科技成果处置权和收益权改革,为中央深化体制机制改革,加快实施创新驱动发展战略,以及修订《促进科技成果转化法》积累了成功经验。

2015 年,中共中央和国务院发布了《关于深化体制机制改革加快实施创新驱动发展战略的若干意见》,指出要加快下放科技成果使用、处置和收益权,结合事业单位分类改革要求,尽快将财政资金支持形成的,不涉及国防、国家安全、国家利益、重大社会公共利益的科技成果的使用权、处置权和收益权,全部下放给符合条件的项目承担单位。单位主管部门和财政部门对科技成果在境内的使用、处置不再审批或备案,科技成果转移转化所得收入全部留归单位,纳入单位预算,实行统一管理,处置收入不上缴国库。

在 2015 年修订了我国在 1996 年制订的《中华人民共和国促进科技成果转化法》。修订后的《中华人民共和国促进科技成果转化法》,最大的突破是对科技成果使用权、处置权和收益权的改革。在历史上,我国科研事业单位拥有科技成果的所有权,但是处置、取得收益还要经过国有资产管理部门的审批,符合国有资产管理要求,因此其对科技成果的所有权实际上是不完整的。国有资产管理程序与国有技术类无形资产的特点不适应,在一定程度上限制了科研事业单位通过技术转让、作价入股促进科技成果转化的积极性。虽然从 2011 年开始,财政部、科技部等部门开展中央级事业单位科技成果使用、处置和收益管理改革试点,但制约科技成果转化的问题始终存在。

修改后的《中华人民共和国促进科技成果转化法》在法律层面上推进了科技成果使用权、处置权和收益权改革,规定国家设立的研究开发机构、高等院校对其持有的科技成果,可以自主决定转让、许可或者作价投资;国家设立的研究开发机构、高等院校转化科技成果所获得的收入全部留归本单位,在对完成、转化职务科技成果做出重要贡献的人员给予奖励和报酬后,主要用于科学技术研究开发与成果转化等相关工作。另外,修改后的《中华人民共和国促进科技成果转化法》在《中华人民共和国科技进步法》将科技成果的所有权赋予承担单位的基础上,进一步将科技成果的使用权、处置权、收益权赋予国家设立的研究开发机构和高等院校,彻底解决了科技成果的所有权问题。

3.4 科研人员创新创业的相关激励政策

3.4.1 对科研人员的奖励政策

2015 年,修订的《中华人民共和国促进科技成果转化法》强化了对科技人员的激励,提高了奖励标准,同时进行相关的配套制度改革,确保了激励能够落实到位。如 1996 年的《中华人民共和国促进科技成果转化法》规定,在科技成果转化后对科技人员奖励不低于净收入的 20%,但是在实施中受到各种因素的制约而落实渠道不畅通,影响了科技人员的积极性。修改后的《中华人民共和国促进科技成果转化法》首先提高了科技人员奖励比例,科技成果完成单位可以规定或与科技人员约定奖励和报酬的方式及数额;奖励和报酬的最低标准由现行不低于职务科技成果转让或许可净收入,或作价投资形成的股份、出资比例的 20% 提高至 50%,并明确国家设立的研究开发机构、高等院校规定或与科技人员约定的奖励、报酬的方式和数额应当符合上述标准。为保证奖励和报酬落实到位,首先从收益的处置权上明确单位有权自主处置收入,不需要再上缴国库,同时进一步明确了国有企业、事业单位给予科技人员奖励和报酬的支出不受当年本单位工资总额限制,从而为奖励的落实打通了制度环节。

3.4.2 以增加知识价值为导向的分配政策

2016 年,中共中央办公厅和国务院办公厅印发的《关于实行以增加知识价值为导向分配政策的若干意见》指出,要实行以增加知识价值为导向的分配政策,充分发挥收入分配政策的激励导向作用,激发广大科研人员的积极性、主动性和创造性,鼓励多出成果、快出成果、出好成果,推动科技成果加快向现实生产力转化。充分发挥市场机制作用,通过稳定提高基本工资、加大绩效工资分配激励力度、落实科技成果转化奖励等激励措施,使科研人员收入与岗位职责、工作业绩、实际贡献紧密联系,在全社会形成知识创造价值、价值创造者得到合理回报的良性循环,构建体现增加知识价值的收入分配机制。

逐步提高科研人员收入水平。在保障基本工资水平正常增长的基础上,逐步提高体现科研人员履行岗位职责、承担政府和社会委托任务等的基础性绩效工资水平,并建立绩效工资稳定增长机制。加大对做出突出贡献科研人员和创新团队的奖励力度,提高科研人员科技成果转化收益分享比例。强化绩效评价与考核,使收入分配与考核评价结果挂钩。

发挥财政科研项目资金的激励引导作用。对不同功能和资金来源的科研项目实行分类管理,在绩效评价基础上,加大对科研人员的绩效激励力度。完善科研项目资金和成果管理制度,对目标明确的应用型科研项目逐步实行合同制管理。对社会科学研究机构和智库,推行政府购买服务制度。

鼓励科研人员通过科技成果转化获得合理收入。积极探索通过市场配置资源加快科技成果转化、实现知识价值的有效方式。财政资助科研项目所产生的科技成果在实施转化时,应明确项目承担单位和完成人之间的收益分配比例。对于接受企业、其他社会组织委托的横向委托项目,允许项目承担单位和科研人员通过合同约定知识产权使用权和转化收益,探索赋予科研人员科技成果所有权或长期使用权。逐步提高稿费和版税等付酬标准,增加科研人员的成果性收入。

赋予科研机构、高校更大的收入分配自主权,引导科研机构、高校实行体现自身特点的分配办法。加强科技成果产权对科研人员的长期激励。坚持长期产权激励与现金奖励并举,探索对科研人员实施股权、期权和分红激励。科研机构、高校应建立健全科技成果转化内部管理与奖励制度,自主决定科技成果转化收益分配和奖励方案,构建对科技人员的股权激励等中长期激励机制。以科技成果作价入股作为对科技人员的奖励涉及股权注册登记及变更的,无需报科研机构、高校的主管部门审批。对符合条件的股票期权、股权期权、限制性股票、股权奖励以及科技成果投资入股等实施递延纳税优惠政策,鼓励科研人员创新创业,进一步促进科技成果转化。

3.4.3　鼓励科研人员兼职或离岗创业的政策

2016 年,中共中央发布的《关于深化人才发展体制机制改革的意见》和国务院发布的《实施〈中华人民共和国促进科技成果转化法〉若干规定》指出,鼓励和支持人才创新创业。国家设立的研究开发机构、高等院校科技人员在履行岗位职责、完成本职工作的前提下,经征得单位同意,可以兼职从事科技成果转化活动,或者离岗创业,在原则上不超过 3 年时间内保留人事关系,从事科技成果转化活动。研究开发机构、高等院校应当建立制度规定或者与科技人员约定兼职、离岗从事科技成果转化活动期间和期满后的权利和义务。离岗创业期间,科技人员所承担的国家科技计划和基金项目原则上不得中止,确需中止的应当按照有关管理办法办理手续。

2017 年,人力资源和社会保障部发布的《关于支持和鼓励事业单位专业技术人员创新创业的指导意见》指出,支持和鼓励事业单位选派专业技术人员到企业挂职或者参与项目合作,支持和鼓励事业单位专业技术人员兼职创新或者在职创办企业,支持和鼓励事业单位专业技术人员离岗创新创业。

事业单位选派符合条件的专业技术人员到企业挂职或者参与项目合作,是强化科技同经济对接、创新成果同产业对接、创新项目同现实生产力对接的重要举措,有助于实现企业、高校、科研院所协同创新,强化对企业技术创新的源头支持。事业单位专业技术人员到企业挂职或者参与项目合作期间,与原单位在岗人员同等享有参加职称评审、项目申报、岗位竞聘、培训、考核、奖励等方面权利。合作期满,应返回原单位,事业单位可以按照有关规定对业绩突出人员在岗位竞聘时予以倾斜;所从事工作确未结束的,三方协商一致可以续签协议。专业技术人员与企业协商一致,自愿到企业工作的,事业单位应当及时与其解除聘用合同,并办理相关手续。事业单位选派专业技术人员到企业挂职或者参与项目合作,应当根据实际情况与专业技术人员变更聘用合同,约定岗位职责和考核、工资待遇等管理办法。事业单位、专业技术人员、企业应当约定工作期限、报酬、奖励等权利义务,以及依据专业技术人员服务形成的新技术、新材料、新品种以及成果转让、开发收益等进行权益分配等内容。

支持和鼓励事业单位专业技术人员到与本单位业务领域相近企业、科研机构、高校、社会组织等兼职,或者利用与本人从事专业相关的创业项目在职创办企业,是鼓励事业单位专业技术人员合理利用时间,挖掘创新潜力的重要举措,有助于推动科技成果加快向现实生产力转化。事业单位专业技术人员在兼职单位的工作业绩或者在职创办企业取得的成绩可以作为其职称评审、岗位竞聘、考核等的重要依据。专业技术人员自愿到兼职单位工作,或者在职创办企业期间提出解除聘用合同的,事业单位应当及时与其解除聘用合同,并办理相关手续。事业单位专业技术人员兼职或者在职创办企业,应该同时保证履行本单位岗位职责、完成本职工作。专业技术人员应当提出书面申请,并经单位同意;单位应当将专业技术人员兼职和在职创办企业情况在单位内部进行公示。事业单位应当与专业技术人员约定兼职期限、保密、知识产权保护等事项。创业项目涉及事业单位知识产权、科研成果的,事业单位、专业技术人员、相关企业可以订立协议,明确权益分配等内容。

事业单位专业技术人员带着科研项目和成果离岗创办科技型企业或者到企业开展创新工作(简称离岗创业),是充分发挥市场在人才资源配置中的决定性作用,提高人才流动性,最大限度激发和释放创新创业活力的重要举措,有助于科技创新成果快速实现产业化,转化为现实生产力。事业单位专业技术人员离岗创业期间依法继续在原单位参加社会保险、工资、医疗等待遇,由各地各部门根据国家和地方有关政策结合实际确定,达到国家规定退休条件的,应当及时办理退休手续。创业企业或所工作企业应当依法为离岗创业人员缴纳工伤保险费用,离岗创业人员发生工伤的,依法享受工伤保险待遇。离岗创业期间非因工死亡的,执行人事关系所在事业单位抚恤金和丧葬费规定。离岗创业人员离岗创业期间执行原单位职称评审、培训、考核、奖励等管理制度。离岗创业期间取得的业绩、成果等,可以作为其职称评审的重要依据;创业业绩突出,年度考核被确定为优秀档次的,不占原单位考核优秀比例。离岗创业期间违反事业单位工作人员管理相关规定的,按照事业单位人事管理条例等相关政策法规处理。

事业单位对离岗创业人员离岗创业期间空出的岗位,确因工作需要,经同级事业单位人事综合管理部门同意,可按国家有关规定聘用急需人才。离岗创业人员返回的,如无相应岗位空缺,可暂时突破岗位总量聘用,并逐步消化。离岗创业人员离岗创业期间,本人提出与原单位解除聘用合同的,原单位应当依法解除聘用合同;本人提出提前返回的,可以提前返回原单位。离岗创业期满无正当理由未按规定返回的,原单位应当与其解除聘用合同,终止人事关系,办理相关手续。事业单位专业技术人员离岗创业,须提出书面申请,经单位同意,可在 3 年内保留人事关系。对离岗创办科技型企业的,按规定享受国家创业有关扶持政策。事业单位与离岗创业人员应当订立离岗协议,约定离岗事项、离岗期限、基本待遇、保密、成果归属等内容,明确双方权利义务,同时相应变更聘用合同。离岗创业项目涉及原单位知识产权、科研成果的,事业单位、离岗创业人员、相关企业可以订立协议,明确收益分配等内容。

3.4.4　赋予科研人员职务科技成果所有权或长期使用权的政策

2020 年 5 月,科技部等 9 部门印发《赋予科研人员职务科技成果所有权或长期使用权试点实施方案》，为深化科技成果使用权、处置权和收益权改革，进一步激发科研人员创新热情，促进科技成果转化，对赋予科研人员职务科技成果所有权或长期使用权进行试点工作。通过赋予科研人员职务科技成果所有权或长期使用权实施产权激励，完善科技成果转化激励政策，激发科研人员创新创业的积极性，促进科技与经济深度融合，推动经济高质量发展。

国家设立的高等院校、科研机构科研人员完成的职务科技成果所有权属于单位。试点单位可以结合本单位实际情况，将本单位利用财政性资金形成或接受企业、其他社会组织委托形成的归单位所有的职务科技成果所有权赋予成果完成人（团队），试点单位与成果完成人（团队）成为共同所有权人。赋权的成果应具备权属清晰、应用前景明朗、承接对象明确、科研人员转化意愿强烈等条件。试点单位应建立健全职务科技成果赋权的管理制度、工作流程和决策机制，按照科研人员意愿采取转化前赋予职务科技成果所有权（先赋权后转化）或转化后奖励现金、股权（先转化后奖励）的不同激励方式，对同一科技成果转化不进行重复激励。

试点单位可赋予科研人员不低于 10 年的职务科技成果长期使用权。科技成果完成人（团队）应向单位申请，并提交成果转化实施方案，由其单独或与其他单位共同实施该项科技成果转化。试点单位与科技成果完成人（团队）应签署书面协议，合理约定成果的收益分配等事项，在科研人员履行协议、科技成果转化取得积极进展、收益情况良好的情况下，试点单位可进一步延长科研人员长期使用权期限。试点结束后，试点期内签署生效的长期使用权协议应当按照协议约定继续履行。

充分赋予试点单位管理科技成果自主权，探索形成符合科技成果转化规律的国有资产管理模式。高等院校、科研机构对其持有的科技成果，可以自主决定转让、许可或者作价投资，不需报主管部门、财政部门审批。试点单位将科技成果转让、许可或者作价投资给国有全资企业的，可以不进行资产评估。试点单位将其持有的科技成果转让、许可或作价投资给非国有全资企业的，由单位自主决定是否进行资产评估。

试点单位要加强对科技成果转化的全过程管理和服务，坚持放管结合，通过年度报告制度、技术合同认定、科技成果登记等方式，及时掌握赋权科技成果转化情况。试点单位可以通过协议定价、在技术交易市场挂牌交易、拍卖等方式确定交易价格,探索和完善科技成果转移转化的资产评估机制。获得科技成果所有权或长期使用权的科技成果完成人(团队)应勤勉尽职,积极采取多种方式加快推动科技成果转化。对于赋权科技成果作价入股的,应完善相应的法人治理结构,维护各方权益。鼓励试点单位和科研人员通过科研发展基金等方式,将成果转化收益继续用于中试熟化和新项目研发等科技创新活动。建立健全相关信息公开机制,加强全社会监督。

第4章 科技成果的创造主体

2015年,中共中央和国务院发布的《关于深化体制机制改革加快实施创新驱动发展战略的若干意见》指出,要增强高等学校、科研院所原始创新能力和转制科研院所的共性技术研发能力,要促进企业真正成为技术创新决策、研发投入、科研组织和成果转化的主体。同年,中共中央和国务院印发的《深化科技体制改革实施方案》指出,企业是科技与经济紧密结合的主要载体,解决科技与经济结合不紧问题的关键是增强企业创新能力和协同创新的合力。科研院所和高等学校是源头创新的主力军,必须大力增强其原始创新和服务经济社会发展能力。2017年,国务院印发的《国家技术转移体系建设方案》指出,要发挥企业、高校、科研院所等创新主体在推动技术转移中的重要作用。高校、科研院所、企业构成了我国科技成果转化的主要创新主体。此外,2016年,中共中央发布的《关于深化人才发展体制机制改革的意见》指出,人才是经济社会发展的第一资源,要改进战略科学家和创新型科技人才培养支持方式,要最大限度激发和释放人才创新创造创业活力。科学家、科技人才是高校、科研院所、企业创新创业的人才资源,是创新创业的主要参与者。

4.1 机构创新主体

4.1.1 高等学校

2015年,国家印发的《深化科技体制改革实施方案》指出,高等学校是源头创新的主力军,必须大力增强其原始创新和服务经济社会发展能力。深化高等学校科研体制机制改革,构建符合创新规律、职能定位清晰的治理结构,完善科研组织方式和运行管理机制,加强分类管理和绩效考核,增强知识创造和供给,筑牢国家创新体系基础。

1. 大学的科技成果转化使命

从世界范围来看,大学的职能是日趋完善的。人才培养、科学研究、服务社会是目前世界较为公认的大学的三项职能。中国的大学制度虽然引自西方,但其在发展中却形成了自己的特色。

2015 年,国务院印发的《统筹推进世界一流大学和一流学科建设总体方案》,对我国大学的办学使命和功能任务进行了明确阐述:要提高高等学校在人才培养、科学研究、社会服务和文化传承方面的创新水平,使之成为知识发现和科技创新的重要力量、先进思想和优秀文化的重要源泉、培养各类高素质优秀人才的重要基地,在支撑国家创新驱动发展战略、服务经济社会发展、弘扬中华优秀传统文化、培育和践行社会主义核心价值观、促进高等教育内涵发展等方面发挥着重大作用。我国"双一流"高校的建设任务包括建设一流师资队伍、培养拔尖创新人才、提升科学研究水平、传承创新优秀文化和着力推进成果转化。

由上可知,新时代我国大学的办学使命包括 4 个方面:人才培养、科学研究、社会服务和文化传承。而在社会服务方面,国家对"双一流"高校建设提出了明确的任务,就是着力推进科技成果转化,具体内容包括深化产教融合,将一流大学和一流学科建设与推动经济社会发展紧密结合,着力提高高校对产业转型升级的贡献率,努力成为催化产业技术变革、加速创新驱动的策源地。促进高校学科、人才、科研与产业互动,打通基础研究、应用开发、成果转移与产业化链条,推动健全市场导向、社会资本参与、多要素深度融合的成果应用转化机制。强化科技与经济、创新项目与现实生产力、创新成果与产业对接,推动重大科学创新、关键技术突破转变为先进生产力,增强高校创新资源对经济社会发展的驱动力。

2. 高校的科技成果转化状况

高校作为社会新知识的主要来源,政府每年提供大量的资金支持以帮助高校开展科学研究。高校科技成果是指高校在科学技术研究开发过程中,借助考察和实验研究等系列活动而取得的、最终被社会认可,且具有学术意义或实用价值的创造性成果。科技成果转化是高校为达到创造社会效益和经济价值的目的,通过后续的试验、开发、应用和推广,将创造性成果转化为行业或企业现实生产力的动态过程。这个过程不仅涉及技术问题,还包括市场需求、产品设计、相关技术等在内的多要素复杂系统,并随着市场需求的变化而不断演化,这必然增加了科技成果转化的难度。

科技成果转化是高校科学研究与创新过程中一个十分重要的阶段,科技成果转化成功与否很大程度上决定了科技创新活动的成败。在推动高校科技成果向现实生产力转化的过程中,资金支持固然是一个重要方面,但科技成果转化特有的高投入和高风险属性决定了其很难通过常规商业渠道获取大量资金,故市场行为并不能完全解决高校科技成果转化的资金问题。在市场经济条件下,虽然市场是资源配置的有效方式,发挥着决定性作用,但由于市场自身的局限性,使得"市场失灵"为政府调控提供了可能。科技成果转化既需要市场行为,让市场在其资源配置中起基础性作用,又需要政府有效发挥科技、经济等公共政策功能促进、催化、激励和保障科技成果转化活动顺利进行,通过调配资源可给予高校科技成果转化必要支持,以解决市场失灵问题。同时,政府也应发挥组织协调功能以推动高校科技成果转化,尤其要发挥财税激励政策对科技创新和科技成果转化的导向作用,通过创新财政支持方式可促进科技成果向现实生产力转化,而财税激励政策正是源于政府与市场之间关系的界定以及政府调控。

2015 年,新修订的《中华人民共和国促进科技成果转化法》,将科技成果定义为"通过科学研究与技术开发所产生的具有实用价值的成果",将科技成果转化定义为"为提高生产力水平而对科技成果所进行的后续试验、开发、应用、推广直至形成新技术、新工艺、新材料、新产品,发展新产业等活动。"然而,当讨论大学科技成果转化含义时,并不能简单地将这一概念理解为大学对自己创造的应用型成果进行后续开发、实现成果经济价值的过程。受公益性事业单位属性所限,大学不可经营企业。对大学而言,完成科技成果产权的转移或转让后,后续开发、熟化及其商品化、产业化的过程主要以成果需求企业为主,大学在这个过程中处于辅助地位,但又不可或缺。从这个意义上说,中国法律或一些中文文献中提到的大学科技成果转化与英文文献中经常使用的大学技术转移在本质上是一致的,两者均强调大学研究成果从技术供给方向需求方转移的过程。

新修订的《促进科技成果转化法》中提到的 3 种大学科技成果转化方式(转让、许可以及作价投资)与英文文献中提到的两种大学技术转移或大学研究成果商业开发的方式(大学许可和大学衍生企业)也存在着对应关系。大学许可,强调企业以独占或非独占的方式使用大学的专利或其他知识产权。这里,独占的方式与《促进科技成果转化法》中的"向他人转让"的方式相对应,表示科技成果由一方转让给另一方经营,是所有权的出售;非独占的方式与"许可他人使用"的方式相对应,表示科技成果所有人允许他人实施其所拥有的科技成果,是使用权的出售。在上述两种机制下,大学可通过一次总算、按产品销售提成支付,或两者组合的方式收取知识产权的使用费。如果大学不是获得现金,而是将技术折算成股份或者出资比例,以获得未来的分红收益,这种技术转让模式就被称为大学衍生企业,或者《促进科技成果转化法》中提到的"作价投资"。作价投资或衍生企业的方式使企业不会因为缺少资金而限制对所需技术的使用,因而更受大学初创企业的青睐。

3. 高校科技成果转化的特点

高校专利数量增长迅速、规模持续扩大,发明专利具有较强优势。专利是高校科技成果的重要表现形式,其反映了高校的科技创新能力和科研水平。近年来,由于国家知识产权战略的持续推进,我国高校专利数量增长迅速、规模持续扩大,科技成果转化的基础不断增强。科研人员和科研经费是高校开展前瞻性、先导性和引领性研究的基本条件,专利产出的快速增长与科研人员和科研经费之间存在显著的因果联系。按照专利类型划分,我国专利分为发明、实用新型和外观设计 3 种。高校发明专利在全国同类专利中较具优势,其次分别是实用新型和外观设计专利。发明专利以其较高的技术含量和较强的技术进步性成为高校技术创新能力的重要标志,凸显出高校的多学科交叉科研优势及其在社会科技发展中的前沿引领作用。发明专利在高校科技成果中的地位较为突出,对高校科技成果的贡献较大,其申请量和授权量在全国同类专利申请量和授权量中的比重均高于实用新型和外观设计专利,这显示出高校科研成果具有较高的创造性和新颖性,同时也表明高校对科研创新和发明创造较为重视。

工科院校科技成果深受企业青睐,不同类型企业对高校科技成果转化贡献不同,且合作特点各异。根据学校类型不同,高校可分为综合大学、工科院校、农林院校、医药院校、师范院校和其他,其中工科院校是国家实施产学研协同创新的重要力量。近年来，多数工科院校通过实施重点学科建设定位战略，依托地方经济特色确定若干重点学科建设方向，逐步形成了一批优势和特色学科，积极服务于对地方经济起到"领头羊"作用的地方支柱产业和主导产业。因此，工科院校在专利产出量上较其他类型院校有明显优势，是高校科技成果转化的第一大供给方。无论国有企业、外资企业还是民营企业，大都多与工科院校开展合作。综合院校是高校科技成果转化的第二大供给方，综合院校更多选择与外资及民营企业合作。农林院校、医药院校和师范院校科技成果转化贡献较少，这些院校与民营企业合作较多。另外，在与高校开展合作的各类企业中，民营企业是我国高校科技成果转化的第一大需求方和高校成果转化收入的主要来源。高校与民营企业的合作呈现出合同总量大、单笔合同金额小、短期合同多、各类型学校兼有等特点。国有企业对高校科技成果转化的贡献仅次于民营企业。外资企业对高校科技成果转化收入贡献较少。

经济发达，且科教资源丰富地区同时也是高校科技成果转化密集区域。高校科技成果转化是区域经济发展的重要技术依托，而专利资源区域结构是科技产出分布的重要内容，也是区域科技发展水平及结构特征的具体反映。总体上，我国高校专利产出呈现"东强西弱"的特点，经济发展水平较高的地区往往拥有密集的创新资源、较高的开放度和创新活力以及成熟的技术市场，可为高校科技成果转化提供更多和更为快捷的渠道。例如，北京不仅教育资源丰富，科技成果需求量大——众多企业总部选址北京，北京还拥有众多高科技创新型企业。此外，北京高校科技成果转化运作模式也相对成熟，知识产权保护意识较强。除北京外，参照合同金额进入前六位的高校所在地分别为上海、湖南、江苏、辽宁、浙江和福建；参照合同总量进入前六位的高校所在地分别为江苏、浙江、上海、四川、广东和陕西；参照科技成果转化实际收入进入前六位的高校所在地分别为江苏、福建、上海、浙江、辽宁和陕西。上述地区汇集我国绝大部分高等教育资源，大部分省份经济比较有活力，市场化程度较高，教育资源与市场环境较好，产学研合作紧密，故呈现出经济与科技协同发展的局面。西部地区如陕西、四川和重庆等能够脱颖而出，是因为其拥有一批优秀的工科院校，知识投入规模大，科研经费充足，同时国有企业特别是国防科技企业数量较多。其他西部地区特别是边疆地区，经济发展相对落后、知识产权保护意识不强等因素制约了当地高校科技成果的转化。

4.1.2　科研院所

2015 年,中共中央和国务院印发的《深化科技体制改革实施方案》指出,科研院所是源头创新的主力军,必须大力增强其原始创新和服务经济社会发展能力。深化科研院所分类改革,构建符合创新规律、职能定位清晰的治理结构,完善科研组织方式和运行管理机制,加强分类管理和绩效考核,增强知识创造和供给,筑牢国家创新体系基础。

1. 科研院所的组织模式与治理特点

(1) 科研院所的组织模式。科研院所这种经济组织,主要有三种组织形式:政府管理模式、企业制度模式、事业单位模式。

① 政府管理模式。这种科研院所由政府出资建立,主要接受政府资助,研究任务主要为政府服务的科研机构,其研究经费、人员聘用、科研计划,全部接受政府的指令行事。采用政府科研院所的特点是:为政府服务和公益性。政府科研院所承担的主要是公益性的,私人科研院所不愿研究的,企业科研院认为无利的,但对全社会、国家却是有益的科研活动。采用公务员制度。此类科研院所由政府直接管理,其中聘任制度、工资制度、晋级制度等都采用公务员制度。这类科研院所制度的缺陷是:它设立的本意是为政府完成职责和需要而设立的一种制度,但按行政管理职能进行管理。实际上,科研院所是生产知识产品的经济组织,是生产单位,它不具备管理职能,且此类组织只有惩罚机制,缺乏有效的激励机制,因此这种制度的创新效率并不高。

② 企业制度模式。科研院所采用企业制度作为管理模式和运行机制的数量最多,也是科研院所中的主体。企业或企业集团所设立的研究机构,都采用这种制度模式。我国许多大企业在改革之初设有研究机构,但这些研究机构主体由于设在国营企业内部,因此并非完全意义上的市场主体。改革开放后,企业科研院所也相继改组为按企业运行机制和管理模式的经济组织。到 2000 年,企业的科研机构与以后从事业单位改制后的科研机构,形成了我国科研院所的主体。采用企业制度作为科研院所制度的优点是效率高,但是采用企业制度的科研院所也有弊病,即企业是以利润为目标的,科研院所是以发现和探索为目标的,当发现和探索无法

带来利润或利润不明确或利润太遥远或成本太大时,都会使科研院所放弃创新,从而造成创新资源不足情况。

③ 事业单位制度模式。采用事业单位制度的科研院所,是传统社会主义国家苏联、东欧普遍使用的一种介于政府和企业之间的一种制度模式,从中华人民共和国成立到 20 世纪 80 代中期,我国科研院所也采用这种模式,其特点是:科研按照政府的指定性计划进行开展;按行政化机关进行管理,隶属政府各级部门,并有相应的行政级别,人员由人事部门统一调配,有相应的行政级别,并具有国家干部和职工身份,工资制度统一执行国家标准;科研院所的经费统一按计划由国家财政拨款,政府完全负责科技资源的配置。采用这种经济组织形式的科研院所的缺陷非常明显,首先是自上而下的指令性科研计划,容易造成知识产品与市场需求、社会需求相脱节,使得学科方向,学科结构和科研活动僵化。其次对科研院所管理的行政化模式,使得激励机制不健全,科研人员缺乏创造性、积极性,院所的创新效率低下。再者,单一的政府经费拨款制度,使科研院所完全依赖政府财力,政府财政压力过大。

(2)科研院所的治理特点

计划经济时期,我国科研院所均由国家创办,并统一管理;20 世纪 80 年代和 21 世纪初,国务院协同相关部委分别对科研院所实施了两次重大改革,将一批与市场关系密切的科研院所转制成企业。2012 年,国家印发了《关于深化科技体制改革加快国家创新体系建设的意见》,分别对公益类、基础研究类和技术开发类科研院所改革方向提出明确要求,再次对隶属于国家的科研院所实施全方位改革。

"治理"是用规则和制度约束和重塑利益相关者之间的关系,以达到决策科学化的目的。科研院所治理是通过一套正式的或者非正式的制度配置权、责、利,协调科研院所各方利益相关者之间的关系,以实现科研院所决策的科学化,最终目标是实现科研组织宗旨和利益相关者整体利益最大化。

科研院所治理不同于一般的公司治理,也与政府机构和非营利组织治理存在差别。科研院所治理的特殊性体现在治理目标、治理结构、治理行为和治理对象四个方面。

① 治理目标社会化。公司等营利机构的治理目标将实现股东利益最

大化置于重要地位,而科研院所的宗旨和使命更具有社会意义,公益性科研目标是其最大的价值诉求,因此其治理目标也不能囿于实现股东利益和获取利润。科研院所应通过治理最终实现建立一流科研基地、培养高素质科技人才、取得先进科研成果,以及实现科技成果转移转化等一系列具有社会属性的目标。

② 治理结构复杂化。我国科研院所受政策变动的影响很大,经过历次改革出现了多种治理结构并存的现象。最初,在计划经济体制下,所有科研院所均是事业单位,缺乏有效的治理结构。在后期改制过程中,一部分与市场关系密切的科研院所改制成企业,建立了现代企业制度。改制后仍然在事业单位序列中的科研院所也积极探索有效的治理模式,例如,部分院所借鉴国外经验,建立了理事会制度,吸纳各方利益相关者参与治理。还有部分科研院所依然沿用传统的事业单位管理模式,在治理结构方面没有明显改善。以上各类科研院所都存在业绩优良和业绩不佳的问题,因此在分类改革的背景下难以断言何种治理结构最优。

③ 治理行为分散化。科研院所治理涉及更多的利益相关者,各利益主体依据自身利益参与治理将导致科研院所治理行为分散,形不成协同效应。我国科研院所战略利益相关者包括所有者、管理者、科研人员、科研资金提供者和科研成果使用者。首先,目前我国公益类科研院所绝大部分属于事业单位,实行的是院所长负责制,主要领导由主管行政部门任命,院所重大事项由院所长办公会和党政联席会决策,缺少能够发挥实际作用的所有者,存在所有者缺位的问题。其次,科研人员通过股权激励参与院所治理是科研院所治理的特殊性。科研人员作为智力资本拥有者理应参与治理,但是实践中科研人员股权激励方式尚在探索之中,其治理的作用没有显现出来。再次,科研资金提供者通过项目申请立项和结项验收对具体科研项目进行管理,并没有参与到科研院所治理中。最后,科研成果使用者没能有效参与到治理中,导致研究内容和市场脱节、科技成果转移转化效率低的问题长期存在。

④ 治理对象多元化。营利机构,例如企业一般按照工作职能或者产品线划分部门,近年来,我国科研院所采用以课题组和科研项目为单位组织研究团队的管理模式,这使得科研院所治理的客体更加多元化。首先,作为缩微组织的项目组需要建立高效的组织结构和决策机制。其次,科

研资金提供者和使用者分离,科研项目存在委托—代理问题,也需要治理。研究人员从自身利益出发选择投入少,获利高的研究内容和研究范式,其结果未必能满足资金提供者的需求。最后,科研产出不能用显性指标直接衡量,科研成果的价值需要在漫长的时间中逐渐凸显出来,特别是基础性研究,价值难以短时间凸显出来,这又与财务年度或者领导任期冲突。科研院所治理产出无法用明确的指标衡量,很难与其他行业产出相比较,最终结果是科研院所治理产出虚化,难以评价何种治理模式更加有效。

2. 科研院所的科技成果转化——以中国科学院为例

以中国科学院为代表的国家设立的科学研究机构,作为国家战略科技力量,在科技成果转化的宗旨、定位和目标上始终体现了引领前沿科技进步、直接服务国家战略需要、有力支撑关键产业发展的科技特点。

1949 年,伴随着新中国的诞生,中国科学院成立,作为我国自然科学最高学术机构、科学技术最高咨询机构和自然科学与高技术综合研究发展中心,其为我国科技进步、经济社会发展和国家安全做出了重要贡献。目前,中国科学院共拥有 12 个分院、100 多家科研院所、3 所大学(与上海市共建上海科技大学)、130 多个国家级重点实验室和工程中心、270 多个野外观测台站,承担 20 余项国家重大科技基础设施的建设与运行,正式职工 7.1 万余人,在学研究生 6.4 万余人。建成了完整的自然科学学科体系,物理、化学、材料科学、数学、环境与生态学、地球科学等学科整体水平已进入世界先进行列,一些领域方向也具备了进入世界第一方阵的良好态势。已成为在解决关于国家全局和长远发展的重大问题上,不可替代的国家战略科技力量。一批科学家在国家重大科技任务中发挥了关键和中坚作用,并作为我国科技界的代表活跃在国际科技前沿。

中国科学院等国家设立的科研机构具有成果水平高的特征,可以引领前沿科学技术进步。从关系逻辑看,科研机构科技成果转化并非与科技创新决然分割的不同活动,而是科技创新活动的有机组成部分,成功的科技成果转化活动必然有赖于高质量的科技创新,高质量的重大科技创新产出也往往孕育着变革性的产业和经济社会的发展。作为国家设立的科研机构,中国科学院担负着国家自然科学最高学术机构、科学技术最高咨询机构、自然科学与高技术综合研究发展中心的职能,坚持将面向世界科技前沿及科技成果转化作为科研机构科技创新活动的重要内容,也必须符合坚持面向世界科技前沿的基本要求。

近年来,中国科学院在铁基高温超导、量子通信、中微子振荡、先进核能、干细胞与基因编辑、人工智能等前沿领域,跻身国际先进或领先行列。以量子通信技术为例,2013年,国家发改委启动了由中国科学院承担的"量子保密通信'京沪干线'技术验证及应用示范项目",这是全球首个开工的远距离量子骨干线路。2016年8月16日,中国科学院自主研制的世界首颗量子科学实验卫星"墨子号"成功发射。该卫星在世界上首次实现了星地量子通信,构建了天地一体化的量子保密通信与科学实验体系,对我国巩固和扩大量子通信领域的国际领先地位,实现从经典信息技术时代跟踪者向未来信息技术引领者的转变,具有里程碑意义。

从过程逻辑看,科技成果转化并非将科技产出转变为市场价值的过程,而是运用有应用价值的科学技术创新产出改造提升劳动者、劳动工具、劳动对象等生产力三要素,从而提高生产力的过程。因此,这种生产力的提升既可以是针对特定企业、行业的,也可以是对国家或者全人类的。一般意义上的科技成果转化,往往仅局限于对特定市场主体能力的强化,而中国科学院等国家设立的科研机构作为战略性科技力量,其设立和运行宗旨就决定了其科技成果转化必须首先服从于国家战略需求,并将承担国家重大任务与科技成果转化深度融合。

与其他创新主体科技成果转化相比,中国科学院等国家设立的科研机构在成果转化方面,更加强调以国家利益和全社会公共利益为导向,充分聚焦国家重大任务和战略重点。产生重大影响的科技成果转化活动,并不局限于经济价值和直接的社会效益,而是更加体现战略性、前沿性和全局性。在天宫、蛟龙、天眼、悟空、墨子、大飞机等重大科技成就中,蛟龙、天眼、悟空、墨子4项均是中国科学院科技创新活动的成果产出,他们既是面向国家战略、科学前沿,由中国科学院研发实施的重大国家任务,也是充分集成中国科学院科技创新成果的重要转化载体。2016年,中国科学院发布的《中国科学院科技促进经济社会发展"十三五"规划》明确将围绕国家战略需求提供有效科技供给作为战略重点,要求中国科学院相关科技成果转化直接服务国家农业、能源、制造业、城镇化、人口健康和生态文明建设。

中国科学院等国家设立的科研机构的科技成果对国家经济的进步与发展起着强有力的支撑作用。近年来,中国科学院等国家设立的科研机构在深空、深海、深地、网络空间安全和国防科技创新等重要领域,突破了一批关键核心技术;在机器人与智能制造、新材料、新药创制、煤炭清洁高效利用、资源生态环境、防灾减灾等方面,一批重大科技成果和转化示范工程落地生根,取得了显著的经济社会效益。

2. 中国科学院科技成果转化模式

根据《中国科学院科技服务网络计划纲要》,从思想到商品的创新价值链可分为获得知识、确定可行性、试验实用性、证实收益率和管理生命周期 5 个方面。中国科学院科技成果转化模式可以分为交易转移、合作转移和衍生企业 3 种。

交易转移模式主要是指科研机构与企业通过市场交易的手段实现技术转移,此阶段科研机构的主要工作处于获得知识和确定可行性阶段。交易转移能够使科研机构具有潜在商业价值的技术被机构以外的企业购买,科研机构在为企业提供必要技术支持和服务后退出。交易转移的优点:①科研机构无需负责证实收益率和管理生命周期的工作,风险较小;②技术转移的回报周期短,有些能够立即取得回报。但是,交易转移也存在弊端,一是技术一旦交易就会丧失技术控制权;二是由于信息不对称的存在,科研机构在不了解市场行情的情况下,容易丧失潜在高收益。科研机构将证实收益率的风险转嫁给企业的同时,也将获取高回报的机会转让给企业。基于优缺点分析,科研机构一般只会将技术含量较低或转化困难的技术进行交易转让,且交易采用市场化运作。

合作转移模式是"一方出题目,双方来解答"的优势互补模式。一种情况是企业有技术需求,在研究机构没有相关科技成果,或者仅有一定技术甚至只有技术能力的情况下,与研究机构共同确定可行性或试验实用性,合作进行技术转移。另一种情况是研究机构有可以产品化甚至商业化的科技成果,但是自身不具备产业化或商品化能力,联合企业进行技术转移。合作转移模式的优点:①研究机构只需要投入人才和技术,企业需要投入设备和资金,双方收益回报较大;②研究机构可以获得更多市场信息,以便调整研究方向,企业可以获得更多前沿技术信息,以便进行经营规划。

由于合作转移的收益回报期相对较长,对人才、技术、设备、资金的要求较高,一般适合技术含量较高的项目。例如中国科学院大连化学物理研究所与中石油、神华集团、中海油、中煤集团等大型企业合作,共同推进能源化工、节能减排等领域的项目研发及产业化应用,共建中石油催化材料联合实验室、延长石油能源化工联合实验室、天津渤化能源科技成果转化基地、浙江新化化工科技成果转化中心、山东玉皇化工新技术研发中心、山东大成农药精细化学品联合实验室等一批联合机构,结合技术和市场需求开展合作研发,启动实施了产业化项目。

衍生企业模式是科研机构技术转移工作贯穿获得知识、确定可行性、试验实用性、证实收益率、管理生命周期全过程。衍生企业的特点包括企业发起者是母组织前雇员及核心技术来自母组织的转移。衍生企业的优点:①可以通过经济手段激励科研人员,提高其科研积极性和主动性;②科研机构能够把控后续技术和企业自身的发展;③潜在的收益比较高。衍生企业的缺点也比较明显:①收益回报期长,从企业成立到市场化运作成功会经历较长时期;②潜在风险大,由于科研人员在商业概念和市场意识方面存在短板,导致企业发展不确定性增大,在商业推广阶段的风险尤为明显;③会影响科研机构和人员的价值取向,因为基于"经济人"假设,科研机构和人员会在经济利益驱动下迷失本职定位,甚至还会影响其他科研机构的发展;④当企业做大做强后,与科研机构的权力边界难以界定。

(3)中国科学院技术转移机构

中科院开展科技成果转化与技术转移工作有完善的组织框架保证。中科院领导层面配有分管院地合作工作的副院长,内设职能部门科技促进发展局,会全面协调和统筹规划与国家部委、大型企业、省市的合作。中科院所属各分院、研究所设有分管副所长、院地合作部门。在科技部认定的6批共453家国家技术转移示范机构中,中国科学院所属机构占51家,遍布北京(10家)、广东(8家)、江苏(5家)、浙江(4家)等省市。

中科院技术转移机构主要分为4类:第一类,由国家部委规划,依托中科院管理的科技转化平台,如国家工程实验室等;第二类,中科院及下属研究所与地方政府的共建机构,如创新与育成中心、研发中心、技术创新工程院等;第三类,依托中科院规划建设的自建机构,如技术转移中心等;

第四类，多主体共建单元，如中科院中国新农村信息化研究中心共建单位。

中科院技术转移机构运行主要有 3 种模式：单位依附模式，合作管理模式，创新集群与园区发展模式。

单位依附模式主要是依托中科院分院或研究所，在中科院技术转移机构中占比较大。组织机构的设置一般实行理事会领导下的主任负责制。理事长一般为分院或研究所主要领导兼任。中心的决策机构为理事会，咨询机构为科技委员会或战略发展委员会，下设综合办、项目办（知识产权办）、工程化技术研发平台、技术咨询平台等内设机构。综合办负责机构的日常运转、后勤保障，项目办负责项目的申报、推荐、专利管理等，研发平台的功能为通过选择一些应用性较强的项目进行开发，小试、中试，然后推介到企业中生产、应用。技术咨询平台为开展科技咨询和服务，还担当孵化器职责。在人员构成上，主要由管理人员、研发人员及技术转移人员构成，主任和副主任由理事会决定和任命。其规模一般为 10～100 人，专业面涉及较广，学历较高。从人事关系看，来自依托单位的技术转化人员，占依托单位的编制，还有就是自聘人员。业务范围主要是研发和科技中介，为企业提供信息、技术、管理、人才等服务。服务的内容涉及知识产权、技术标准化、技术服务、技术转移、企业及项目孵化、政策信息、战略发展规划等。

单位依附模式的经费来源：一是来自单位的经费支持，这部分数额往往较少，甚至缺乏；二是研发平台的项目经费；三是孵化器的管理费收益，如入驻企业的管理费、房租费等。从运作方式和机制看，其一般结合依托单位的学科特色设置相应的技术转化和研发平台。依托单位的院地合作部门协调整合内部资源，并对内输出科技需求，实现信息的"中枢"和"接转"。研发平台将科研成果进行工程化放大，为企业"造血"或直接投资培育高技术公司。项目办推介技术成果，和企业开展科技合作。引进企业入驻，为企业开展科技服务和咨询。一般大的研究所还设有资产管理公司，负责运营和管理直接投资或与社会资源合作成立的控股参股公司。

合作管理模式一般为中科院与地方政府合作共建、共同管理的技术转移机构。目前，此类型机构有增多趋势。以中科院物联网研究发展中心为例，该中心既为中科院管理的物联网中心，同时也为江苏省科研事业单位编制。管理上实行理事会领导下的主任负责制,理事长为中科院副院长和无锡市委书记兼任。此机构有 3 块牌子,即中国物联网物流发展中心、中科院物联网物流发展中心、江苏中国物联网物流发展中心。该中心下设 5 个职能处室,若干研发实体、公共技术平台以及江苏中科物联网科技创业投资公司,是集研发、技术和成果转化、市场化运作的专业化技术转移机构。人员方面,中心包括专业研发人员、技术转移骨干、管理支撑人员、市场人员、法律咨询人员等,既有中科院的专职人才,又有政府科技部门的兼职人员,负责与地方政府科技部门的接洽和联系,同时还有市场人员等;专业面广,人员来源复杂。其业务范围,自主研发、中介服务和市场开拓并举,形成科研成果从实验室到市场应用全方位系统化服务。机构的经费包括单位的运行经费、科研项目经费、开发研究经费、公司收入、风险投资、孵化器管理费等。从其运作方式和机制看,中心主任负责中心的全面工作,副主任协助主任分管有关工作,研发载体的管理同一般应用性研究所,工程化技术平台的管理同平台型技术转移机构,另有一个专业化的技术转移公司配套开展技术转移和投融资工作。整个中心各个机构形成了立体式的协同创新体系。

创新集群与园区发展模式。中科院现有科技园区 5 家,科技园区主要借助地方的区位优势和中科院的科技资源,进行技术和成果汇聚,增强技术转移和成果转化整体竞争力,形成"马太效应"。目前,科技园主要依托实体仍为技术转移中心或研发中心。

4.1.3　其他机构

1. 医疗机构(医院)

2020 年 6 月,国家实施的《中华人民共和国基本医疗卫生与健康促进法》规定,国家应加强医学基础科学研究,鼓励医学科学技术创新,支持临床医学发展,促进医学科技成果的转化和应用。

医疗机构特别是大型医院拥有丰富的医疗资源、人才资源和科技创新资源,在基础医学和临床医学自主创新研究领域发挥重要作用,是医学科研成果转化的主力军。医院有别于高校或研究所之处在于,医院工作人员的科研工作与实际工作联系紧密。医务人员既是新技术、新业务等科研成果的使用者,又是新技术、新业务科研成果的创造者,医务人员在科研成果实现临床转化中起着重要作用。

（1）医院科技成果的保护

医院的科技成果转化主要是指临床医学的成果转化，临床医学是医学科学中研究疾病的诊断、治疗和预防的各专业学科的总称，是一门实践性很强的应用科学，重点在诊断与治疗疾病。

根据我国专利法的相关规定，对于医院的科技成果，疾病的诊断和治疗方法不能通过申请专利的方式进行保护，因此对于疾病的诊断和治疗方法相关的经验、诀窍等，可以通过技术秘密的形式存在和保护，而老药新用、医疗器械、新药的制备、临床验方等可以通过专利保护。医护人员的论文、著作、报告、医学教学音像作品、信息化计算机软件等，可以通过著作权加以保护。医院的医疗和科研档案、特色经营模式等，则可以通过商业秘密保护。

（2）医院科技成果转化的特点

在我国，临床医院从事科技成果转化工作是医学科研管理的新方向和新的尝试。科技成果转化是科技与经济紧密结合的关键环节，是一项极为复杂的系统工程，从提出研究问题、课题立项到研究产出，再到实现转化需要经过许多中间环节，涉及多个主体，不仅涉及学术问题，也涉及更为广泛的市场需求、政策法规等问题。科研成果转化效率问题，在医学领域表现得也相当突出。

由于医院科技成果主要是指医药科技成果转化，因此医药科技成果转化的特点基本代表了医院科技成果转化的特点。

医药科技成果转化是指对具有实用价值的医药科技成果进行后续试验、开发、应用、推广，直至形成新药、新生物制剂、新医疗器械、新医用材料，以及可用于实际生产的新产品、新技术、新材料等活动。医药科技成果转化具有如下特点：

① 高投入、高风险。新药是最主要的医药科技转化成果。以创新药物科技成果转化为例，通常包含药物发现、临床前研究、新药临床试验申请、临床试验、新药上市许可申请、规模化生产、市场销售及不良反应监测等一系列流程，其中任一环节失败都将导致医药科技成果转化失败。药物临床试验是整个医药科技成果转化链条中成本最高，并且失败率也最高的环节，平均耗时 6～7 年，这一环节成本投入约占药物研发总成本投

入的 60%,但是平均成功率只有 16%,部分药物的临床试验环节成功率甚至只有 4%。因此,医药科技成果转化具有高投入、高风险的转化特征。

② 长周期、高收益。相较于一般行业科技成果转化,除了需要经过实验室研究、中试和规模化生产阶段之外,创新药物科技成果转化还需要经过漫长的临床试验和上市许可审批阶段,通常药物从临床试验到上市许可审批完成平均需要耗时 7.2 年,因此会造成创新药物科技成果转化从药物发现到上市成功整个链条需要 10~15 年。由此可见,与一般行业科技成果转化相比,医药科技成果转化具有周期性更长的转化特征。虽然医药、医疗器械制造业技术合同数和技术合同成交额在高技术产业总体中所占比例较低,但新产品销售收入所占比例仍然明显高于其技术合同数和技术合同成交额所占比例,这也在一定程度上反映了医药科技成果转化所具有的高回报率。由此可见,医药科技成果转化还具有高收益性的转化特征。

(3) 医院科技成果转化的主要模式

医院科技成果转化可以分为内生发展、外部驱动、内外联动 3 种模式。

1) 内生发展模式。研究者在自发进行科学研究基础上取得科研成果,研究机构作为成果的持有人,通过主动寻找机会,依托于现有的政策直接投资,创造条件使成果实现转化。如果科研人员有能力、有条件实施科技成果转化,通过取得科技成果的所有权和使用权也可以作为科技成果转化实施者。

2) 外部驱动模式。外部驱动主要来自市场需求,企业根据市场的实际需求,设立目标,委托研究机构承担技术开发任务或者提供技术咨询和技术服务,由市场需求推动力促进科技成果的产生和转化。

3) 内外联动模式。内外联动模式是指科技成果持有方与转化实施方开展的合作方式,具体的合作方式主要包括:①科技成果持有人通过协议定价、评估定价等方式,将科技成果转让至科技成果受让人,通常是企业,由企业实施转化;②科技成果持有人采取许可使用方式,允许他人在一定期限、一定地域或行业领域以一定方式使用其拥有的科技成果,并收取费用,此知识产权不发生转移;③成果持有人以科技成果作价入股,明确股权和出资比例,把成果投入到企业进行生产,企业对合作生产的产品经济效益实行独立核算,最后按合同规定的比例支付效益给成果所有者。

　　医院职能定位是临床诊疗和研究,其生产开发能力非常薄弱,对市场需求并不敏感,可以看出,内外联动的模式立足于各参与主体的职能定位,能够充分发挥各方优势,是相对较优的选择。但这一转化模式,牵涉主体较多,利益关系复杂,有赖于各方的密切合作,也对研究机构提出了更高的要求,需要其在成果转化工作中发挥承上启下、协调各个参与主体的作用,通过协商选择具体的合适的转化路径,促进转化工作的实施。

2. 新型研发机构

　　2016 年,国家实施的《国家创新驱动发展战略纲要》提出"发展面向市场的新型研发机构,围绕区域性、行业性重大技术需求,实行多元化投资、多样化模式、市场化运作,发展多种形式的先进技术研发、成果转化和产业孵化机构"的构想以来,新型研发机构已日趋成为我国科技创新体系的重要组成部分。2019 年 9 月,科技部印发《关于促进新型研发机构发展的指导意见》,多地相继出台促进新型研发机构发展的引导政策,从条件保障和体制机制设计两方面保证了新型研发机构健康有序地发展。

　　新型研发机构是区别于事业单位法人和企业法人的新型法人组织,是开展基础研究、应用基础研究、产业共性关键技术研发的功能平台。其在研究开发功能的基础上,还提供基础设施、科技成果转移转化、研发服务等配套服务。其高度协作而又分工明确的产学研合作模式,能够有效整合政府、高校院所、企业等各方资源,提升产学研合作效率,促进科技成果转化。

　　新型研发机构大多以市场为导向,产业化为目标,其研究方向和业务方向一般会瞄准新兴技术,将科研开发、市场需求有效结合,将源头性技术创新与产业发展需求相融合,创新技术发展、促进成果转化,从而推动产业升级和提升经济发展质量;其在建设和投资主体上呈现多样化,包括政府、高校、院所、企业、产业联盟、创投基金等,在建设初期依靠政府的扶持资金,后期更多依靠吸引社会资本参与;新型研发机构管理运作模式也十分灵活,会在充分赋予科研机构和人员很大程度独立性和自主权的同时,探索在人才培养与聘用、绩效管理、科研组织等运作方式方面同国际紧密接轨。新型研发机构在体制机制设计上的先进性正在推动传统产学研合作向纵深发展,形成开放式的创新模式,打通了创新链条,在破解科技与市场"两张皮"难题上给出了新的解决思路,是新时期推进产学研深度融合的重要力量。

(1) 新型研发机构在科技成果转化中的作用

新型研发机构将科技成果转化链条行动内化为自身的创新活动。新型研发机构成立之初的定位就是要面向市场,加速技术成果产业化。因此,新型研发机构一般会将研究—开发—产业化同步推进,将科技成果转化过程中的产、学、研三方在新型研发机构的框架内进行融合。目前,新型研发机构一般会基于集"应用研究—技术开发—产业化应用—企业孵化"于一体的科技创新链条构建研发与转化同步进行的转化模式,即新型研发机构借助灵活的管理机制与协同创新网络,将研发成果直接于内部进行产业化,缩短了产学研转化链条,并提高了转化的效率。新型研发机构作为平台,将各创新主体联结在一起,将高校与企业之间松散的、契约化的委托研发关系转化为稳定的、一体化的研发合作行为,将产学研合作结合得更为紧密,减少资源的浪费与重复,科技成果转化更为高效。

新型研发机构是创新前端(高校院所)与后端(企业)的"黏合剂"。新型研发机构是离市场最近的研发机构,既了解技术应用发展的方向,也了解企业对技术和研发的需求。新型研发机构通过各种产学研合作模式,将高校、传统科研院所和企业之间的资源进一步整合,在一定程度上减少了科技成果转化中的信息不对称问题,并借助自身机制的灵活性,尽最大可能满足高校(传统科研院所)和企业不同利益的重点诉求,确保了科技成果转化的顺利进行。部分新型研发机构在产业共性技术的开发应用中,建立了小规模的中试平台,通过专业化分工确保从研发到生产全链条的协调有序发展。

新型研发机构能够在市场环境中通过股权投资、信托投资、担保、贷款、孵化上市企业等多种方式为科技成果转化引入多元资金筹措渠道。

4.1.4 企 业

1. 我国企业的技术创新状况

我国科技体制改革一以贯之的主题是促进科技与经济的结合,核心线索是创新效率和资源配置,因而需要将科学技术知识作为生产要素融入经济发展过程。约瑟夫·熊彼特(Joseph Alois Schumpeter)最早基于经济学角度提出创新理论,认为创新就是建立一种新的生产函数,即实现生产要素的一种从未有过的新组合,其中科学技术知识(简称"科技知识")是参与新组合的重要生产要素。新增长理论也指出,科技知识和资本一样是一类内生于经济活动中的生产要素,起源于企业为获得最大利润所做的投资决策努力,科技知识的全面增加与人们为其提供的资源成正比,可以提高投资收益,具有递增的边际生产率。企业是科技与经济发展紧密结合的载体,提升企业技术创新能力,强化企业技术创新主体地位,是深化科技体制改革的核心任务之一。

科技体制改革 40 年来,随着我国创新政策的变迁,科学技术知识资源配置格局发生了巨大变化。从研发经费支出来源看,企业所占比例大幅度增加;从科学技术知识资金配置格局看,企业超越大学和科研机构成为最受青睐的组织;从科技人员的增长和流动看,企业科研人员份额持续上升,大学基本保持稳定,科研机构持续下降。

2005～2016 年我国企业研发支出规模性增长,反映出企业研发支出已进入快速增长阶段,主要原因:①企业获得更多利润,能够负担更多研发支出;②越来越多的企业从价值链中低端迈向中高端,需要更加活跃的研发活动支撑企业继续发展;③针对企业微观活动的一系列政策激发了企业的创新动力。从我国研发投入支出结构看,企业研发投入占比呈持续上升趋势,根据欧盟发布的《产业研发投入记分牌》显示,中国大陆地区进入记分牌的企业数量大幅增加,企业研发支出规模、强度、利润率均呈现快速增长态势。同时,也看到,大多数的企业创新内生动力依旧不足,利润率偏低,我国科技进步贡献率与世界主要发达国家仍有较大差距。

可以看出,我国的知识资源配置不断向企业倾斜,这就要求企业的知识配置与开放式创新、政府与市场的关系都要相应转变。从企业的知识配置需求看,随着企业规模不断壮大、性质向多元化发展,对知识配置类型的多样性需求也越来越多。合理有效的制度设计是知识配置的保障,在一些信息通信技术扩散融合的领域,我国已成为新技术、新模式、新业态的全球引领者,由于新知识应用而引发的制度变革将更加频繁。因此,既要通过制度设计加强知识生产和配置,也要根据新知识的特点主动创新体制机制。

随着企业逐渐从过去的封闭式创新模式脱离出来,开放式创新理论随之兴起，即通过知识或技术的流入和流出促使企业创新的产生。伴随知识生产配置全球化、网络化的新趋势，开放式创新是全球知识分工中实现内外知识交换的必然渠道，对提高知识生产和配置效率具有决定性作用。大数据改变了知识的形态和结构，企业作为创新的微观主体需要主动或加大开放自身的边界。

　　政府与市场的关系决定着知识生产的方向、规模、结构和方式，也决定着知识配置的效率。改革开放以来，在政府政策的引导下，我国创新资源逐渐向企业集聚，企业的知识生产和配置能力在较短时间内明显增强，一方面，作为国家创新体系中的主要创新主体，企业自身创新能力显著提升，实现了科学技术知识高水平、高质量、多元化的产出，专利等知识生产指标逐步提升至国际前列；另一方面，企业与高校、科研机构等不同类型创新主体之间的协同创新能力不断加强，有效促进了科学技术知识的扩散流动，知识在经济活动中的配置能力和配置效率大幅度提高，有力支撑了我国经济高速发展。也应看到，过去政府为了集中创新资源而过多干预市场的行为会降低知识配置效率，应该让政府与市场共同发挥作用：在市场能够发挥作用的领域和环节，要坚持市场对知识资源配置的决定性作用，在市场无法有效发挥作用的领域和环节，要发挥政府在规划设计、体制改革等方面的作用，主动做好知识生产和优化配置。

　　技术创新过程的性质特点决定无法直接衡量技术创新的质量和数量，研究与开发、专利、科技人员等指标具有相对独立性、可得性和统计可比性等优点，是目前国际通行的标准测量指标。基此分析，我国企业科技知识配置呈现出5大新趋势：第一，从研究与试验发展投入、研究与试验发展人员和专利申请授权3个关键指标看，企业技术创新主体地位已逐步实现，尤其是近年来，企业的研发支出大幅增加，2016年，企业专利申请授权数量已达总授权量的89.6%。第二，面向中小微企业的知识配置需求大幅度增加。尤其是"双创"政策实施以来，我国中小微企业创新能力大幅提升，许多科技型中小企业建立企业实验室、企业技术中心、工程技术研究中心等研发机构。第三，部分企业研发投入规模进入"第一集团"，在全球研发投入2 500强企业中，中国大陆地区企业数量在国别中列第2位，企业数量和研发投入规模均大幅增加。第四，少数企业进入国际领先行业，甚至进入创新"无人区"。通过多年的积累，我国在一些科技领域已跻身世界前列,某些领域正由"跟跑者"变为"并跑者",甚至是"领跑者"。华为、中国化工、三一重工、中国中车、华大基因、大疆科技、大族激光等一批企业在各自领域的技术创新能力进入国际先进行列。这些企业通过已知渠道很难获得必要的生产要素,需要企业主动开发利用新的生产要素。

第五,企业全球化进程加快,国际化的知识配置大幅增加。过去 5 年,我国企业海外投资规模持续增长。从海外投资的区域分布看,我国企业海外投资集中于欧洲、北美洲与亚太区域。此外,我国企业海外投资主体呈多元化发展态势,民营企业在投资占比中不断攀升。现阶段,我国企业"走出去"主要是与海外先进的研发技术、知名品牌、高端人才、海外资源、市场渠道、先进的管理经验等进行学习与交流。我国企业全球化发展不仅是劳动密集型产品输出,更是全产业链上的全面发展布局,以提升产业链上各个环节的国际化水平为抓手,提高企业的国际竞争力,对国际化知识配置需求大幅增加。

2. 我国企业的科技成果转化模式

企业是科技与经济发展紧密结合的载体,技术创新推动和支撑着企业的成长和发展。企业只有通过不断的创新,才能在日益激烈的市场竞争中保持竞争优势,寻找到新的经济增长点,实现企业价值最大化。

随着创新环境的日益复杂,企业仅仅依赖内部资源很难满足资金和技术的需求,因此需要不断开放其研发边界,逐步从封闭式创新转变为开放式创新,即越来越多的企业与不同类型的伙伴开展合作或构建网络,进而不断进行创新活动。

开放式创新分为内向型和外向型开放式创新两类。内向型开放式创新能为企业带来外部环境中的新信息、技能及前沿理念,对外部环境中出现的新技术不断吸收和消化,进而提升自身的技术水平。通过内向型开放式创新,企业能直接从外界中获取更为适应市场的技术,有效补充现有的技术基础和能力弱项,还能促使企业自身技术与外部环境中的技术相融合,优势互补,资源共享,能不断提升企业的成长能力。相比于企业自主研发,内向型的开放式创新能有效降低企业在研发过程中的资金与人力投资成本,且需面对的风险相对较小,有利于中小企业的迅速发展。

在外向型开放式创新中,技术创新的利益有了多元化的实现渠道,企业自主开发、转化技术的同时将与企业现有主营业务并不相符的创新技术转交给外部环境中的合作者,以获得更大的利益。其优势体现在三个方面:①可以直接从外部获得足够多的经济利益以支持自身的发展;②通过技术的扩散提升自身的知名度与权威性,形成自身行业内的品牌优势,进而促使企业自身的无形资产的提升和自身竞争优势的保持;③将与自身主营业务并不相符的创新技术转让,可以在降低相应管理成本的同时,将相应风险转移到外部企业中,利于自身成长性不断提升。

企业作为科技成果转化的主体,是科技成果转化的具体实施者,也是科研成果转化的终端。企业科技成果转化有多种模式,常见的模式有自主研发模式、产学研联合模式、购买引进模式等。

自主研发模式是指企业作为研发主体根据市场需求自主研发成果,并在其内部进行转化。该模式不需要借助中介机构的力量,因而能够省去相关烦琐的中间环节以及避免相关专利和商业机密泄露的损失。同时,由于科研人员来自研发主体内部,对企业自身情况较为了解,且对市场需求反应灵敏,能较快作出研发决策和调整。总体来说,该种模式转化效率最高,但对研发主体要求也较高。

产学研联合模式是指企业提出研究课题,并提供相应的研究经费,然后由高校科研机构的科研人员完成。该模式的主要优势是具有专业化分工,高校科研机构储备的丰富智力资源负责科技成果的研究开发,企业则凭借其充分的财务等资源致力于科技成果的转化生产,这种专业化分工能极大地促进科技成果转化效率的提高。不足之处在于该模式对市场的反应灵敏程度和调整空间有限,由于高校科研机构并不直接面向市场,其研究成果在进行商业化过程中会遇到困难,甚至无法进行成果转化。

购买引进模式是指企业通过研发合同、技术许可以及获得物等方式获取技术。企业选择引进购买的方式获取技术能够降低企业技术开发成本以及研发周期,对新产品开发起到直接快速的影响。该模式风险较小,且对市场反应灵敏,能够根据市场需求的变化以及技术的变革因时制宜地引进各类技术。然而通过购买引进方式获取技术仍然存在局限性:①难以获取核心技术。其企业通过核心技术获取竞争优势,保持自身技术地位的稳固,通常不会将核心技术转移到其他企业。②通过购买引进的技术难以保持企业的可持续竞争优势。③企业能够购买引进技术,却难以获取其创新能力。创新能力是组织内部建立的,无法通过市场进行买卖。

④购买引进相关技术成果需要科技中介机构的帮忙或者自主联系购买，匹配引进环节费时费力。

3. 企业的科技成果转化阶段

企业通过各种转化模式将应用型研究成果转化为新产品、新工艺，通常要经历产品化、产业化和国际化三个阶段，对于绝大多数中小企业，通常只有产品化和产业化阶段。

产品化阶段是指应用型研究成果通过后续试验开发形成新产品的过程，是科技成果转化过程中最基础的阶段，主要包括市场验证、设计及中试环节。企业根据市场需求对科技成果进行初步甄别，再对其转化的商业前景进行佐证，并设计后续试验的生产方案，最后根据转化方案在实验室进行具体的实施与完善，由此生产出新产品。值得注意的是，中试环节并不仅包括由设计方案到新产品雏形的过程，还包括由产品雏形到产品小批量生产的过程，它并不仅是实验成果的简单扩大，更为重要的是对创新技术的完善和升级，是解决生产流程、产品质量等问题的过程。因此，中试环节是科技成果转化的关键一环。

产业化阶段是指将经过中试环节所形成的产品投入市场进而形成相关产业的过程，主要包括产品生产、市场营销和形成产业集群环节。前期经过不断优化升级的新产品通过企业的营销策略进入市场，在后续生产规模不断扩大的条件下占据市场一定比例的份额，从而逐步形成产业链，同时企业还需在后续对产品进行不断地优化升级，进入产业集群。该阶段直接关系到成果转化的效率，对企业今后的生产收益有着重要影响，若企业未能成功跨越该阶段，将直接面临转化失败所带来的巨大损失。因此，该阶段对企业资产水平及抗风险能力的要求都较高，相关技术标准是否达标、生产设施配置是否配套、企业能否克服资金紧缺以及生产技术难关等都关系着成果转化能否成功。

国际化阶段是指为提高国际竞争力，将科技成果经过转化后形成的商品、新的专有技术以及行业标准等向国际市场扩张的过程，主要包括国际扩张环节，实现方式主要有出口商品、技术转移和对外直接投资，选择何种形式关键取决于企业拥有何种优势。科技成果转化的各阶段关联紧密、循序渐进，三个阶段在形成生产力过程中所呈现的深度和广度也有所差异，但基本呈现逐步递进的规律。事实上，只要完成了前两个阶段科技成果就可以转化为现实生产力,国际化阶段意味着进一步提高转化的深度和广度,同时也能直观地体现企业的经济效益。

4.2 个体创新主体

2015 年和 2016 年中共中央和国务院分别发布的《关于深化体制机制改革加快实施创新驱动发展战略的若干意见》《深化科技体制改革实施方案》《关于深化人才发展体制机制改革的意见》指出,人才是经济社会发展的第一资源,创新驱动实质上是人才驱动,要着力破除科学家、科技人员、企业家、创业者创新的障碍。高校、科研院所和企业作为科技成果转化的创新主体,其实质上是指科学家、科技人员、企业家在科技成果转化中的主体地位,科学家和科技人员是科技成果的创造者,企业家是科技成果的实施者。

4.2.1 科技人员

科技人员又常被称作科技工作者。科技工作者作为先进生产力的开拓者,是从事科学技术研究、开发、应用、传播、维护和管理的主力军,也是推动科技进步、国家经济发展的重要力量,因此,重视科技工作者的作用,调动科技工作者的创新创业活力,稳定科技工作者队伍,是我国建成世界强国、实现"中国梦"的关键所在。科技工作者的创新创业活力受工作环境、生活条件、激励机制、人才政策等诸多因素影响,真实客观地了解这些影响因素状况,对于有关部门和单位制定相关政策,采取切实措施改善科技工作者的工作环境,调动科技工作者的积极性和主动性,具有重要意义。

科技人才是为社会发展和人类进步进行了创造性劳动,在某一领域、某一行业或某一工作中做出较大贡献的人。科技人才是科学人才和技术人才的简称,是指在社会科学技术劳动中,以自己较高的创造力、科学的探索精神,为科学技术发展和人类进步做出较大贡献的人。科技人才作为科技劳动的主体,一般包括科学研究人员、专业技术人员、科学教育人员、科学技术管理人员等。国务院《国家中长期科学和技术发展规划纲要（2006～2020 年）》指出，科技人才是从事或有潜力从事科技活动，有知识、有能力，能够进行创造性劳动，并在创造活动中作出贡献的人员。

1. 科技工作者的分类

科技工作者的分类有不同的方式，可以按照社会组织中的职业岗位设置分类，也可以按照从事科技工作的类型分类。

根据供职机构的不同，可将科技工作者分为政府及其事业单位中的科技工作者、企业中的科技工作者和非营利组织中的科技工作者。在政府组织中，科技人员除直接进入政府机构工作成为公务员外，还会进入政府投资建立的国家、地方科研机构和工程研发中心、高校及高校所属的研究机构、有关的事业单位等，这些机构是科学技术岗位设置的主要部门，是中国相当数量科技工作者工作的组织机构。此外，企业也是科技岗位设置的主要社会组织，各类企业投资，并建立的各类研究机构和开发中心，已成为科技工作者发挥作用的主要机构；如今，企业内部的生产性机构、物流配置机构、市场开发机构、后勤辅助机构、信息服务机构及管理机构等，也设置了大量科学技术岗位，企业已成为科技工作者的集聚之地。各类非营利组织是科技工作岗位设置的重要组织，非营利组织承担重大科技研究、咨询、评估、论证等服务，在国家创新系统、区域创新系统中发挥着非常重要的作用，已成为科技工作者选择职业的重点机构。

科学技术工作可分为研究探索、开发创新、传播普及、应用维护、管理决策等，据此可对科技岗位及其科技工作者进行相应分类。科学家或科研人员主要任务是从事基础科学、应用科学等方面的研究，是探索未知世界，寻求客观规律的先锋队。从事开发创新的科技工作者常被称为研究开发人员或发明家、工程师等，其主要任务是从事研究开发或发明新产品、新工艺、新创意等。他们是将现代科学成果转化为新生产力的推动者，是企业技术创新的主要力量，是改变世界面貌的主要体现者，其工作成果具有很高的经济价值和社会价值。从事应用维护的科技工作者主要承担模仿创新的工作，体现在将已有科学技术成果转移和应用到其工作领域，并保持科学技术在经济、社会活动中发挥正常作用。从事传播普及的科技工作者主要是从事科学技术类教育的教师及专职科普工作者。从事科技管理决策的科技工作者,既有高层的影响国家科技方针和政策的科技领导干部,也有普通的基层科技管理干部,在中国目前的体制下,大多数科技资源集中在政府或有关部门,因此这类科技工作者的作用和影响较为显著。

2. 科研人员的个性特质

(1)需求层次高,成就欲望强。科研人员作为社会中高学历、高素质人群,具有较高需求层次。相比生理需要和安全需要的获得,他们更注重追求社交需要、尊重需要,尤其是自我实现需要的满足。他们不满足一般事务性工作,而是热衷于具有挑战性、创造性的任务,并尽力追求完美的结果,渴望充分展现个人才智,实现自我价值。科研人员的高层次需求,突出表现在他们对获取科研成就的渴望。科技人员希望取得成就的欲望非常强烈,他们希望能从事自己最熟悉的专业领域的工作,并能为自己所从事的工作负责,希望在自己的专业领域内比别人更优秀,进而得到社会的认可。科研人员一般都是有理想之人,渴望在工作中实现自己的人生价值,如果通过工作平台能够将自己所掌握知识创造出巨大的价值,且为自己带来丰厚的收入,那么科研人员的满足感就会非常高。

(2)勤奋工作,善于学习。科研工作的复杂性和艰巨性,要求科研人员有创新思维和忘我的工作态度,通过勤奋工作取得优异成绩。科研工作没有一定的规律性,有时科学实验需要连续工作很长时间,有时又需要争分夺秒地抢时间,正常的就餐和睡眠规律时常被打乱。因此,科研人员不可能严格执行每天 8 小时工作制,晚上、周日加班以及节假日不休息已成为许多科研人员工作的常态模式。另外,由于科研人员受教育程度较高,且科研工作的知识需求量大,使他们有强烈的求知欲,并练就了较强的学习能力。他们十分清楚,只有不断提高自己的专业知识和业务技能,才能在科学探索和创新过程中,持久保持科研竞争力,进而适应科研创新的需求。他们好奇心强,善于分析,会寻找一切机会学习新知识,努力掌握前沿技术和知识,担心自己在知识和技术方面处于落后状态。他们对前沿技术的渴望与这些技能是否是目前或将来的工作所需要没有关系。他们并不是因为离开公司到其他公司工作需要这些技术才想学习新技术,他们关心的是技术上是否会落在市场需求的技术之后。他们会虚心求教,主动与同事交流,积极促进组织内显性知识的交流,提高团队技术水平,以及推动默会知识的传播。他们会主动积极寻找解决问题的方法,工作主动性也比较强。

（3）个性突出,流动意愿强。科技人员不仅富于才智、精通专业,而且大多个性明显。特别是一些专家和特殊人才,具有与众不同的心理特质,表现较突出的个性特征。他们尊重知识、崇拜真理、信奉科学。科研人员有比一般员工更强的自主意识,他们对自主性要求一般表现为:工作职责和内容的完整和独立;拥有宽松、灵活、高度民主的工作环境;注重强调工作中的自我引导和自我管理。科研人员比其他人群更关注个人成长,更加追求就业能力的提高,他们较为关心所在科研团队的发展,而不十分在意所在科研院所或高等院校的整体利益。现实中,科研人员的工作流动性要高于社会流动的平均水平。新的经济时代,知识已取代资本成为稀缺要素,传统的"资本雇佣劳动"定律受到了挑战,长期保持雇佣关系的可能性不断降低。经济全球化和高度发展的信息技术为人们打破传统的地域观念提供了可能,科研人员在组织间流动,甚至国际流动都已被接受。如果感到现有工作没有足够的吸引力,或缺乏充分的个人成长机会和发展空间,科研人员就有可能转向其他组织,寻求新的职业机会。科研人员的这种流动意向,更容易产生于研究领域中奇缺的拔尖人才身上。另外,受科技体制改革和市场经济影响,从事应用研究的科研人员也容易流向企业研发部门。科研人员贡献深度脑力,而非简单的脑力劳动,从这一方面看科研人员"想法较多",自尊意识较强,思想单纯,一旦在企业中的发展受阻或者受到不公等,就会选择辞职表达自己的不满;另外一方面是因为科研人员的就业能力较强,这也助长了其流动愿望。

（4）工作过程难以监控。科研人员从事的是创造性思维活动,其绩效产生是动态的过程,难以监控。研发人员的工作主要是思维性活动,依靠的是脑力,而非体力,不受时间和空间限制,也没有具体的说明书和固定的流程,检验其工作效果,主要不是数量,而是质量。因此研发人员工作较为自主,对其行为监控是无任何意义,造成科研人员工作过程绩效评价困难的主要原因为:①不可视性。科技人员的工作是大脑复杂的思索过程,不受时间和空间的限制,也没有确定的流程和步骤,自治性、自主性强,外人无法窥视和控制。②绩效评价难。科研人员工作业绩受他们的科研态度、合作意识、工作与学习能力等多种因素影响,绩效表现较难评价。③复杂性。科研工作不仅对科学知识和专业技能要求较高,而且工作过程难以控制,具有较强的不确定性和模糊性。④低重复性。科学研究是一种创新活动,更多的是在已有科研成果上做更进一步的深入研究,劳动过程与他人或先前的工作差异性较大,重复性低。

(5)劳动成果不易直接测量和评价。科研人员的科研活动受其工作性质、工作方法和表现形式等因素影响,使其劳动成果的测量和评价较为困难,主要表现在:①科研成果具有明显的滞后性。由于科研成于知识性产品,是复杂智力劳动的结晶,周期长,不能立刻显现,科研人员当年绩效中有相当部以前积累的工作业绩。科研成果的价值无法预期的,无论是科学价值、经济价值还是都具有滞后表现的现象,会导致科研绩效评误差等,使评价滞后或难以评测性。②科研人员的劳动成果多是团队协作的结晶,对团队成员的绩效评价难度较大。科研成果的形成通常不是一个人所能实现的,需要科研团队的协同合作,共同努力。科研工作的团队运作特点,要求团队成员在充分发挥自己才智的同时,须与其他团队成员密切配合,才能创造团队的最佳业绩,使其价值得以充分体现,这就给衡量团队成员的个人绩效带来很大的困难。③投入、产出复杂。科研人员的脑力劳动投入与产出难以界定,而且不同类型的科研活动规律各不相同,其人力资源的投入、产出没有统一的方式可供采用,增加了科研成果评价的困难。

(6)自我掌控意识水平高。科研人员学习意愿强,积极主动接触和学习新技术、新知识,他们会为自己设定较高的目标,并以自己为参照评价自己的进步,会为自己设定越来越高的成就目标,甚至在面对障碍时也是这样,他们有毅力,面对困难不会退缩,并坚持克服困难,直到获得成功。他们往往把事情的发生归因于内在的因素,如能力和努力,而不是外在因素,如机会和运气。科研人员一般都接受过良好的教育,具有良好的控制能力,能够抵御外界的干扰专注于自己的工作。良好的自我控制能力意味着科研人员能够根据其所承担的工作任务职责合理地安排自己的工作,他们不喜欢受约束,喜欢创新,成就感强,渴望学习成长。

(7)研发工作团队性。研发人员从事的工作很大程度上依赖于其自身的智力投入,其形成的成果不仅表现无形,且难以进行衡量。同时,研发人员一般不独立工作,而往往组成工作团队,通过分工协作取得创造性成果。因此,研发工作的成果是团队智慧和努力的结晶,研发成果本身难以衡量。作为典型的知识型员工,研发人员工作依靠的正是其自身精深的专业知识及专业技能。对于研发人员,不仅要求有较高的学历,接受过系统完整的专业知识的学习,也需要接受过企业正规的、有针对性的技术培训,而且还需在工作中不断地积累经验,并领悟提升。唯有如此,研发人员才能凭借特定的技术和经验担当起艰巨的研究开发任务。但是由于研发人员大多只是某一领域的专家,受其专业知识的限制,使得他们必须通过团队协作,完成研发的技术创新工作。

(8)看重和谐人际关系。科研人员对于和谐的人际关系比较看重,良好的人际关系能够给科研人员带来心情方面的愉悦,增强其工作效能,提升其对于企业的忠诚度,反之不良的人际关系则会给科研人员带来负面的影响。毕竟随着社会分工的不断细化,工作任务的完成需要相互之间的密切配合,而和谐的人际关系是配合有序的必要条件。

3. 科研人员的发展诉求

(1)科研权利。科研权利存在的本质在于保护科研人员精神生活自由和在道德与研究上的正直,激励科研人员追求和阐释真理的能力,从而实现科研权利所承载或服务的社会福祉,甚至于人类福祉。在尊重科研人员主体性的基础上通过对科研权利的确认保护,通过劳动报酬、经费自由支配、科研奖励、救济等权能的赋予激发科研人员创新活力。国家通过特定的科研经费保障其科研权利的实施,但是科研经费不管是在自身属性还是在财政资源的保障上都表现为相对的稀缺性。为此,国家在科研经费的分配中往往只能针对特定的具有优势地位的科研工作者,实现优胜劣汰,表现为特有的竞争性。面对有限的科研经费,竞争成了国家在不同科研工作者间分配有限科研经费的有效手段,是分配原则本身所必需的,因而也是实现平等所不可或缺的。但面对有限的科研经费,竞争并不天然地带来优胜劣汰,也会出现"劣币驱逐良币"现象。科研工作者在科研经费的竞争中可能会出现恶性竞争现象,从而不仅无法实现有限科研经费最优配置,更无法实现科研权利的合理保障,造成科研秩序的混乱。

(2)科研自由。科研自由与科研资源是科技工作者开展科学研究工作的基础。科研自由在很大程度上体现在对科研资源和科研经费使用上的自由。科研人员使用科研经费进行科学研究活动的行为与政府收支行为的性质截然不同。政府财政管理强调的是严格控制,但科研活动是一种基于创新性的智力活动,科研过程具有极大的不确定性与难以预测性,因此科研规律要求科研经费的使用更具有灵活性,这与预算及财政控制的"刚性"是相悖的。科研不自由会束缚科研人员展开科研活动的进程,降低科研人员进行科研创新的积极性,降低科研人员使用科研经费的效率,阻碍科研活动的有效开展。

(3)科研激励。科研激励问题是实现法治思维下科研经费治理"以人为本"之目标的核心和根本问题,其内在逻辑体现为通过完备的科研激励制度刺激科研人员的需求,由需求激发相应动机进而推动科研人员积极作为,实现科研创新的目标。科学研究要充分发挥科研人员的积极性、创造性,合理的科研管理政策既要形成对科研违法行为的有效威慑,更要提供充分的长期创新动力或制度激励,从而实现权益激励和责任惩罚的有效均衡。

(4)科研劳动报酬。因科学研究的探索性和长期性,任何科研工作的开展和任何科研成果的取得都需要科研人员长期艰辛的劳动付出,其中科研人员的脑力付出和体力付出是取得科研创新所不可或缺的关键部分。如果从成本补偿的角度看,仅是科研经费预算中资料费、设备费、调研费等直接费用的简单相加绝不等同于科研成本的投入,仅靠这些投入也绝不会有科研项目成果的产出。因科研人员不能通过科研项目经费对其投入的智力成本与体力成本进行补偿,使得这些"无偿"的科研成本投入相当于转嫁给科研人员自身,科研人员不仅未能享有其科研劳动报酬补偿,反而将因此在经济权益上遭受损害。因此,在科研经费中需要体现对科研人员智力劳动投入与体力劳动投入的成本补偿或弥补,尊重科研人员的劳动付出。

(5)科研产出奖励。从事科学研究很大程度上是一项不以追逐个人名利为目的的崇高事业,它除了需要科研人员的努力勤勉敬业,还要充分激发科研人员的内在科研动力。科研成果奖励理念、标准、手段及其权利认可的整体环境,将直接影响甚至在很大程度上决定科研人员的科研产出状况。这就要求充分运用科研成果产出及其产生质量评价科研人员的成就与贡献,即认可科研成果奖励权。此外,科研项目负责人应有权根据课题组科研成果的实际产出情况进行一定程度的调整,以更好地激发科研人员的创造活力,最终达到多出成果、出好成果、多出人才的目的。

(6)科研成果共享。按照"谁资助、谁所有,谁管理、谁受益"原则,一般认为科研项目成果理应严格归于资助主体所有,后我国受美国《拜杜法案》的影响和启发,2007 年,《中华人民共和国科学技术进步法(修订)》规定授权项目承担者依法取得财政资助项目所产出的知识产权,即由国家所有放宽为项目承担单位所有。但是因科研项目承担者主要为国有属性的国企、高校与科研院所,这就导致科研成果归属始终无法绕开国有资产管理规则的束缚,大大降低了科研成果转化效率。科研经费资助的最终目的是通过科技创新成果推动社会经济发展和公众广泛受益,如果因僵化严苛的相关管理规则,造成科技创新成果转化的受阻,无疑有悖于科研经费资助的初衷。为了充分激发科研人员转化科研创新成果的热情,可以考虑由项目承担单位与科研人员共享科研成果所有权,并认可科研人员对科研成果转化的控制权,即通过优化科技成果共享权促进科技创新成果向市场转化。

4.2.2　科学家

作为科技人员的组成部分,科学家又常被分为一般科学家和明星科学家。其中,明星科学家(Star Scientists)是指那些科研成果卓著、在学术界享有较高知名度,并且社会资本较为丰富的顶级科学家。明星科学家在创新活动中的具有重要的作用。

1. 明星科学家的人格特性

成功科学家的性格在于其在发散式思维和收敛式思维之间保持必要的张力。一位成功的科学家必须具有维持传统和思想解放这两方面的性格,因为科学是通过传统的维持和传统的变革而进步的。科学家群体有区别于普通人的特有的人格特征,且具有高创造力的科学家在整个科学家群体中又显示出特有而卓著的个性特征。科学家需要有信仰,能够坚持到底,成功属于那些渴望竞争,乐于竞争的科学家,而这些科学家在性格上的共性是占主导地位,自信的。因此,明星科学家具有典型的人格特性。

科学家人格最显著的认知特征是责任心,从事科学事业对秩序、组织和严守时间的要求较高。具体讲,责任心是由小心、谨慎、传统、遵守纪律、有秩序、坚持不懈、可靠以及有自制力等因素构成。开放的个性也是科学家人格的认知特性,由审美趣味、创造力、好奇心、灵活度、想象力和理解力组成。在探索科学的过程中,科学家在证据确凿时勇于认错,不会墨守成规,擅于从多角度思考问题。对于新颖的想法、人物或情境持开放态度,擅于寻求新经历,对世界充满好奇,解决问题灵活有弹性,可以跳出固有的思维模式框架,不受制于某一想法,又具有思辨力。

科学家在人格上更加占主导地位,他们会坚持自己的主张。由于创造型人群的思维或行为是"反"社交,所以科学家更愿意独处,某种程度上人格中的社会性和亲和力低。而且,他们个性中有一种防御特性,防御外界对自身创作的批判或误解,同时有信心面对质疑。有创造力必然意味着与他人不同或特立独行,远离社会交往,这在物理学家和数学家的表现比社会科学家更明显。科学家,是具有创造力的人群,普遍对社会刺激不敏感,因此独自活动或小范围互动是比较理想的状态。虽然当今从事科学研究不是一种孤立行为,越来越多的问题需要由团队解决,但是理论和实证工作,仍然主要是个体行为。大部分科学工作是平凡的正常工作,只有极少数产出是具有"划时代革命意义"的科学研究。创造性想法需要以社会接受的方式表达。因此,高创造力的人群应既远离他人独自思考,又有动力和方法把原创的想法以社会认可且有用的方式表达出来的。

科学家有远大抱负,并且受到取得成就的驱动,社会和认知特性使其创造性行为得以实现,同时拥有坚韧、自律的个性特征。所有关于人格特征研究都发现科学家具有更强的驱动力和关注力。需要说明的是,认知特性(责任心和开放),社交特性(自信,自负,独立,内向)以及动机特性(成就和驱动力)与科学兴趣之间并非因果相关。即具有这些特性不一定会产生科学兴趣,只是产生科学兴趣的可能性较大。不同科学领域对人格特性的关注点不同,如物理学领域的科学家,更可能受对物的认知影响,而社会科学领域的科学家则更可能与人之间的交互影响相关。

基于以上人格特性,高创造力科学家往往拥有6类习惯:①建立新连接。科学的创造力通常涉及一些想法的新颖组合。许多成功科学家的阅读不仅限于目前集中在特定区域的研究,而是广泛阅读,包括自己研究领域之外的阅读。这样他们才能够全方位了解目前面临的问题,提出新的解决方案。涉猎多个项目采用多种方法才可能有创新的方法。研究人员不应该跟风做工作,因为在这种情况下难以有创新。②期待未知。这是指当科学研究并没有如期进展时的认知反应。如实验结果出现异常,研究人员应从失败中学习经验,通过异常或失败的实验结果推绎新的研究方向,而非轻易放弃。③持久性。这个习惯很重要,因为在科学研究中经常会遭遇困难和挫折。从事科学研究需要专注于关键问题,而不被外围问题分心,科学家需进行系统而持续的研究,并对成功或失败有详细记录。④充满活力。是指科学家密集参与研究项目的情绪习惯。科学家很少对所做的项目进行成本效益分析,但他们会受有趣和令人兴奋的项目驱动,充满动力,精力集中。科学研究不仅是做实验和形成假说,而需要回答出于理论或实际都有趣的问题。兴趣,激动人心的情绪是努力工作的动力,这样非程式化的工作才具创新力。认知和情感习惯都关注个人。⑤社交能力强。是指关于如何与他人合作有利于科学职业生涯发展的行为。最科学的研究是组成有效的团队协作,并且团队成员要多样化,团队成员可以从观察其他研究人员如何进行研究中受益,还需要花时间通过精心撰写文章与外界进行有效沟通。⑥充分利用环境。科学家要认识到科学不只是心理和社会互动的过程,还涉及与世界的互动。科学家可以从丰富的环境中学习,通过仪器获取环境的特点而受益。

2. 明星科学家的创新作用

(1) 明星科学家的作用具有重要的政策指导意义。首先,长期以来,中国尖端科技研发资源大多分布于科研院所而与企业研发呈现割裂状态。这一割裂状态很大程度上源于 20 世纪 50 年代模仿苏联科技体制模式,当时造成了庞大的科研体系(如中科院拥有全国超过 85% 的大型科研设施以及 130 多个国家重点实验室)长期独立于企业研发体系之外运行的局面。而西方国家独特的市场背景下盛行的侧重于专利授权转让渠道的产学研合作模式并不完全适用于当下的中国市场。因此,在当前全面实施国家创新驱动发展战略的新时期,如何充分发挥明星科学家的作用开展立足中国国情的产学研合作模式与政策研究,以解决当前创新资源分散、封闭、缺乏整合的问题,是我国当前创新管理实践最为迫切的需求。其次,以资金支持为主的传统政府创新支持政策,如 R&D 补贴、税收优惠和政府采购等,由于存在委托代理问题和挤出效应,政策效果一直存在争论。因此,如何充分发挥顶尖科学家的作用,真正提升企业的人力资本水平和创新能力,并构建推动企业创新的长效机制,是政府制定创新支持政策的一个重要方向。

(2)明星科学家可以在创新活动中发挥重要作用。①企业可以通过雇佣明星科学家获取和吸收他们的知识和创新成果,并通过企业与科学家之间的观察学习、正式交流和信息共享等机制将创新知识转移到其他员工身上,提升企业人力资本水平。但同时也可能带来对明星科学家的过度依赖和对组织内其他科学家创新资源的挤出效应等问题;②明星科学家具有资源积聚效应,凭借崇高的身份地位和学术威望,能够吸引科研资金和创新人才等科学资源向自身及其所在组织集聚;③明星科学家凭借较高的社会知名度和可见性,往往处在社会网络的中心位置,起着连接企业、大学和学术圈等社会网络的桥梁作用;④桥梁效应为明星科学家参与产学研合作创造了条件,在促进企业与外部知识的交流与产学研合作方面发挥着极为重要的作用;⑤明星科学家在组织中具有"鲇鱼效应"和"示范效应",可以激励其他科学家投入更多努力,提高个人和组织绩效,是重要的"精神激励"机制。

第5章 技术交易实现科技成果转化

国家通过修订和制定《促进科技成果转化法》《实施〈中华人民共和国促进科技成果转化法〉若干规定》《国家技术转移体系建设方案》等政策文件,鼓励研究开发机构、高等院校采取转让、许可或者作价投资等方式,向企业或者其他组织转移科技成果,应当采取措施,优先向中小微企业转移科技成果,为大众创业、万众创新提供技术供给。相关政策文件指出,国家培育和发展技术市场,构建全国技术交易市场体系,在明确监管职责和监管规则的前提下,以信息化网络连接依法设立、运行规范的现有各区域技术交易平台,制定促进技术交易和相关服务业发展的措施。国家鼓励创办科技中介服务机构,为技术交易提供交易场所、信息平台以及信息检索、加工与分析、评估、经纪等服务。国家设立的研究开发机构、高等院校应当通过本单位负责技术转移工作的机构或者委托独立的科技成果转化服务机构开展技术转移。技术市场与科技中介服务机构,是我国科技成果转化工作体系基础架构的重要组成部分。

5.1 技术市场

5.1.1 技术市场概述

1. 技术市场的概念

技术市场是从事技术中介服务和技术商品经营活动的场所。它以推动科技成果向现实生产力转化为宗旨,具体开展技术开发、技术转让、技术咨询、技术服务、技术承包;生产或经销科研中试产品和科技新产品;组织和开展技术成果的推广与应用等,技术覆盖面涉及所有技术领域。

技术市场的概念分为狭义和广义两种,狭义的技术市场是指一定时间、地点进行技术商品交易活动的场所；广义的技术市场是技术商品的流通领域，是技术成果交换关系的总和，即科技成果从科研领域转移到生产领域，转化为现实生产力的过程。其中，交换关系的总和包含从技术商品开发到技术商品应用的全过程，它涉及与技术开发、技术转让、技术咨询、技术服务相关的技术交易活动及各相关主体之间的关系。

技术作为特殊商品，其市场的含义不应仅指交易的场所，应该是广义的。由此引出，技术市场为技术商品交换关系的总和。由于一方面技术商品交换对场所没有较强的依赖关系，因此技术市场具有无形市场的属性，而另一方面，技术商品价值的实现，也就是人们常说的技术商品的转化，又离不开展览、展示、宣传及实验和生产所必须的场所与设备的支撑，所以技术商品价值的实现与场所又有一定的依存关系，体现出有形市场的特点。这就是业界常说的技术市场的有形和无形的二重性。

从业务范围讲，技术市场包括为科技成果向现实生产力转化、满足用户对技术商品的现实需求和潜在需求所进行的一系列业务活动。在我国目前设立的技术转移中心、技术交易机构、生产力促进中心、中小企业发展中心等机构，所从事的业务工作都是围绕促进科技成果向现实生产力转化而开展的，都属于技术市场的范畴，都是技术市场服务体系的组成部分。

技术市场所交换的商品是以知识形态出现的，此不同于传统市场所交换的商品，它是一种特殊的商品，有多种表现形态，软件形式（程序、工艺、配方、设计图等），以及买方需要的某种战略思想、预测分析、规划意见、知识传授等都可构成技术商品。技术市场是连接科技与经济的桥梁与纽带，在促进科技与经济的结合，增强科技事业的自我发展能力，加快科技的社会传播与普及，增强企业的活力，促进科技人才的流动，发展商品经济等方面都具有重要作用。

2. 技术市场的作用和功能

在知识经济时代，技术在经济增长中具有举足轻重的作用，这决定了技术市场在经济发展中不可或缺的地位。技术市场的重要作用主要体现在以下几个方面：①技术市场的建立，架起了经济建设与科学技术之间的桥梁，促进科技成果实现商品化、产业化和国际化。经济与科技相互渗透和结合，既能促进经济的发展，又能推动科技的发展。②技术市场的开拓,增强了人们对科学技术是第一生产力的认识,推动技术进步的加速。技术市场使技术商品的交易具有竞争性,技术卖方的科研能力受到检验,科技的重要地位更加明显。③技术市场的发展,极大调动了科研机构和科技人员的积极性和创造性,使技术资源的配置得以改善和优化。使技术市场的发展使技术商品的交易与科研机构和科技人员自身的经济利益相联系,调动了科研人员的积极性。④技术市场的完善,推动了科技体制改革的深化,促进了社会主义市场经济体系的配套发展和完善。在科技体制改革中,科研单位逐渐由依靠国家拨款向经济自力转变,促进了经济建设。⑤技术市场的成熟,能提高科技成果推广应用率,促进产学研一体化以及经济和生产力的提高。过去缺乏市场观念时,技术市场的推广应用是通过行政手段无偿转移的,如果行政人员不够专业,会限制技术成果的商品化,技术市场的建立使这一问题得到了解决,促进了生产的大力发展。⑥技术市场的运行,有利于增强国家自主创新能力,加快建设创新型国家的步伐。技术市场强化了企业在技术创新中的主体地位,完善了产学研合作机制,为建设创新型国家营造了良好的环境。

技术市场所具有的功能主要体现在以下几个方面:①实现和增加以科技成果为主的技术商品的价值和使用价值。技术商品的价值是生产该技术所花费的物化劳动和活劳动的总和。只有通过交易才能使技术生产者为此所付出的劳动得以补偿,也就是实现技术商品的价值。也只有通过交易才能实现技术商品的有效转移,并由无形转化为有形,进一步实现其使用价值。技术市场为技术商品价值、使用价值的实现提供了交易、展示、信息传播的平台,创造了良好的环境体系,使技术商品价值和使用价值的实现和增值成为现实。②通过市场机制配置技术商品资源。技术市场在配置技术商品资源上发挥着基础性作用。计划经济体制下的商品资源配置,虽然也是建立在大量的调查研究基础上进行的,但是不可避免地带有人为的主观意识的影响,重复建设、资源浪费的现象不胜枚举。而市场配置资源的原则是利益最大化、资源利用效益最大化。通过市场机制配置资源,可以有效地降低人为因素的影响,尤其是技术商品资源的配置更为重要。因为技术商品属于一种生产要素性商品,其转化为有形商品需要一个比较复杂的过程,对于实施者,具有较高的经济风险,所以必须充分研究市场因素,通过市场机制配置技术商品资源。在这方面,技术市场通过体系内各种服务的有效结合,营造良好的技术商品资源配置环境,起到保障与促进的作用。③通过市场主体的社会分工,提高技术商品交易的效益和效率。分工是人类社会进步的标志。在技术市场体系中,各相关主体分工不断细化、明确,专业化服务水平进一步提高,尤其是科技中介的形成与发展,对技术商品的形成与交易起到了巨大的推动作用,有效地降低了交易成本,提高了交易效率。④为促进科技创新、推进技术商品产业化、提高科技竞争力等提供了良好的市场环境。

5.1.2 技术市场的发展历程

我国的技术市场起步于 20 世纪 70 年代末,起点是 1978 年召开的全国科技大会,它为技术市场做了理论准备。1980 年 10 月,国务院颁布《关于开展和保护社会主义竞争的决定》,决定指出,对发明创造的重要成果要有偿转让。1985 年,国务院发布的《关于技术转让的暂行规定》指出,在社会主义商品经济条件下,技术也是商品,单位、个人都可以不受地区、部门、经济形势的限制转让技术。由此,国家决定广泛开放技术市场,繁荣技术贸易,以促进生产发展,首次正式明确了技术商品和技术市场的法律地位。同年 3 月,中共中央在《关于科学技术体制改革的决定》中进一步指出,技术市场是我国社会主义商品市场的重要组成部分,要促进科技成果的商品化,开拓技术市场,以适应社会主义商品经济的发展。因此,技术市场以法律的形式得以确认,技术市场的建立和发展为科技成果的转化创造了一个良好环境。我国技术市场在国家放开、扶持、引导方针的指导下,经过艰辛的探索和发展,使技术市场的整体规模和水平都有了较大提高。目前,全国的省、自治区、直辖市均已建立了技术市场管理机构。

从 20 世纪 80 年代开始,我国技术市场从无到有,迅速发展。与国际技术市场的发展进程相比,我国技术市场的形成与发展历程大致分为以下 5 个阶段。

(1) 1949~1978 年是国内技术市场形成的萌芽阶段。在这个阶段中,我国实行的是计划经济,中国完成了技术市场的观念转变和初步尝试。但还不具备将技术作为一种可交易商品的条件,因此,可以说在这个阶段里,我国是无技术市场可言。

(2) 1979~1984 年是国内技术市场的初步形成阶段。1978 年,全国科技大会的召开标志着这一阶段的开启。自此,我国技术市场从萌芽状态逐渐过渡到形成状态,科研单位开始向企业有偿转让技术成果。据不完全统计,截至到 1984 年 8 月,全国地、市以上的科技开发交流机构已达 1 100 多个,全国共举办大规模技术交易会 240 多次,每次成交额都在几百至 1 000 万元。在这一阶段里,技术转移虽然实现了有偿或部分有偿转让,但仍仅限于给技术持有者以适当的补偿,技术还未真正成为商品。加之受计划经济影响,存在企业的有效需求严重不足等情况,构成了这一时期中国技术市场的主要特征。

(3) 1985~2001 年是国内技术市场形成的发展阶段。此阶段以 1985 年 3 月我国颁布第一部正式的专利法为开始标志。专利法作为第一部以法律形式界定技术商品、规范技术市场的法律,表明我国已开始进入技术市场的规范化、法律化、正规化阶段。1985 年 5 月 15 日,全国首届技术成果交易会在北京开幕,共签订各种协议 15 182 项,洽谈贸易额达到 80 亿元。1987 年 6 月 23 日,第六届全国人民代表大会常务委员会第 21 次会议通过《中华人民共和国技术合同法》,推动我国技术市场步入法制轨道。1988 年 5 月,国务院《关于深化科技体制改革若干问题的决定》提出,要鼓励科研机构切实引入竞争机制,积极推行各种形式的承包经营责任制,实行科研机构所有权和经营管理权的分离。之后,1993 年 7 月,第八届全国人民代表大会常务委员会第二次会议通过了《中华人民共和国科学技术法》。这一阶段,我国技术市场的法律体系框架基本建立,管理日益法治化,为技术商品化和开发技术市场做好了政策、舆论、理论等方面的准备。1988 年,武汉和四川乐山两个产权交易所相继成立,成为中国第一批技术产权交易所。随着中国技术市场的发展和科技产业的进步,科技体制的不断深入,以科学技术的开发、转让、咨询为主要服务内容的科技产权市场逐步在全国各地兴起。

2002~2005 年是国内实体技术市场的迅速发展阶段。这一阶段以 2001 年 12 月中国正式成为世界贸易组织成员为开始标志。我国的科技水平从纯学术研究、技术引进过渡到以提高自主原始创新能力和加速科技成果转化为主的发展阶段。在这一阶段,我国技术市场借进一步改革开放的东风,得到了非常迅猛的发展。伴随着大中小型企业不断走上新的台阶,技术需求越来越急迫,然而受资源、成本、时间等限制,技术市场的形式越来越被普罗大众所接受。相应的各地技术市场法律法规逐渐完善,建立了较好的市场秩序,使得技术交易得到了基本保障。

2006年至今是国内技术市场的线上线下混合发展阶段。在这一阶段里,伴随着互联网时代的到来和网络技术的普及,中国技术市场由实体阵地逐渐转向网络阵地,各地技术市场纷纷成立网上技术市场,运用现代信息技术手段,构建出各种技术中介平台,并形成协作网络。中国技术市场的发展进入了线上线下结合的混合发展阶段。除了大环境的迅速转变,加上资源更丰富,参与人数更多,不受地理位置的限制,信息发布更新更及时等优势的影响,技术市场未来的发展趋势一定是由实体技术市场转向线上的网上技术市场。网上技术交易市场是传统有形技术市场与网络信息技术的结合与创新,由于它在信息整合传播速度、方便快捷的操作、无时间空间限制等方面的优势,如今已是技术交易的主流平台。

5.1.3　网上技术市场

1. 网上技术市场的概念与特点

网上技术市场是一种在线市场,公司、大学、研究机构及个人通过它能够沟通技术供求信息,促进科技要素合理组合,加快科技成果转化和应用。网上技术市场作为在现代互联网技术条件下产生的一种虚拟市场,使得技术市场这一主要以信息传递、交流、交换为基础的科技商品交易得到了新的发展,成为科技成果转化的一种新途径。网上技术市场具有如下特点:

(1) 覆盖面广,打破了时空限制。网上技术市场通过网络载体,从时间上大大延长服务时长,从空间上有效整合了全球科技资源,使技术供需双方能够随时随地进行信息发布、浏览和获取。同时因为网络的同步性,使得供需双方能同步获取信息,并能够通过交流软件方便实时地进行交流。

(2) 减少信息不对称,提高技术交易效率。技术交易信息不对称,一直是阻碍技术市场发展的一个难题。一方面,技术需求者的需求得不到满足,另一方面,技术生产者的科技成果找不到买家。网上技术市场依靠网络载体实现了技术信息共享,用户可以通过文字、语音、视频等多种方式进行"点对点"交流和洽谈。通过这样的虚拟方式增加技术的直观展示和用户之间的直观交流,大大提高了技术交易效率。

（3）提升信息搜索效率,降低交易成本。网上技术市场通过打破时空界限,发挥创新作用,减少交易中间环节,以降低交易成本。网上技术市场整合了原本分散的科技成果信息、专家信息以及各类创新要素信息,并充分利用了便捷的网络搜索引擎技术,使得用户可以根据自己的需求在网上技术市场快速进行各种组合查询,并有效进行信息定位,大大降低了技术信息搜寻成本。目前,网上技术市场的在线交流、在线交易功能,也大大降低了企业线下所必需的交流成本。

（4）创造以需求为导向的服务模式。传统的技术市场其实就是以技术成果供给为导向,这种供给模式导致科研机构常常不重视成果的市场需求,增加了成果转化的难度。网上技术市场通过技术供求信息共享的便利性,使得技术成果方可以根据技术需求进行科学研究,形成技术需求拉动技术供给、技术买方市场拉动技术卖方市场的新模式,突出企业技术创新的主体地位,从根本上提高科技成果的转化率。

2. 网上技术市场的服务模式

技术转移是一个动态和复杂的转化过程,根据技术转移链,其包括技术信息发布、技术信息配对、技术供需双方交流、协商谈判分析、技术交易以及技术成果实施等阶段。

在技术信息发布阶段,网上技术市场主要通过规范信息发布格式、提高信息更新率等方式提高技术信息的有效性。网上技术市场发布的技术信息有着详细的格式、目录要求,如一项成果就有概述、新颖性、开发情况、知识产权情况、提供者情况、技术细节、许可方式等指标组成,每项指标又有若干项下级指标组成,这些具体的指标构成了对技术成果信息的规范描述。

技术信息有效配对是实现技术交易的重要基础。网上技术市场主要通过深化检索功能,并提供自动化信息发送功能提升技术供需双方信息的配对率,通过公司本身,或者借助中介机构的专业化服务,为技术供需双方提供合适的信息。

互联网的时间即时性和空间无限功能,给网上技术市场供需双方的交流创造了充分的条件。通过互联网的在线交流功能设计,技术供需双方可以随时就自己的兴趣和难题与对方进行交流。

技术商品作为一种特殊商品,其交易并不是简单的买卖行为。技术供需双方在真正达成交易之前,将对技术内容和关键创新点、技术交易方式、技术交易价格以及技术成果转化的产业化前景进行深入分析和相互协商。目前,网上技术市场在这一阶段主要通过技术转移机构或借助其他专业化中介机构提供专业化分析服务,进而为供需双方搭建真正的桥梁。

技术的特殊性,使得技术交易成为技术转移真正实现的最大障碍。技术交易方式存在多样化,选择合适的技术交易方式,可以大大降低技术交易双方的心理障碍。目前,网上技术市场主要通过开发网上交易诚信软件或者开创新的交易模式,推进技术交易的实现,但目前真正开展在线交易的公司还不多。

技术成果转移的最终目的是技术成果转化产业化。网上技术市场主要通过后续跟踪服务,保障技术成果实施。例如有的网上技术市场对技术开发投资,并进行管理,直到将技术适合市场销售为止,这个过程不仅增加了被许可人的投资价值而且缩短了技术市场化的时间。还有的网上技术市场对不同的公司提供不同跟踪服务,如果技术受让方是成熟的商业公司,技术转移到协议签订就算完成;如果技术受让方是初创企业,公司就会提供全套服务,甚至提供种子投资。

5.2　技术交易与技术合同

技术交易是对技术知识产权商品化运营的主要实现方式。

5.2.1　技术交易类型

技术市场交易类型主要包括技术开发、技术转让、技术许可、技术咨询、技术服务。结合我国技术市场发展来看,技术开发、技术转让、技术许可、技术咨询、技术服务5类技术合同中,技术开发、技术服务在交易活动中应用较多。

（1）技术开发。技术开发是指当事人之间就新技术、新产品、新工艺或者新材料及其系统的研究开发等具有产业应用价值的科技成果实施转化所达成的交易。技术开发包括委托开发和合作开发。技术开发合同是技术合同的一种,根据我国合同法的规定,技术开发合同是指当事人之间就新技术、新产品、新工艺或者新材料及其系统的研究开发所订立的合同。通常,技术开发合同的主要目的是获得新技术成果,而技术成果的归属是产权问题,其构成技术成果使用、收益和转让的基础,因此,合同当事人需对上述问题加以明确约定,否则,委托人可能面临利益损失风险。

(2) 技术转让。技术转让是实现技术进步和经济增长的重要途径。技术转让是技术市场的主要经营方式和范围。技术转让是指技术商品从输出方转移到输入方的一种经济行为,输出方是技术转让,输入方技术市场是技术引进。如今,以技术转让与引进为主要内容的技术贸易已成为国际上传播技术的重要方式。由于转让技术的权利化程度和性质的不同,技术转让又可分为专利权转让和专利申请权转让。专利权转让是指专利人作为让与方,将其发明创造专利的所有权或持有权移交给受让方的技术转让形式。专利申请权转让是指让与方将其特定的发明创造申请专利的权利移交给受让方的技术转让形式。非专利技术(技术秘密)转让是指让与方将其拥有的非专利技术成果提供给受让方,明确相互之间非专利技术成果的使用权、转让权的技术转让形式。

(3) 技术许可。技术许可是指技术供方以技术许可协定的方式,将自己有权处置的某项技术许可技术受方按照合同约定的条件使用该项技术,并以此获得一定的使用费或者其他报酬的一种技术转移方式。技术许可实质上是指有关技术相关权(如所有权、使用权、产品销售权、专利申请权等)的契约或合同。其中可从不同的角度对其进行分类,从授权范围的角度可分为普通许可和排他性许可;从许可内容多少的角度可分为单一的技术许可和捆绑许可;从是否受国家强制力约束的角度可分为一般许可和强制性许可等。技术许可的目的主要是获得报酬以便对前期的R&D 投入进行一定的补偿和为了获得市场竞争优势而进行的一种策略性利用,如进入壁垒、规避被许可者生产的私人信息而带来的利润损失等。

(4) 技术咨询。技术咨询与服务是使决策科学化的一种有效形式,是技术市场的主要经营方式和范围。技术咨询是指咨询方根据委托方对某一技术课题的要求,利用自身的信息优势,为委托方提供技术选用的建议和解决方案。技术咨询是对特定技术项目提供可行性论证、经济技术预测、专题调查、分析评价等咨询报告。技术咨询的内容主要包括政策咨询、管理决策咨询、工程咨询、专业咨询和信息咨询5种类型。技术咨询的形式有技术传授、技能交流、技术规划、技术评估、技术培训等，它是技术贸易活动中的基本形式。通常，技术咨询的专业化程度比较高。在国际上，技术咨询大多由行业团体进行。目前，在发达国家大都有咨询工程师协会或联合会等，在许多发展中国家也有相当数量的咨询公司。我国技术咨询合同总量增速远低于技术开发和技术转让合同。

（5）技术服务。技术服务是技术市场的主要经营方式和范围，是指拥有技术的一方为另一方解决某一特定技术问题所提供的各种服务，如进行非常规性的计算、设计、测量、分析、安装、调试，以及提供技术信息、改进工艺流程、进行技术诊断等服务。技术服务包括信息服务、安装调试服务、维修服务、供应服务、检测服务、技术文献服务及培训服务。技术服务具有以下特点：①提供技术服务的被委托方为科研机构、大专院校、企事业单位的专业科技人员，他们掌握专门科技知识和专门技艺，可同时或先后为多家委托方提供技术服务。②技术服务确立的是一种特殊的知识型劳务关系，受托方提供的是一种可重复性的智力劳务，不具有科技开发、技术专利所要求的保密性，受托方为委托方解决特定技术问题，收取一定报酬。技术服务的作用是充分利用社会智力资源，解决科研和生产建设中的技术难题，促进科学技术进步和生产发展，从而促进社会经济的发展。

5.2.2 技术合同

1. 技术合同概述

根据我国《中华人民共和国民法典》的规定，技术合同是当事人就技术开发、转让、许可、咨询或者服务订立的确立相互之间权利和义务的合同。合同是商品生产和交换的法律形式，技术合同是合同的一种。对当事人而言，合同是法律；当事人是否有违约行为，合同是标准；解决当事人之间的合同纠纷，合同是依据。

《中华人民共和国民法典》将技术合同分为技术开发合同、技术转让合同、技术许可合同、技术服务合同和技术咨询合同。

技术开发合同是当事人之间就新技术、新产品、新工艺、新品种或者新材料及其系统的研究开发所订立的合同。技术开发合同包括委托开发合同和合作开发合同。委托开发合同是指被委托方按照委托方的要求进行研究开发的合同。合作开发合同是指当事人之间共同参与合作开发的合同。

技术转让合同是合法拥有技术的权利人,将现有特定的专利、专利申请、技术秘密的相关权利让与他人所订立的合同。技术转让合同包括专利权转让、专利申请权转让、技术秘密转让等合同。

技术许可合同是合法拥有技术的权利人,将现有特定的专利、技术秘密的相关权利许可他人实施、使用所订立的合同。技术许可合同包括专利实施许可、技术秘密使用许可等合同。

技术咨询合同是当事人一方以技术知识为对方就特定技术项目提供可行性论证、技术预测、专题技术调查、分析评价报告等所订立的合同。技术服务合同是当事人一方以技术知识为对方解决特定技术问题所订立的合同,不包括承揽合同和建设工程合同。

技术合同的内容就是技术合同的权利义务关系,即技术合同的条款。技术合同的条款由当事人约定,这是技术合同的一个重要特点。合同法提出了各类技术合同一般应当具备的条款,这些条款是指导性规范,在具体订立合同时还要由当事人约定,约定优先于法定。当事人在合同中的约定只要不违反法律规定,不损害国家和社会公共利益,即对当事人各方具有法律约束力。审理技术合同纠纷时,要尊重当事人在订立合同时的意思表示,根据合同的约定确定当事人各方的权利义务。

技术合同的主体是合同的当事人,包括自然人、法人。技术合同的法律属性复杂,通常包括科学技术成果,以及基于科学技术成果提供的相关服务,其不仅要遵守有关技术交易的一般法律,还往往受多个法律、法规的约束和调整。技术合同的履行期限长,合同价格或报酬的计算和使用费用的支付也非常复杂,具有很大的风险和不可预测性。技术合同有多种类型,各种合同往往相互关联,技术合同的客体具备的技术内容差异性大。技术合同包含商品的特别属性,是无形的商品,商品通常具有外观形态,可通过一般方式鉴别,而技术方案往往不具有特定的形态,因此,鉴别具有一定难度。

与其他各类合同一样,签订技术合同也是一种严肃的法律行为。如果对技术合同的管理不够规范,一个合同订立得不好,可能会出现商业风险、法律纠纷及其他影响各方利益的各类事件。签订技术合同应注意明确以下问题:①项目选题。开发项目直接关系到合同双方的投资规模、技术先进性及市场前景等重大问题,所以项目选题很重要。②项目签订的相关内容,如技术内容、形式和要求。以技术的内容为例,因为直接关系到合同其他条款的执行,签约双方应尽可能准确、全面地约定相关标的。③研究开发经费或者项目投资的数额及其支付、结算方式。④利用研究开发经费购置的设备、器材、资料的财产权属。对于研究开发工作中购置的设备器材、资料的权属,双方当事人应在合同中约定清楚。⑤合同履行的期限、地点和方式。⑥保密条款。应列出保密的范围、保密内容、保密期限、技术相关情报和资料的保密措施,以及违反保密条款的责任等。⑦风险责任的承担。风险责任是技术开发合同应约定的重要内容,在合同中应明确风险责任。双方应通过预见性分析,根据实际情况对合同的风险责任进行区分,并作出合理的约定。⑧技术成果的归属和分享。合同中应载明技术成果产生的利益分配方法及归属等,对包括著作权、专利权、非专利技术使用权、转让权等相关方面如何使用、归谁所有,以及利益如何分配作出约定。⑨验收标准和方式。验收标准是合同实施完成后,双方确认是否符合和达到合同标的约定的技术指标和经济指标。合同中应约定验收时所采取的评价指标、鉴定方法,确保验收的顺利进行。

2. 技术合同的特征

技术合同的标的是技术成果,这是技术合同的首要特征,也是最突出的特征。"技术成果"和"技术"在合同法上是同一概念,是指"利用科学技术知识、信息和经验作出的涉及产品、工艺、材料及其改进等技术方案"。它根本上是一种技术方案或者构思,具有"实用性"和"可重复性",也就是说技术成果应当能够制造或使用,并产生实际效果,可靠地解决特定的技术问题,并能在一定的条件下重复再现预期结果。

技术成果并非等同于"知识产权",但两者具有密切的联系,并且有众多交叉之处。技术成果"权利化"以后就成了知识产权,具有财产权和人身权两方面的内容,从此种意义上来讲,技术合同就是"与知识产权有关的债权债务关系订立的合同"。但反过来讲,享有知识产权的智力成果不一定可以成为技术合同的标的,只有专利、技术秘密等"技术性"知识产权才能作为技术合同的标的。比如,商标或者一般的作品(除计算机软件)等智力成果,因为其和技术无太大关联,所以就其创作和许可、转让达成的协议虽然也是知识产权合同,但不是技术合同。从另一方面讲,许多技术成果表现为知识产权,但是技术合同中的标的并不要求一定是已经或者可以取得知识产权,某些已经进入公有领域的技术也可以成为技术合同的交易内容,比如技术服务合同中的技术就有可能是公知技术。

技术成果的具体类型应该是开放性的,虽然在《中华人民共和国民法典》中仅提到了"专利""专利申请权"和"技术秘密"3 种,在旧的《中华人民共和国技术合同法》中也仅笼统概括了"专利技术"和"非专利技术"两大类,但从技术成果的定义以及技术合同的目的出发,还可以列举出一些典型的技术成果,比如植物新品种、计算机软件、集成电路布图设计等。

技术合同应当有利于科学技术的进步和科技成果的转化、应用和推广是技术合同的"本质特征"。所谓"本质"即是说如果某一合同不具有这一特征,甚至与这一特征的表现正好相反,那么这一合同就不能称之为技术合同,即使该合同已经成立,都应归于无效。《中华人民共和国民法典》的技术合同专章中规定,订立技术合同,应当有利于科学技术的进步,加速科学技术成果的转化、应用和推广的原则,特别强调了"非法垄断技术、妨碍技术进步或者侵害他人技术成果的技术合同无效"。

技术合同是双务有偿合同,这与绝大多数合同的特点一致,即当事人双方互负对待给付义务,当事人互相基于利益的交换而形成了互为依赖的给付义务关系,由于技术合同是诺诚合同,所以其有偿性的特点被双务合同的性质所包含。

其特殊性主要在于,一般的双务合同当事双方的给付义务是同时履行或者可以有明确的时间节点作为参照履行义务,履行的"对价"也是比较容易确定的,双方可以根据市场上普遍的特定交易习惯对相互履行义务的确切时间以及"对价"进行约定。而技术合同标的物类型具有多样性,但单个具体的技术合同中的标的的开发属于"一次性劳动",因而很可能没有相应的所谓交易习惯,因此对于"对价"和义务履行时间的确定会存在一定的困难。一般商品的价格会基于生产商品的"劳动消耗量"和"可能带来的经济效益和社会效益"确定,但一方面技术成果的生产是一种特殊的劳动,技术成果的价值和其"生产"的成本并不一定成正比,有时少量的"脑力劳动"投入可能获得巨大的成果,而有时大量的"脑力劳动"的投入反而只能获得很小的成果,甚至完全没有成果;同时,这种独一无二的劳动也无法用社会必要劳动时间确定它的价值。另一方面,特定技术成果实施后可能带来的经济效益和社会效益的多少和时间在技术合同订立支出实际上难以确定,因此某一技术合同的"对价"和双方义务履行时间的确定即"双务有偿"合同中的"务"和"偿"的确定更多要依靠双方各自依据其可以获得的信息和主观认知进行判断。

技术合同的一方当事人具有特殊性,这也是技术合同显著区别于一般合同的特点,其中的"一方当事人",指的是"技术方",即掌握技术信息,以开发、转让或者提供技术信息为义务获取相应价款对价的一方当事人。一般合同的一方当事人不会以"技术性"作为其特点,各方当事人具有"不特定性",而不论是何种技术合同中的"技术方",都是具备一定专业知识、技能或者技术信息的人。

技术合同的类型是法定的,这一特征可以分为两个不同的方面:首先,技术合同的类型在《中华人民共和国民法典》中有规定,即"技术开发合同、技术转让合同、技术许可合同、技术咨询合同和技术服务合同"5个大类,当然也还可以将这5大类再进行细分,比如将技术开发合同分为委托开发合同和合作开发合同,将技术转让合同分为专利权转让合同、专利申请权转让合同、技术秘密转让合同等。其次,由于技术合同标的具体类型的多样性,且受多种法律的调整,典型的技术合同标的有"专利""专利申请权""技术秘密""植物新品种""计算机软件""集成电路布图设计"等,以这些为标的的技术合同除了受《中华人民共和国民法典》和《中华人民共和国促进科技成果转化法》的调整之外,还相应受《专利法》《中华人民共和国专利法实施条例》《中华人民共和国反不正当竞争法》《中华人民共和国植物新品种保护条例》《中华人民共和国著作权法》《中华人民共和国著作权法实施条例》《计算机软件保护条例》《集成电路布图设计保护条例》等法律法规的规制,同时,也受相关司法解释的规制,如果技术合同包含了技术进出口问题,还应受《进出口管理条例》等专门性法律法规的规制。

3. 技术合同的法律风险

技术合同法律风险是一种特殊的合同法律风险,是一种以技术(技术成果)为标的的合同法律风险。技术合同法律风险包括了"技术性"合同法律风险和一般性合同法律风险。根据技术合同本身的特点可以概括出可能面临的技术合同法律风险的特点:

(1)技术合同法律风险具有广泛性。技术合同法律风险的广泛性主要体现在 3 个方面:①从技术合同整体来说,根据技术合同的标的类型不同可以划分出多种不同的技术合同,而不同类型的技术合同中均存在法律风险;②从单个的技术合同来说,在技术合同的订立、履行的过程中都可能存在技术合同法律风险;③从技术合同法律风险主体来说,技术合同法律风险主体有技术合同各方、国家,其在主体上也具有多样性。

(2)技术合同法律风险的主体具有特殊性。一般来说,只要谈合同的法律风险主体,必然有合同的双方,而技术合同法律风险的主体具有特殊性,它不仅有技术合同的双方,还有另一个特殊主体——国家。之所以国家是技术合同法律风险的主体,是因为国家作为利益主体时,其总体预期目标是综合国力的提升,而综合国力其中就包括了科技实力以及科技转化能力,因为科技最终要通过服务于社会生产转化为实际的社会生产力,这一目标在技术合同领域,可以体现在《中华人民共和国民法典》中对技术合同"有利于科学技术的进步,加速科学技术成果的转化、应用和推广"的原则性规定中,为了在技术合同领域达到这一目标,就必须实现技术合同的订立和顺利履行。既然"保证技术合同的订立和顺利履行"是国家的目标,而技术合同法律风险的存在会阻碍技术合同的订立和履行,那么国家便成了技术合同法律风险的主体,并且是一种宏观意义上的风险主体。就技术合同当事人这个风险主体来说,其特殊性在于,虽然技术合同有很多不同的种类,导致其包含了多种不同的主体,但就技术合同法律风险的主体而言,其实可以概括为两种,即"技术方"和"非技术方"。其中的技术方包括技术委托开发合同的受托人、技术合作开发合同中各方当事人、技术转让合同的让与人、技术服务合同和技术咨询合同的受托人;非技术方包括技术开发合同的委托人、技术转让合同的受让人、技术服务合同和技术咨询合同的委托人。

(3)风险的成因具有多样性和相互关联性。从技术合同法律风险主体的多样性可知,技术合同法律风险的形成原因对于同一主体会有主观和客观两个方面,但都体现出了风险成因的多样性。技术合同的法律风险可能存在于技术合同的多个环节(订立、履行等),而这些环节并不是相互独立,毫无关联的,因此可能某些风险本身体现在技术合同履行的环节中,从技术合同履行中也能找到其形成的原因,但可能履行中导致技术合同风险的原因又是由技术合同订立中的原因导致的。同时,同一风险结果的发生,很可能是由多个原因共同导致的。因此技术合同法律风险的成因也展现出相互关联性的特点。

4. 技术合同认定登记政策

根据 2000 年国家印发的《技术合同认定登记管理办法》规定,科技成果转化中的技术合同登记应把握好以下几点。

(1) 技术合同认定登记是享受政策、兑现奖酬金的前提。《技术合同认定登记管理办法》第 5 条规定,法人和其他组织按照国家有关规定,根据所订立的技术合同,从技术开发、技术转让、技术咨询和技术服务的净收入中提取一定比例作为奖励和报酬,给予职务技术成果完成人和为成果转化做出重要贡献人员的,应当申请对相关的技术合同进行认定登记,并依照有关规定提取奖金和报酬。该办法第 6 条规定,未申请认定登记和未予登记的技术合同,不得享受国家有关政策。该办法第 7 条规定,经认定登记的技术合同,当事人可以持认定登记证明,向主管税务机关提出申请,经审核批准后,享受国家规定的税收优惠政策。

(2) 由技术提供方申请技术合同认定登记。《技术合同认定登记管理办法》第 8 条规定,技术开发合同的研究开发人、技术转让合同的让与人、技术咨询和技术服务合同的受托人,以及技术培训合同的培训人、技术中介合同的中介人,应当在合同成立后向所在地区的技术合同登记机构提出认定登记申请。

(3) 申请技术合同登记的注意事项。根据《技术合同认定登记管理办法》规定,应注意以下事项:①合同文本可以采用由科学技术部监制的技术合同示范文本,也可采用其他书面合同文本,但必须符合《中华人民共和国民法典》的有关规定;②合同内容应当完整,有关附件齐全;③应使用技术开发、技术转让、技术咨询、技术服务等规范名称,完整准确地表达合同内容;④合同中应明确相互权利与义务关系,如实反映技术交易的实际情况,不得在合同文本中作虚假表示。

根据《中华人民共和国促进科技成果转化法》及相关文件规定,技术合同认定登记涉及科技成果转化奖励和报酬金的提取,且所提取的奖酬金不受工资总额限制,不纳入工资总额基数,可以享受有关个人所得税、企业所得税的减免。政策的含金量非常高,是否属于技术合同,属于哪一种类型技术合同,直接影响到政策适用问题,因此当事人签订技术合同、申请技术合同认定登记,技术合同登记机构办理技术合同认定登记是一项非常严肃的工作,必须严格按照《技术合同认定规则》和《技术合同认定登记管理办法》执行。一旦发现有差错,有关责任人就有可能被追究失职或渎职责任。

5.3　技术转移服务机构

5.3.1　技术转移机构

技术转移是我国创新体系的薄弱环节。技术转移的能力不足或服务于技术转移过程的能力不足是中国技术转移的核心问题。一方面中国计划经济的历史导致科技和经济"两张皮"的问题更为突出;另一方面,中国要用几十年走完西方发达国家几百年走完的发展道路,而资源培育、能力建设和环境改善都需要时间,客观上造成了中国技术转移能力的"供需落差"。技术转移机构是技术转移能力的载体。一个国家技术转移机构的能力水平很大程度上代表了这个国家技术转移的水平。技术转移机构的能力建设是技术转移机构发展的核心目标。技术转移机构的发展过程,本质上是技术转移机构的能力升级过程,而技术自身的特性和技术转移活动的特性决定了技术转移机构能力升级的必然性。

1. 技术转移机构的概念

技术转移机构是指为技术转移过程提供服务的机构。技术转移机构是知识经济的产物。人类社会从工业经济过渡到知识经济,知识的生产、运营和价值实现成为经济发展的关键动力。技术转移机构正是知识专业化分工的结果,一方面,大学内部的发明创造者既要专注于研究,又要寻求技术的购买者;另一方面,企业往往求助于专家对购买的技术的市场价值做出评估,这都为技术转移机构的产生创造了机会。技术转移机构服务于技术的生产、流动和扩散过程,客观上促进了技术创新价值的发掘和实现。

关于技术转移机构的定义,多是从技术转移机构的功能进行界定的。2008 年,国家颁布的《国家技术转移示范机构管理办法》将技术转移机构定义成"为实现和加速技术转移提供各类服务的机构,包括技术经济、技术集成与经营和技术融资等服务机构等,但单纯提供信息、法律、咨询、金融等服务的除外。"

技术转移机构从来源上看,有大学、科研院所设立的技术转移办公室;有企业设立的从事技术交易、技术咨询和技术运营服务机构,如清华科威国际技术转移有限公司;由政府主导设立的专门从事科技成果转化和交易的机构,如中国技术交易所。技术转移机构来源的多样性决定了技术转移机构形态的多样性。在中国,技术转移机构在形态上,既有事业单位性质的研究机构、公司、也有联盟协会等社会团体。

技术转移机构在科研成果从大学、研究机构向企业转移的过程中发挥着科技中介作用。其职能包括大学、研究机构科研成果的披露与评估、专利的申请、知识产权转让、收取并分配转让费以及人员培训等。

2. 技术转移机构的能力

技术转移机构是一种科技中介服务机构。中介服务机构的核心能力是降低交易成本,促成交易发生。从机构性质出发,关于技术转移机构的能力,实际上存在两种完全不同的观念。一种是技术交易观,即将技术看成和土地、设备、人力等一样的可以直接交易的商品;一种是技术接力观,这种观念基于由技术创新到产业化的线性模型,认为技术转移机构要完成从技术创新到产业化中间阶段的接力,帮助企业跨越"死亡之谷"。这两种观念的不同决定了对技术转移的核心能力的理解,以及技术转移机构发展模式和方向的差异。

3. 技术交易观的能力内涵

技术交易观的核心内容是将技术转移过程看成技术交易过程,本质上是用市场手段配置技术资源。技术转移的问题就是供需对接的问题,所以技术转移机构只要构建一个"场",把供给方和需求方集中到一起,这样技术交易就会顺理成章发生。在这种观念下,技术转移机构所做的工作就是从技术供给方搜集技术成果信息,从技术需求方搜集技术需求信息,然后做好信息发布和推送。信息搜集与交易服务是技术交易观下技术转移机构的主要能力内涵。

中国刚开始促进技术转移的实践就是技术交易观下的产物。比如 20 世纪 80 年代各地举办的技术交易会和成立的技术（产权）交易市场，还有近几年采用"互联网＋"手段的网上技术交易市场等，都是将技术看成与土地、资本一样的生产要素，通过构建技术要素市场进行资源配置的做法。实践证明，这种观念有很大的局限性。技术具有不同于一般有形商品的属性。技术的不确定性、复杂性、缄默性、科研成果与产业应用技术的形式差异决定了技术在很大程度上并不是直接可交易的。技术转移机构仅仅提高信息发布和供需对接的能力，对服务技术转移的作用是很有限的。

4. 技术接力观下的能力内涵

大多数技术并不是直接可交易的，尤其是从高校和科研院所转移出来的科研成果，实现产业化应用要经历漫长的、充满风险的过程。技术的成熟度不同，涉及的主体不同。在转化链条的不同环节，主体的能力存在显著差异。技术接力观认识到技术供给方——高校和科研院所，与技术需求方——企业之间的能力差异，以及任何一方都不具备推动技术度过中间阶段的能力。所以，技术转移机构要发展的能力，就是填补这种"能力空白"。

在技术接力观下，技术转移机构需要具备一定的技术开发能力，这种能力介于高校和科研院所的基础研究能力与企业的应用开发能力之间。而在资产专用性方面，技术转移机构的资产处于从事科学研究的通用性实验室设备和企业的生产特定产品的生产设备之间。技术转移的接力观符合技术转移转化的实际。多数技术转移机构在实践中都发展了一定的技术开发能力，在资产上，配置了一系列针对小试、中试阶段的技术开发平台。

5. 技术转移机构的类型

基于能力视角，根据技术转移机构的能力层次、能力内涵可以将技术转移划分为技术交易服务型、技术孵化型、资源整合型三种类别，依次称为 1.0 版、2.0 版、3.0 版的技术转移服务机构。

（1）交易服务型（1.0 版）。技术交易型技术转移机构的服务能力包括信息搜集发布、技术咨询、技术合同登记、专利申报等。由于其功能较为简单,缺少增值服务,所以称为 1.0 版的技术转移机构。1.0 版的技术转移机构服务的能力层次为技术交易层面,因而对于技术交易的双方和整个产业缺少影响力。1.0 版的技术转移机构能力的发挥需要交易的技术成果具有很高的成熟度,能够像实物商品一样进行直接交易,如企业与企业之间的技术许可和技术授权。中国当前大多数从事技术转移的机构,如各地的技术交易市场,主要服务是进行技术信息发布和技术合同登记,是典型的交易服务型的技术转移机构。

(2) 技术孵化型(2.0 版)。技术孵化型技术转移机构的服务能力在技术交易型技术转移机构的能力之外,增加了孵化加速、技术开发和创业投资的能力,称为 2.0 版的技术转移机构。2.0 版的技术转移机构的服务层次是企业层面,即在技术元素之外,增加了组织元素。其一方面具有一定的技术开发能力,能够帮助企业熟化技术,另一方面具有孵化和投资能力,能够帮助科技创业企业解决场地、融资、管理等方面的问题。2.0 版技术转移机构已经超越了技术转移服务的范畴,不是被动地为技术供给方或是需求方发起的交易提供服务,而是通过技术孵化的方式,主动介入技术创新项目的成长过程。创新者要成功实现商业化,需要拥有相应的互补性资产,包括配套技术、生产、营销和售后支撑等能力。2.0 版的技术转移机构要具有帮助孵化项目建立或获取互补资产的能力。从被动服务到主动介入,并发展了新的技术和组织能力,是 2.0 版技术转移机构相对于1.0 版的技术转移机构的最大区别。中国当前一些院地合作的,以服务产业应用技术研发,又具有项目孵化能力的研究机构就是典型的 2.0 版的技术转移服务机构,如清华大学深圳研究院,其进一步发展了技术研发、企业孵化、资本投资等方面功能建设,在科技成果转移转化方面做出了突出的成绩。

(3) 资源整合型(3.0 版)。资源整合型技术转移机构在技术孵化型技术转移机构的能力之外,扩展了技术运营和创新资本运作能力,称为 3.0 版的技术转移机构。3.0 版的技术转移机构的能力层次是整个产业层次,是高技术产业的"战略投资者",拥有对某个高技术产业创新资源的整合能力,因而对整个产业的发展有较大的影响力。3.0 版的技术转移机构一般需要满足两个条件:①拥有强大的资本实力,3.0 版技术转移机构对创新资源的整合是通过资本手段实现的,无论是购买高价值专利形成专利池,还是投资、收购高潜力企业进行整合,都需要强大的资本实力做支撑。②拥有高超的技术预见和开发能力,3.0 版的技术转移机构对技术资源的整合是建立在整个产业的技术趋势预测和技术价值评估基础之上的,包括提前储备"未来技术",等技术升值后"待价而沽",以及通过不同技术的集成,创造新技术,获取一加一大于二的增值收益。3.0 版技术转移机构还对潜在技术进行进一步开发,这就要求自身具备强大的技术研发实力。为了提升对产业创新资源的整合力,3.0 版的技术转移机构还是产业创新网络的积极构建者,其通过联盟、协会等多种方式加强与科研院所、企业和相关政府部门的联系。

3.0 版技术转移机构的能力要求最高,往往由行业领军企业主导和国家支撑,如一些大型和超大型专利投资和经营公司,这类公司致力于将发明和专利本身作为产品进行投资和经营,已形成发明与专利的资本市场和产业链,美国高智发明公司是这类机构的代表,该公司目前拥有几万个专利,在美国排名第 5,世界排名第 15,投资业务遍布多个国家。2014 年,成立的中国国家集成电路产业投资基金,致力于集成电路产业的技术创新和产业链整合,也可以认为是 3.0 版的技术转移机构。

6. 技术转移机构能力升级的动因

从 1.0 版到 3.0 版,从交易层面的信息与合同服务到产业层面的资源整合,是技术转移机构能力升级的整个过程。技术转移机构的能力升级,是源自技术自身的特性和技术转移活动特性的必然要求。

(1)技术的特性

技术的特性决定了技术无法像有形产品一样在市场上直接进行交易。技术知识的特性有:不确定性、路径依赖性、累积性、不可逆转性、相互关联性、内隐性、公共性。技术知识还分为内隐知识与外显知识:内隐知识是高度专业化和个人化的、不易用文字描述的、标准化的独特性知识;而外显知识是能以系统的语言表达和传播的,便于沟通和分享。技术的不确定性增加了技术定价的难度,而大量内隐知识的存在(尤其在高新技术领域),使得技术交易双方的信息不对称,而过高的直接交易成本,导致交易服务型的技术机构的"用武之地"极为有限,必须进行能力升级。

（2）技术转移活动的特性

技术转移活动的风险性、综合性和长期性决定了技术转移机构必须扩展多种能力，才能有效促成技术转移活动的成功。投资新发明的收益不确定性是技术转移机构出现的基础。技术转移活动的风险来自于技术的开发风险，以及技术所处的经济社会系统变化导致的价值波动风险。技术转移活动的综合性是指技术转移活动往往涉及科研院所、企业、政府主管部门等多个主体，技术、经济、社会多个维度。技术转移的长期性，是指技术转移，尤其是科技成果转化，往往要经历漫长的周期。以生物医药产业为例，其中试具有投资大、周期长、风险高的性质，重大关键技术的中试一般需要 2～3 年时间，后续商品化和产业化还需要 6～8 年时间。

从事技术转移活动要克服风险性、综合性和长期性问题，技术转移机构必须具备多种资源和能力。比如强大的技术开发能力，可降低技术失败的风险；强大的组织运作能力，可有效整合相关方的优势和利益；强大的资本实力，可保障技术项目的资源供给等。技术转移活动的特性决定了对技术转移机构的能力要求。主动的、综合的、高级的、覆盖技术转移全过程的能力建设，是成功的技术转移机构共同特点。

5.3.2 其他服务机构

1. 知识产权服务机构

"大力培育知识产权服务业"是国家知识产权局、国家发展和改革委员会、科技部等十部委联合发布的《国家知识产权事业发展"十二五"规划》里的重点任务之一。此后，国家知识产权局、国家发展和改革委员会、科技部等九部门联合发布了《关于加快培育和发展知识产权服务业的指导意见》，明确指出，要促进知识产权服务与科技经济发展的深度融合，知识产权创造、运用、保护和管理能力大幅提升，为科技创新水平提升和经济发展效益显著改善提供支撑。

知识产权服务业是为知识产权的创造、运用、管理和保护提供服务的相关服务行业，是促进知识产权权利化、财产化、资本化、产业化的新兴业态，是高新技术服务业的重要组成部分。知识产权服务业提供知识产权"获权-用权-维权"的相关服务，贯穿知识产权创造、运用、保护和管理的各个环节，主要涉及以下方面的内容：①知识产权信息服务，如检索分析、数据库建设;②知识产权代理服务,如申请、注册、登记、复审、无效;③知识产权法律服务,如企业上市或并购中的相关法律事务、尽职调查、国内外维权诉讼;④知识产权商用化服务,如评估、交易、投融资、托管、经营;⑤知识产权咨询服务,如预警分析、管理咨询、战略咨询和实务咨询;⑥知识产权培训服务,如职业资格培训、高端实务培训。

我国知识产权服务业是由 20 世纪 80 年代的科技服务业细分而来的,其业界构成主体主要包括生产力促进中心、工程技术研究中心、科技评估中心、情报信息中心、技术市场以及其他科技咨询机构等。近年来,随着我国知识产权产业化的发展,高新技术成果转化服务中心、高新技术创业投资公司、技术产权交易所等一批新型的科技服务机构也相继出现。知识产权服务机构以科技创新、研发、制造与营销等运营过程作为开展服务的客体,为知识产权的创造、运用和交易,特别是加快知识产权成果产业化提供了必要平台,对推动科技成果转化和加快经济发展具有重要的促进作用。

2. 专利代理机构

专利是知识产权的核心部分,近年来,我国专利申请量的增加,促进了以专利申请代理服务为主要业务的专利代理机构的蓬勃发展。专利代理机构是知识产权服务业的重要组成机构,是专利事业发展的重要支撑,是连接知识产权与专利之间的关键纽带。

随着国家对知识产权保护的一系列政策出台,尤其近年来对技术创新成果的专利保护和重视,逐步加强了对专利代理行业发展的重视程度。专利代理机构是专利事业良好发展的支撑,是专利制度有效运行的保障,也是专利中介服务的中坚力量,更是知识产权服务业的核心组成部分。专利代理在专利强国上发挥巨大作用,对知识产权强国,创新型国家建设有关键作用。专利代理机构服务质量和水平关系国家的创新能力和水平。

不同规模的专利代理机构组织架构不同,但由于专利代理服务是专利代理机构帮助创新主体从国家知识产权局获得专利权证书的过程,因此,专利代理机构服务流程大致与专利申请过程相同。发明专利申请流程包括提交申请→受理→初步审查→公布→实质审查→授权等阶段。可见专利申请流程具有严格法律程序和时间限制,因此专利代理服务流程也具有明显的法律程序和时间限制。

专利代理服务流程包括前期咨询服务→签订协议,并收取费用→确定代理人→双方技术沟通交流→专利查询检索→确定专利类型→技术交底书递交→撰写专利申请文件→管理人员质量审核→专利申请文件定稿→双方确认提交专利申请→知识产权局受理→初步审查→提出实质审查请求→实质审查→答复审查意见→专利授权→获取专利证书。可见,专利代理服务流程极为复杂,涉及专利代理机构、客户、国家知识产权局三个主体,三者需要在前期、中期、后期不断进行沟通交流和信息反馈,每个环节都要严格遵照法律程序,并在有效期限内完成相关专利代理工作。

3. 资产评估机构

资产评估是指评估机构及其评估专业人员根据委托对不动产、动产、无形资产、企业价值、资产损失或者其他经济权益进行评定、估算,并出具评估报告的专业服务行为。资产评估的基本要素包括评估主体、评估客体、评估假设、评估目的、评估准则、评估程序、评估价值类型、评估方法、评估基准日以及评估结论。

资产评估机构是指依法设立,取得资产评估资格,从事资产评估业务活动的社会中介机构。资产评估机构开展评估服务要依赖于评估专业人员,评估专业人员由评估师和其他具有评估专业知识及实践经验的评估从业人员构成,其中评估师是指通过评估师资格考试的评估专业人员。

资产评估作为一种有理论指导的专业服务活动,始于19世纪中后期的英国,而我国在20世纪80年代末期,为了合理确定国有企业改制、重组过程中的产权转让价格,维护国有资产,加强国有资产管理才有了国有资产评估活动。

现今,资产评估的主要作用有两个:第一个作用是鉴证,起鉴定与证实作用。作为同属经济鉴证类的中介服务行业,同审计一样,评估活动过程会受相应政府的严格监管,在出具相应的评估报告的同时,承担相应的法律责任;第二作用是咨询,是指在维护国家和社会公众等其他相关者利益的前提下,资产评估机构内部专业人员运用自身丰富的专业知识、经验和技术手段,根据委托者的要求提供咨询项目的数据资料与建议方案等,该估价意见本身并无强制执行的效力,仅仅是为交易双方的标的物的价格提供参考意见,标的物成交价格取决于交易双方的谈判能力,故而交易值与评估报告中评估值会呈现不相一致的情况。可以看出,两种作用的共同点在于通过评估机构专业人员自身专业才能和职业判断完成项目的评价或评值;不同之处在于,咨询作用要求评估机构和评估人员对单一的委托方承担责任,由机构和评估师的信誉负责,而鉴证作用要求机构和评估人员同时对被评估方和外部信息使用者两方承担责任,要求评估机构和评估人员不仅做到估值的准确性,而且要在估值过程中尽量使信息不对称性降到最低,降低交易双方的交易成本,能够促进股东对公司管理层的监管。

第6章 创新创业践行科技成果转化

2015年、2016年、2017年国家通过修订《中华人民共和国促进科技成果转化法》和印发《关于深化体制机制改革加快实施创新驱动发展战略的若干意见》《深化科技体制改革实施方案》《关于深化人才发展体制机制改革的意见》《实施〈中华人民共和国促进科技成果转化法〉若干规定》《促进科技成果转移转化行动方案》和《国家技术转移体系建设方案》等系列政策文件,对通过创新创业践行科技成果转化进行了布局:要激发全社会创新活力和创造潜能,提升劳动、信息、知识、技术、管理、资本的效率和效益,强化科技同经济对接、创新成果同产业对接、创新项目同现实生产力对接,营造大众创业、万众创新的政策环境和制度环境。要最大限度激发和释放人才创新创造创业活力,激励科技人员创新创业,引导科研人员通过到企业挂职、兼职或在职创办企业以及离岗创业等多种形式,推动科技成果向中小微企业转移。支持科技企业孵化器、大学科技园等科技企业孵化机构发展,优化孵化器、加速器、大学科技园等各类孵化载体功能,打造一批低成本、便利化、开放式的众创空间,为初创期科技型中小企业提供孵化场地、创业辅导、研究开发与管理咨询等服务,构建涵盖技术研发、企业孵化、产业化开发的全链条孵化体系。

6.1 创新创业

中国多年来不断创造伟大奇迹的发展史就是一部波澜壮阔的创新创业史。在中国从计划经济走向社会主义市场经济的过程中,随着社会、经济、科技和政策环境的不断变化,中国经历了四波创业浪潮,目前正在处于第五波创业浪潮之中。

中华人民共和国初期到改革开放之前,中国处于计划经济时代,当时强调发展社会主义公有制经济,对非公有制经济采取逐步取消的态度。中华人民共和国成立之初百业待兴,适应于当时的情况,计划经济和公有制为集中特征的创业活动丰富多彩。改革开放后,随着个体经济和私营经济在政治上尤其是在法律上合法地位的先后确立,以及鼓励个体经济和私营经济发展政策的相继出台,中国缓慢进入了逐渐认可"个体经济"和"私营经济"的创业时代。这一阶段,成千上万的农民离开土地,踊跃务工、经商,经营运输、建筑、服务等行业,逐渐形成以能人经商、城市边缘人群和农民创办乡镇企业、城镇个体户和私营企业得以发展为特征的"草根为主创业"浪潮。

1992 年之后,中国开始建设特色社会主义市场经济。此后,非公有制经济从"必要补充"变成了"重要组成部分",其地位得到了进一步确立和巩固。这从根本上打破了人们的思想禁锢,激发了人们跳出体制投身社会主义市场经济建设的热情。在此背景下,不少体制内的精英人群(科技人员和机关干部)下海经商,开创了中国以精英创业为主要特征的创业浪潮。如果说经济体制改革让中国人民解决了生存发展问题,那么科学技术发展深刻改变着中国人民的生产及生活方式。2001 年,中国加入WTO 后,伴随着互联网技术、风险投资的发展,以互联网技术发展和应用为特征的创业掀起了中国又一波创业浪潮。这期间,百度、阿里巴巴、新浪、搜狐、腾讯、网易、京东等企业出现,深刻地影响着中国的经济结构和人们的生活方式。

2014 年,"大众创业,万众创新"的提出,宣告了众创时代的到来。此后中央和地方为草根创业、全民创业作出了一系列助创部署,不断释放创业政策红利。2015 年以来,国务院办公厅相继印发了《关于发展众创空间推动大众创新创业的指导意见》《关于做好新形势下就业创业工作的意见》《关于大力推进大众创业、万众创新若干政策实施的意见》,形成了助创政策的顶层设计。与此同时,各部委和地方政府也密集出台相关助创政策,这些政策涵盖创业教育、创业培训、创业信贷、创业用地等具体方面。例如,数据显示,中央助创政策从 2013 年 5 月到 2016 年 3 月共出台24 项,而地方出台相关助创政策有 2 000 多项,使得纵向助创政策体系初步形成。

为了推动人人创业的新态势,政府和相关部门在坚持普惠创业政策的同时,也重点鼓励大学生、返乡农民工、退役军人、归国留学人员等群体创业。2015 年,国务院颁布的《关于深化高等学校创业创新教育改革的实施意见》标志着我国针对大学生创业政策已从过去单纯提供政策优惠向提供系统教育转变。同年颁布的《关于支持农民工等人员返乡创业的意见》,对返乡创业农民工在政策上作出了清晰的支持规划。此外,针对归国留学人员、高科技人员群体,政府不仅在创业服务、创业资金、创业审批等方面予以支持,同时也在政治身份上给予鼓励。特别是在"互联网＋"背景下,全社会对大众创业、万众创业表现了极大的热情,创业已从"少数精英"转向"普通大众",创业创新正成为时代新标签。

6.1.1 技术创业

技术创业的概念首次在 1971 年美国普渡大学的技术创业论坛上提出的。在此之后的数十年,学者们对技术创业的内涵进行了定义。学者们普遍认为技术创业是技术、创业和创新三者的交集部分,主要涉及创业和技术创新两大领域。技术创业不同于技术创新,因为技术创业的情境是企业组织形成的过程,而在技术创新的情境中,企业组织已经存在;技术创业不同于一般创业,技术创业侧重于技术机会的开发,需要比一般创业更深厚的技术能力和管理能力。技术创业一般由具有科学、技术、工程和数学教育(STEM)背景的工程师或科学家(团队)发起,面临着高度的技术和应用不确定性,有着更大的资本需求,但也具有更大的机会空间。

1. 技术创业商业化规程

"技术创业商业化规程"的提出主要源于基础研究与产品开发过程中"死亡之谷"的存在。"死亡之谷"的概念最早是由时任美国众议院科学委员会副委员长的弗农·艾勒斯(Vernon Ehlers)在 1998 年,举行的一场题为"开启我们的未来——走向新的国家科学政策"的会议上提出。他指出,现有的技术资源与现有的商业资源之间存在着一条不易跨越的鸿沟,即研究发现与产品实现之间的差距,并将这条沟壑形象地比喻为"死亡之谷"。正是"死亡之谷"的存在使得大量科学研究夭折在实验室而无法成功推向市场。

美国高校力图通过大力发展创业教育全面提升学生的创业素质,从而为跨越"死亡之谷"做准备。为了使培养出的学生能够在未来的创业过程中顺利跨越"死亡之谷",20 世纪 90 年代中期,美国国家科学基金会(NSF)和凯南工程、技术和科学研究所共同出资在北卡罗来纳州立大学推出了一种创业人才培养的新模式——"技术创业商业化规程"。经过 20 年的实验和发展,"技术创业商业化规程"已发展成为一套成熟的体系,对我国创业者的创业学习和创业培养具有重要的借鉴和参考价值。

2. 创业发展流程

基于技术创业商业化规程,创业发展流程主要包括构思、评估、分析、商业化策略和实施等阶段。

(1) 在构思阶段,"技术创业商业化规程"最重要的目的在于生成并提出较优的产品创意。这一阶段主要完成以下内容:①明确技术领域,创业团队首先需要对已有的技术有一个清晰的认识,包括技术的来源、技术的核心要素以及技术的适用性等,从而为产品创意的生成奠定基础。②生成产品创意,创业团队各成员根据已确定的技术领域和自身经验充分发挥想象力,通过"技术—产品—市场"的关联性为每项技术提出尽可能多的创意,生成产品创意的方法主要有头脑风暴法、名义群体法等。③筛选产品创意,对于创业团队提出的所有产品创意,需要创业团队与技术专家以面谈的方式进行筛选;在面谈过程中,技术专家通常会采用结构化面试的方式与创业团队交流,主要问题集中在所使用技术的价值和合法性两个方面;一般来讲,每次面谈结束后约有 10%~20% 的产品创意通过,并进入下一阶段。

(2) 评估阶段的主要任务是对前一阶段生成的产品创意进行全面评估。评估过程主要包含的环节有:①产品创意评估,产品创意包括对产品的一般性描述、产品的内在技术、产品的预期市场、产品的商业化策略和产品在价值链中的位置方面内容。在评估过程中,产品创意需要随着外界信息的增多而不断改善。②功能评估,针对创业团队提出的产品创意,通常会对其在技术水平、法律条件、市场环境、资金支持、组织结构和管理能力等方面予以评估。评估的依据包括两方面:一方面是发展水平,即想法是如何得以实施的;另一方面是发展潜力,即想法在未来发展中机会的大小。开展功能性评估的目的是找出产品创意中存在的不足和缺陷,进一步验证原有的假设。③战略评估,战略评估建立了产品创意与商业环境之间的联系。在评估过程中,通常采用 SWOT 分析模型、五力模型、价值链分析等战略分析工具对产品创意和功能评估中搜集到的信息进行评估。④做出决策,创业团队通过成立包括行业专家、企业家、潜在客户和投资者在内的外部专家组呈现功能和战略分析结果,作为第三方评价机构的外部专家组可以帮助团队搜集信息,并做出最终决策。⑤产品再定义,产品再定义是一个内循环过程,其目的是提高产品创意市场化的成功率。完成产品再定义以后需要对产品创意再次进行评估与决策。

(3)分析阶段与评估阶段在操作流程上类似,涵盖产品概念确定、功能分析、战略分析、决策、产品再定义等环节。但评估阶段和分析阶段仍存在以下三方面差别:①实施目的不同。评估阶段的目的是对产品创意分析,将部分质量有问题的产品创意排除在外,而分析阶段侧重于为产品创意选择最佳机会,并为技术提供充足的支持。②组织形式不同。在评估阶段中所涉及的问题比较笼统且相互独立,而分析阶段所涉及的问题十分具体,且需要标准化的分析工具,这样做的目的在于向那些缺乏经验的学生提供更多的信息,以便他们做出决策。③交流程度不同。在评估阶段创业团队通常与外部专家组开展有限度的交流,而在分析阶段创业团队需要与外部专家组开展多方面的交流。在分析阶段,前一阶段的产品创意根据市场的需求修改后即形成产品概念,它是产品创意的具体表现形式。通常,好的产品概念的提出不是通过技术优势或成本优势与现有产品竞争,就是生产出一种全新类型的产品开创性地推动一个新领域的发展。事实上,一项成功的商业规划在很大程度上取决于产品概念及其分析过程中所产生信息的质量,而分析阶段的最终结果就是要形成可以开展商业化战略的产品概念。

(4)在商业化策略阶段,需要明确商业化活动的技术策略,包括商业化路径的确定、市场进入策略的选择和商业计划书的撰写环节:①确定商业化路径:创业团队可以从作为第三方评价机构的外部专家给出的建议中做出商业化路径选择,这些路径一般包括创办企业、许可经营、合作经营、咨询服务、技术外包等。此外,创业团队还需要明确包括上市时间、商业化成本、商业化渠道、资本来源方式、商业化的最终收益、创业团队收益等在内的一系列问题等。②选择市场进入策略:市场进入策略的选择是一项具有挑战性的工作,一方面由于缺乏统一的标准,每一项产品的市场进入时的环境和条件都不相同,另一方面由于市场策略自身存在的高风险性和不确定性,风险评估难以量化。产品与服务相结合策略、联合经营策略、许可经营策略、减低成本策略、提高质量策略、提升服务策略等都是可供选择的市场进入策略。③形成商业计划书:在商业化路径选择和市场进入策略完成以后,需要撰写一份涵盖整个商业化流程的商业计划书,目的在于寻找战略合作伙伴或者风险投资资金。

一般来讲,商业计划书的形成即标志着产品概念的完成。如果当前市场状况能够为商业计划书的实施提供足够的资金和环境等必要条件,那么就可以付诸实施。在此阶段,创业团队的活动会依照商业计划书进行,专家顾问也会提供必要的指导和资金帮助。总体而言,一个成功的创业企业应具备前沿的技术、高效的管理和充足的市场,这也是保障创业计划得以顺利实施的前提条件。

6.1.2　学术创业

学术创业是在创业型环境制度背景下,学者和学术组织突破资源束缚、识别并利用机会,以实现个体和组织成长的过程。其狭义上是指学者将自身的研究成果通过创业企业的形式进行商业化的过程;广义上则是指学者更为宏观的学术生涯战略管理过程,即将个人的学术成果创建出新的领域或机构,同时可能伴随商业化行为的过程。学术研究被认为是国家竞争力中未被充分利用的资源,主要原因在于学术研究成果很难转化和应用到实践中。

1. 学术创业基础

学术创业的开展需要三方面的基础,一是作为创业者所具备的技术条件;二是引发创业意愿及创业机会的激发事件;三是创业者自身的创业意愿。

技术持有是指创业者是否持有自有技术发明专利,以及这项技术所达到的水平、是否具备技术转化的客观条件。创业火线是指一个或一组为创业者打开创业思路或提供创业机会的激发事件,它并非直接能够实现盈利的机会,而是创业行为的前置条件,与创业机会的概念有本质的区别。创业意愿是指学者是否有创办企业的意向以及创业的动机。首先,只有具有相当创业意愿的潜在创业者才真正有可能从事创业活动,否则即使基础条件再好也不会有后续的创业过程。其次,创业动机直接影响了学者的创业意愿。社会动机是学者创业的重要动力,是指将科研成果服务于社会的意愿。

2. 学术创业过程

广义的创业过程通常包括有市场价值的商业机会从最初的构思到形成新创企业的过程,以及新创企业的成长管理过程;狭义的创业过程是指新企业的创建。对于技术创业企业而言,必须经历基础研究、应用研究、产品研究、商品研究阶段,只有使基础技术变成商品才能真正走入市场,获得市场回报。这些阶段应当循序渐进,尤其是产品研究阶段不可忽视。一旦跳跃,如果无法适应市场,却须投入大量资金进行产品研发,而此时企业状况很难获得金融机构青睐,会导致企业周转困难,陷入严重资金瓶颈,甚至破产。

学术创业过程可以描述为:①作为因果条件的技术持有与创业火线这两个核心范畴是引发创业意愿,从而产生学术创业行为的重要因素;②创业规律是学术创业过程的关键脉络,所有的创业认知与行动都是自然地遵循这一规律,即从基础研究到商品研究的过渡;③机会识别与获取、创业素质都是创业过程中最重要的中介条件,能够快速、准确识别获取商业机会是企业立足的关键;在这个过程中,需要学术创业者建立起健全的创业认知体系、提高创业意志力、采取恰当的创业策略,才能保障创业活动的持续性;④学者的资源禀赋对于创业有天然优势,在创业过程中发挥、应用好这些优势是创业成功的有利条件;⑤创业过程是不断实现资金、人才、技术、治理机制等多要素整合的过程;⑥是否能够融资成功、商品能够在市场上获得多大的市场空间等都是衡量是否创业成功的重要指标。

3. 学者资源禀赋

创业是基于企业家资源禀赋演变的机会驱动行为过程,创业者的资源禀赋差异是导致微观层次创业行为异质性的根本原因。在学术创业过程中,学者创业者最重要的资源禀赋包括技术背景、专业影响力、人员优势、经验条件以及其他社会资源等方面。

技术背景是指创业者所持有的技术是否先进以及市场前景如何等。显然,如果创业者确实持有高新技术,则意味其拥有更多的潜在创业机会,但是创业机会能否识别还取决于创业者自身素质等因素。不同的技术背景会带来不同类别的创业机会。

影响力是指创业者自身在行业内、领域内的地位。首先,创业者有强的影响力,有助于创业者吸引优秀的人才和优质的合作伙伴;其次借助创业者在行业中的地位,在一定程度有助于提高企业的影响力。但是,影响力的作用是比较有限的,在开拓市场的过程中,客户更加关注产品是否符合自身需求、性价比等方面。

经验条件是指创业者的经验结构,包括是否有创业经历、企业任职经历以及学术经验等。社会交往面广、交往对象多样化、与高层次社会地位个体之间的关系密切的创业者更容易发现创新性更强的机会。经验条件虽非学术创业的必要条件,但其经验特征会影响创业的成功率和创业企业的风格。学术创业者脱胎于高校或科研院所,有极佳的科研条件和科研团队支撑,因此在创业过程中容易找到适合的技术合作伙伴或技术人员。另外,学术创业者凭借自身的影响力,在招募其他人员时也具有一定的优势。

其他社会资源是指对创业者和创业项目有帮助的一切资源。例如,有的创业者可能与政府部门建立了良好的关系、有一定的金融资源和上下游客户资源等,这些资源对于创业者在开拓市场、发展企业的过程中都有良好价值。

6.2　创业孵化

6.2.1　孵化器

孵化器,原指一种人工温控环境,这种环境能提高雏禽出生率和成活率,后被引申到经济领域。美国首先提出企业孵化器的概念,将科技企业孵化器称为企业创新中心或技术孵化器等,之后孵化器的概念传入中国,并得以发展。中国科学技术部指出,科技企业孵化器是为新创办的科技型中小企业提供物理空间和基础设施,提供服务支持,降低创业者的创业风险和创业成本,提高创业成功率,促进科技成果转化,帮助和支持科技型中小企业成长与发展,培养成功的企业、企业家和扶植高新技术中小企业的服务机构。1987 年,我国第一个孵化器——武汉东湖新技术创业服务中心诞生。此后经过 30 多年发展,中国科技企业孵化器事业逐步发展到北京、上海、天津及全国各地,规模跃居世界前列,孵化服务能力不断增强,运营绩效大幅提升,培养了一大批创业者和创业企业,为中国经济发展做出了卓越的贡献,在落实国家创新政策、连接创新资源、扶持创新主体等方面发挥重要作用,促进了高水平的就业,培养了大量优秀的企业和企业家,是科技成果转化的重要途径,现已成为国家发展战略重要组成部分。

2014 年 9 月,"大众创业、万众创新"的号召提出后,企业高管、科技人员、大学生和留学归国人员等纷纷加入创业大军,鼓励创新、创业成为拉动经济的重要引擎。2015 年 11 月,中央财经委员会第十一次会议首次提出着力加强供给侧结构性改革,调整经济结构,使要素实现最优配置,提升经济增长的质量和数量。之后党中央进一步提出要深化供给侧结构性改革,促进我国产业迈向全球价值链中高端,加快建设创新型国家,加强对中小企业创新的支持,促进科技成果转化。然而,我国中小企业数量众多,且多集中于劳动密集型产业,面对全球经济低迷和国内经济转型发展的形势,大多具有高能耗、高排放、高污染、低产出的中小企业面临被淘汰的困境,具备高新技术产品的科学研究、研制、生产、销售的科技型中小企业则具有较强的竞争优势和发展前景,成为培育和发展新兴产业的重要支撑,而科技企业孵化器恰恰是培育孵化科技型中小企业的重要机构。

1. 科技企业孵化器发展现状

目前,我国已拥有面向不同创业阶段、不同技术领域、不同创业阶段的科技企业孵化器,总体规模位居世界前列,孵化服务体系较为健全,运营绩效明显提升,经济效益和社会效益显著。科技企业孵化器已成为促进科技成果转化、培育科技型中小企业和发展经济新动能的重要载体,有力支撑了大众创新创业发展,推动了经济转型跨越发展。

(1)政策支持。目前,我国科技企业孵化器事业已进入迅猛发展阶段,成为国家发展战略的重要组成部分。国家高度重视孵化器的建设发展,出台了一系列相关政策性文件,包括财政咨询、税收政策、基础设施和科技金融政策等,为孵化器的快速发展提供了政策保障。

(2)发展规模。我国科技企业孵化器数量规模位居世界第一。从 1987 年全国只有两家科技企业孵化器,到 2016 年底数量已达到 3 225

家,呈现高速增长态势,其中国家级科技企业孵化器已达到 863 家。第 1个十年,全国孵化器总量不足百家;到了第二个十年,数量已达到 600 家;而到了第 3 个十年,受国家经济发展和"双创"政策的推动,全国孵化器总量高达 3 255 家,尤其是近 3 年,孵化器数量增长迅猛,新建的科技企业孵化器数量超过了 30 年科技企业孵化器总量的一半。

(3)运营模式。孵化器投资主体多元化,公益型与营利型模式并存。科技企业孵化器是政府管理体制改革的缩影,发展初期的投资主体单一,绝大多数是事业单位,突出的特点是公益性。之后,孵化器建设经历了政府主导转变为政府引导,到市场与政府共同运营,再到市场主导 3 个阶段的过程。孵化器初期依靠政府推动建设,在政府的帮助下,更多的社会资本进入孵化器领域,投资主体范围扩大到企业界和事业部门,包括各类企业、地方科委、高等院校、科研院所等机构,并出现了营利性孵化器,形成了孵化器投资主体多元化、公益型与营利型孵化器并存的发展格局。

(4)服务体系。①服务理念趋于生态化,重视专业化服务。一是孵化器服务理念趋向生态化。中国孵化器将孵化场地和共享基础设施作为孵化器孵化服务的必备条件,随着孵化实践活动不断发展壮大,以在孵企业为服务中心,努力为其提供高质量的孵化服务,打造孵化服务生态化,成为孵化器的工作重点。孵化服务生态化更加突出了创业资本、创新人才与技术资源等孵化要素的作用,"轻资产,重服务"的孵化理念成为孵化器从业者的基本共识。二是孵化器更加注重提供专业化服务。"大众创业、万众创新"推动了大批创业者和大量创业活动的涌现,与此同时,也出现了专业技术孵化器、国际企业孵化器和大学创业园等面向特定技术创业群体的专业孵化机构。通过提供专业孵化服务满足创业企业的孵化需求,提高孵化器孵化服务质量和水平。

②服务层次不断深化,服务逐步规范化。一是孵化器的孵化服务层次更加深入。孵化器发展初期受经济发展环境影响,只能提供场地、资金咨询渠道、办公和咨询等基础服务,服务能力有限。经过 30 多年的发展,如今的孵化器能够提供技术、人才、资本和创新等要素服务,并且能更好地利用市场化手段和资本化途径为入孵企业提供深度孵化服务,加速其成长发展。二是孵化器孵化服务趋于规范化。2007 年,科技部火炬中心出台了《科技企业孵化器工作指引》,总结了孵化器服务的实践经验,从科技

企业孵化器的概念、设立、自身管理、运营质量提升以及孵化企业的入驻管理和在孵企业的成长服务等方面提出了具体操作准则。

2. 科技企业孵化器政策变迁

科技企业孵化器能够为科技型中小企业在初创阶段提供各类服务,其功能包括但不局限于提供基础设施、提供咨询与培训服务、给予资金支持、构建人才队伍、规避风险等。科技企业孵化器一方面满足科技型中小企业在创业初期对各类要素的基本需求,为其开展科技活动奠定坚实的物质基础,转移、降低乃至消除资金、管理等方面的风险,提高初期成活率;另一方面协助其构建和完善内部管理体系,打造并发展主营业务,提高科技型中小企业从孵化器转出后的生存能力、适应能力以及可持续发展能力。科技企业孵化器的发展不仅需要发展模式、运营机制、运作效率等内部因素,同样需要通过外部因素促进其发展,政策支持更是重要的方面。

自1987年武汉东湖新技术创业中心成立至1999年,中国科技企业孵化器的各项主要经济指标基数低、发展速度缓慢、发展稳定性较差。2000—2005年,各项工作逐渐步入正轨,进入到平稳起步阶段,这离不开同期相关政策支持。然而,该阶段政策数量较少,仍处于起步阶段。该阶段的科技企业孵化器政策呈现出以下特征:①强调科技企业孵化器在科技成果转化和产业化的重要功能。②科技企业孵化器主要依靠财政补贴、税收优惠等政府层面的大力支持,并明确了科学技术部门在其建设和发展中的责任。③明确资质认定标准,重视动态管理。④促进要素集成,加强资源整合,优化资源配置。⑤科学布局,合理分类,构建科技创新孵化体系,完善区域和国家创新体系。

2006年以后,我国孵化器发展进入了深入探索阶段。2006年,我国确立并实施了自主创新、建设创新型国家的战略,制定并颁布了《国家中长期科学和技术发展规划纲要(2006—2020)》。规划中明确指出:"加快科技中介服务机构建设,为中小企业技术创新提供服务。"科技企业孵化器作为科技中介服务机构的重要组成部分,在国家战略层面被高度重视。在该阶段,中央和地方陆续颁布了更多的相关政策,该阶段科技企业孵化器政策具备以下新特征:①纵向布局,形成国家级、省级、市级等不同级别科技企业孵化器协同发展的新局面。②民办官助,支持和鼓励企业和其他机构等多元创新主体创建形式多样的科技企业孵化器。③专业性与综合性并重,打造一批具备专业技术能力和综合能力的孵化器。④注重培养自主创新能力,设立在孵企业完成标准,注重孵化过程控制和效果跟踪。⑤管理与发展一体化,政策措施更加具体。⑥部门协同,多管齐下共同促进科技企业孵化器良性发展。

2012—2014年,中央和地方共颁布了45项以科技企业孵化器为主题的政策,该阶段科技企业孵化器政策有以下特征:①进一步推进国家、省、市级别科技企业孵化器建设,完善孵化服务体系。②搭建共享平台,强化公共科技服务,实现资源共享。③重视高新技术人才管理,将人才作为重要的战略资源。④探索孵化后企业反哺机制,多举措吸引孵化后企业在孵化当地落户发展,提升所在地技术创新能力,并促进经济发展。⑤转变观念,优化服务,并树立服务意识。在前几个阶段中,相关政策只是公布了资质认定的标准、管理办法、扶持和促进措施,管理色彩浓重。而2012—2014年的政策明确提出诸如"加强服务"的举措,提到"对科技企业孵化器建设所需的土地、场所、人员、资金,以及相关规划、建设等工作要特事特办、协调支持,予以解决"。另外,部分省市政府还要求下级政府及相关部门加大工作力度、主动服务,并将孵化器发展工作的完成情况纳入对其工作考核内容。这些措施均为服务意识的体现,有利于提高行政效率。

2015年以来,我国孵化器进入了高质量发展阶段。2015年,国务院印发了《关于大力推进大众创业、万众创新若干政策措施的意见》,从体制机制、财税政策、金融市场、创业投资、创业服务、创新平台等多方面做出了关于"双创"工作的政策安排,并提出应将科技企业孵化器的优惠政策适用于符合条件的众创空间等新型孵化机构。该阶段相关政策的特征如下:①纵横交错,形成网络化、全覆盖的孵化体系。纵向上,明确省、市两级在孵化器建设方面的工作任务;横向上,鼓励市级政府的相关部门,在职责范围内建设孵化器和众创空间。②创新、创业双轮驱动,众创空间等新兴孵化器登上历史舞台且多次出现在政策的标题中。③大力培育和发展专业孵化器。推进国家自主创新示范区、国家高新区和特色产业基地合理布局专业孵化器,壮大当地特色产业、发展战略性新兴产业;引导高校、科研院所等围绕优势专业领域建设专业孵化器,促进产学研结合,加快科技成果转化;加快新型研发机构和行业龙头企业围绕产业共性需求和技术难点,建设特色产业孵化器;促进一批综合技术孵化器转型为专业孵化器,面向细分市场实施精准孵化;新建孵化器结合区域产业发展方向与当地技术、市场、产业等优势资源,建设专业孵化器。④风险共担,建立风险补偿机制。

6.2.2　众创空间

众创空间是顺应网络时代创新创业特点和需求,通过市场化机制、专业化服务和资本化途径构建的低成本、便利化、全要素、开放式的新型创业服务平台的统称,目的是营造良好的创新创业环境,激发全社会的创新创业活力。众创空间的出现伴随工业 4.0 时代的科技革命与工业革命,具有强烈的时代特征和政策导向,是适应政策经济需要,其名称源头是国外的创客空间。

1. 众创空间的内涵

(1) 基本含义。众创空间的含义主要来源于政策文件。最早对众创空间进行定义的文件是 2016 年国家发布的《国务院办公厅关于发展众创空间推进大众创新创业的指导意见》,具体内容是:总结推广创客空间、创业咖啡、创新工场等新型孵化模式,充分利用国家自主创新示范区、国家高新技术产业开发区、科技企业孵化器、小企业创业基地、大学科技园和高校、科研院所的有利条件,发挥行业领军企业、创业投资机构、社会组织等社会力量的主力军作用,构建一批低成本、便利化、全要素、开放式的众创空间。发挥政策集成和协同效应,实现创新与创业相结合、线上与线下相结合、孵化与投资相结合,为广大创新创业者提供良好的工作空间、网络空间、社交空间和资源共享空间。同年,《国务院办公厅关于加快众创空间发展服务实体经济转型升级的指导意见》进一步指出众创空间是一个通过龙头企业、中小微企业、科研院所、高校、创客等多方协同,打造的产学研用紧密结合的众创空间,其中明确规定鼓励在重点产业领域发展众创空间、鼓励龙头骨干企业围绕主营业务方向建设众创空间、鼓励科研院所、高校围绕优势专业领域建设众创空间、鼓励地方在依托国家级创新平台和双创基地的基础上打造一批具有当地特色的众创空间。而在 2015 年,科技部关于印发《发展众创空间工作指引》的通知中也指出,众创空间是顺应新一轮科技革命和产业变革新趋势、有效满足网络时代大众创新创业需求的新型创业服务平台,是针对早期创业的重要服务载体,与科技企业孵化器、加速器、产业园区等共同组成创业孵化链条。另外,2015 年,《国务院关于加快构建大众创业、万众创新支撑平台的指导意见》指出鼓励各类线上虚拟众创空间发展,为创业创新者提供跨行业、跨学科、跨地域的线上交流和资源链接服务,鼓励创客空间、创业咖啡、创新工场等新型众创空间发展。可见,众创空间不仅是一个特定地理空间内的实体空间,还可以是一个扶持创新创业发展的虚拟化线上空间。

通过上述介绍发现,众创空间是在新的创新范式下发展起来的针对早期创新创业的线下实体或线上虚拟或线下实体与线上虚拟相结合的创新创业服务平台(载体),服务范围包括集聚创新创业者、提供技术创新服务、创业融资服务、创业教育培训、建立创业导师队伍、举办创新创业活动、链接国际创新资源、集成落实创业政策等,它与科技企业孵化器、加速器、产业园区等共同组成创业孵化链条。众创空间建设的参与主体可以是龙头企业、中小微企业、科研院所、高校以及创客,不同参与主体下的众创空间的经营模式可能会具有差异性。

(2) 广义定义。广义的众创空间泛指能够为创新创业提供服务的实践平台,包括传统意义的科技孵化器和科技园。狭义的众创空间特指为创新创业服务的新型孵化器,必须满足如下标准:①众创空间是在"众创"背景下产生的又服务于众创的新型创新创业实践平台(新型孵化器),平台的表现形式可以是线下实体空间或线上虚拟空间或线下实体空间＋线上虚拟空间;②区别于传统的孵化器,众创空间的服务范围和受众群体更加广泛,进入门槛更低,可为大众群体提供早期创新创业服务,如举办创新创业活动(沙龙、讲座、培训辅导等)、集聚创新创业者、提供创意实现的软硬件资源(场地、网络、基础设施等);③区别于创客空间,众创空间是一种以服务创新创业的方式获得经济性收益的营利性组织;④众创空间具有资源集聚性、开放性、无边界性和自组织性的特点。资源集聚性指通过集聚多样化的创业者、创业项目及活动的方式凝聚围绕创新创业过程所需要的一切资源;开放性指可入住空间的创新群体的广泛性和创新资源的整合与共享性;无边界性指众创空间既可以在"实"的地理区域上实现集中式发展,也可以在具体商业版图中实现分布式发展;既可以是城市中标志性地带具有一定规模的集中创业区,也可以分散在商业写字楼、车库、工作坊、咖啡吧等。自组织性指众创空间具有生态系统的属性,即进入空间内的创业者、创业项目和创业资源在空间内自发缔结成了一种自由选择、优胜劣汰、动态演化的生态网络系统。

(3)狭义定义。狭义的众创空间是在"双创"背景下产生的一种旨在为大众创业者提供早期创业服务的新型孵化器,通过集聚多样化的创业项目及活动的方式,实现多种创业资源的融合,以此推动创新创业成果转化,实现经济价值,其本质属市场化的营利性组织。另外,众创空间具有资源集聚性、开放性、无边界性及自组织性等特征,其创建形式自由,主要有虚拟和实体空间两类。众创空间属狭义的众创空间,是严格区别于传统孵化器的新型孵化器。

2. 众创空间的类型

在促进大众创新、万众创业这个大前提下,由于参与主体、组织形式、服务领域、空间性质等的不同,呈现出多样化的特征和趋势,也产生了市场化创客空间、图书馆创客空间、新型双创孵化器、联合办公空间等多种类型的众创空间,依据不同的分类方式能够对其进行区分。

(1)依据主导者不同的分类。根据众创空间主导者的不同,众创空间可以分为企业主导式众创空间和大众主导式众创空间。

企业基于市场需求识别创新目标,然后将研发过程中出现的创新难题分解为模块化的创新需求,进而通过建立或借助有效的平台寻求大众的合作或参与,这种模式被称为企业众创模式,在这种模式下,企业建立的大众创新平台就是企业主导式众创空间。企业主导式众创空间是企业在降低创新成本,获取团体智慧的需求下,为增强企业竞争力,与大众进行合作创新的而产生的一类众创空间。由于背靠企业的资金技术支持,有足够的投入,其规模一般都较大,基础设施极为完善,往往是建立多个众创空间,形成体系,在企业所专长于的领域有着很强的引导创新的能力。

大众主导式众创空间,多是在推广双创理念前提下,在国家补贴、个人捐赠、机构投资等方式建立的社区化、偏公益性质的双创服务平台,包括各种类型的市场化众创空间和公益性创客空间。大众主导式众创空间中的创客创新,并没有明确的目标导向和创新需求,是在兴趣基础上,结合自身现有条件和资源,借助众创空间平台,实现创新创意向创新成果的转变,并将其市场化。相对于市场化盈利的外部动机,在这种创新模式下,大众的个人兴趣和自我实现的需要等内在动机起着更为决定性的作用,而互联网为大众的创新提供了重要的知识基础和技术条件。大众主导式众创空间,由于资金有限,也没有明确的创新市场化的需求,因而其规模较小,一般采用租用办公空间或改造旧建筑的方式降低成本。相比企业主导式众创空间,其基础设施和硬件设备也较为薄弱,但涉及的创新领域以及内部产生"偶然性创新"的概率,都要远远高于企业主导式。

(2)依据运营模式与服务内容不同的分类。根据运营模式和创业服务内容的不同,众创空间可以分为专业服务型、培训辅导型、媒体延伸型、投资促进型、综合服务型和联合办公型。

专业服务型也就是狭义所称的创客空间类型,著名的上海新车间、深圳柴火空间都是其中典型代表。这类众创空间普遍规模较小,采取会员制运营方式,为创客提供创新制造所需的物理空间和各类制造工具,以创新制造实践为特色,同时适当兼顾创业指导,项目展示推广,项目融资的创业服务,是最具代表性的众创空间。

培训辅导型众创空间,一般都由高校或教育机构主导,借助高校得天独厚的智力资源和教育资源的优势,为学生提供高品质的创新创业实践平台。这类众创空间一般有固定机构拨款,学生能以极低代价甚至免费就能获得其中的资源,它的存在类似一个公益组织,以服务学生创新创业和开展众创教育,提升高校创新创业氛围为目的。

媒体延伸型众创空间,这类众创空间多有着强大的媒体资源,相比于其他双创服务平台有着两个明显优势:一是其运营方一般都是有着创新创业相关研究与报道多年的资深媒体,对于各类企业发展成功的经验或创业失败的教训都知之甚详,而且这类众创空间有主导方为其输送资金,没有迫切盈利的压力,故而有足够的经验与能力建立整套培训、指导、挖掘优质创业项目的运营机制;二是运营方能利用自己媒体宣传优势,通过举办活动、跟踪报道等方式帮助初创企业扩大知名度,推广其产品,助其更加容易获得资本关注和用户流量。

投资促进型众创空间。这类众创空间不以提供固定工位或是创新制造为重点,而是通过打造兼顾优良的基础设施和优质的创业服务的创业生态圈帮助创客创业。运营方自己不是投资者,但往往都与知名投资机构存在良好的合作关系,能帮助其抢占优质的创新创业项目;同时其也通过邀请资深创业导师或直接采取合作形式为初创团队进行创业指导,借助开放性的服务空间,营造自由、开放、合作、共享的发展平台。

综合服务型众创空间,这类众创空间提供的服务涵盖基础设施(如场地、开放工位,各类办公室甚至创业公寓)、创业培训,基础运营、法律顾问,政策申请,融资参考等全方位的创业服务,并致力于在空间内创造人、空间、服务互相连接的综合网络,根据不同创业者社群属性建立不同的创业社群,为创业者提供综合性、全方位的专业服务。

联合办公型众创空间,其实是一种新型的产业地产,是近十年兴起的,致力于打造优质工作、交流等的基础设施与法律、金融等完善创业服务的新型办公空间。它一般选择价格实惠的场地资源整租下来,进行重新设计和改造后,使之符合现代办公人员的品味与审美,再分拆开出租给个体或创客团队获利。除提供优质的办公空间和交流共享平台,它还通过和其他创业服务机构的合作,为入驻成员提供法律,财务,政府认证,社会保障等全方位的创业服务。如今,联合办公空间,已经在市场上获得了极大的利益,是众创空间中最具市场价值的类型。

6.2.3　大学科技园

1. 大学科技园的发展历程

国家大学科技园是经科技部和教育部共同批准认定的大学生科技创业服务机构,是我国高校实现产学研相结合和自身社会服务功能,提升大学生社会实践能力的重要平台和基地。几十年来,国家大学科技园的建设和发展为我国高新科技成果转化与产业化目标的实现、高新技术企业孵化、产学研相结合提供了广阔的发展平台,为高校创新人才培养、减轻社会就业压力发挥了重要作用。

我国的大学科技园区是在 20 世纪 80 年代出现和发展起来的,是改革开放的产物,同时也是高校不断改革创新的结果。我国大学科技园区的发展大致划分为三个阶段。

第一阶段是国家大学科技园的创立阶段(1983—1992 年)。1983 年,北京中关村一条街的先进经验在我国获得了重要反响,得到了社会各界的关注和认可。此后,我国一些著名院校,如华中理工大学和东南大学等学府开始尝试建立多种形式的大学科技园。而我国的政府部门也随之出台了一系列的政策措施鼓励大学科技园的发展,比如国务院在 1984 年出台《迎接新技术革命挑战实施对策》,随后又在 1985 年再次颁布了《中共中央关于科学技术体制改革的决定》,这些政策措施为大学科技园的建立和发展提供了理论指导和政策保障。1988 年 8 月,我国推出了"火炬"计划,主要宗旨在于推动我国高新技术成果的商品化、产业化和国际化,这一计划的开展极大地促进了国家大学科技园的发展创新。与此同时,东南大学在 1988 年建立了我国首个以大学为主题的科技园,并在次年正式建立东北大学科技园,这也是我国历史上第一个国家大学科技园。但在之后的几年中,由于不同条件和发展环境,国家大学科技园的发展陷入了困境,发展速度受影响,并且这些大学科技园都是设立在高科技开发区内部,这就使得这一时期我国大学科技园建设未取得突破性进展,很多国家大学科技园已经与最初发展存在较大差别,极少取得较大的学术成就和社会影响力,使得资源浪费现象严重,同时很难获得其他高校的认可。

第二阶段是国家大学科技园的成长阶段(1992—1999 年)。在经过困境之后,我国大学科技园迎来了新的发展时期,改革开放后,我国的一些高校提出新的国家大学科技园建设构想,北京大学在 1992 年率先建立北大科技园,1993 年,清华提出建设清华科技园的构想,并于 1994 年正式开始科技园建设工作。北京在 1995 年 9 月举行了第 4 届世界科技工业园大会,其中一个重要议题就是"高校与政府在国家科技园发展中发挥的作用",这一议题受到了我国大学科技园的极大关注。同年 11 月,我国大学科技园自诞生以来的第一次工作会议在北京召开,这次会议是由原国家科委火炬办与原国家教委科技发展中心联合主办的,国家大学科技园座谈会上提出,在随后一段发展时期中,重视对大学科技园的管理与指导,促进其快速发展,并且认定和重点支持了一批大学科技园于 1996 年起纳入火炬计划正规序列中。1996—1998 年期间,伴随科学技术和我国教育体制的发展与创新,国家大学科技园不断进行调整与巩固,使得国家大学科技园进入成长时期,这一时期,国家大学科技园涌出了一批具有代表型的高新技术企业,其中知名的有北大方正、清华紫光、清华同方等,得到了社会的广泛关注。从发展之初到 1999 年,我国不同形式的国家大学科技园数量已经多达 40 个。

第三阶段是我国大学科技园发展的高潮阶段(1999 年至今)。在这一时期,国家出台了《面向 21 世纪教育振兴行动计划》和落实国家技术创新计划,目的在于进一步推动我国科技和教育机制改革,促进我国高新技术产业的发展与创新。1999 年,我国技术创新大会中,提出进一步促进高新技术产业区和国家大学科技园的发展,使其发展成为我国高新技术产业发展的孵化基地。在这一阶段中,我国大学科技园的建设与以往的建设存在本质差异:在这一阶段中,我国大学科技园的建设和发展已不仅仅是高校的行为,而是以国家和社会发展为出发点的政府性行为。我国教育部和科技部在 1999 年做出了重要批示,要从国家发展层面上推动国家大学科技园的建立与发展,将国家大学科技园的发展纳入到火炬计划、攻关技术与《面向 21 世纪教育振兴行动计划》中。在这个重要指导下,国家大学科技园的发展也得到了社会各界的关注与帮助,各级政府也在政策、资金等方面提供指导和保障。

2. 大学科技园的发展模式

大学科技园的发展模式是大学科技园在国家支持下,基于所属大学的性质、历史和实力以及所处区域特有的地理、经济和社会环境所形成的不同的发展形态与发展道路。

多年来,我国大学科技园大多推行孵化器模式,主要通过提供生产经营的场地与设施,培训与咨询、政策、融资、法律和市场推广等方面的孵化服务,降低企业的创业风险和成本,提高创业企业的存活率,促进创业企业的发育成长。实际调查中,多数大学科技园主要为在孵企业提供场地和基础服务;更进一步的孵化器模式是以建立科技成果转化平台的形式孵化企业,通过筛选、培育相关技术领域的企业,让科技成果得以一定转化。例如,复旦大学科技园利用复旦大学软件微电子学科的优势孵化该领域的高新技术成果;北京邮电大学科技园提供通信专业的技术服务,与国际知名通信企业的研究中心共建技术开发转化平台等。另有少数大学科技园实行研发机构和创新要素集聚模式,主要引入研发型企业或企业的研发机构,聚集创新要素,建立专业性创新集群,使园区内的创新活动达到一定规模,成为大学创新链上不可或缺的重要环节,为延伸大学创新和促进区域创新发挥重要作用。如武汉大学科技园围绕空间信息与测绘技术聚集了较多研发设计机构,行业龙头企业也在其园内设立研发机构,该园初步形成专业领域的创新集群。

可以看出,目前,我国大学科技园大多是基于创业链的孵化器发展模式,倾向走由创业到产业集群的发展道路,并未形成基于创新链的创新集群,这与国家创新驱动发展战略的创新导向不相契合。在国家创新驱动战略中肩负重任的大学,需要延伸现有创新链,建立完整的创新链。完整的创新链包括前端创新和后端创新,而后端创新则是我国大学普遍存在的薄弱环节。后端创新的最好角色应由大学科技园扮演。

3. 大学科技园管理模式

我国科技园管理模式主要分为政府主导型管理模式、大学主导型管理模式、企业主导型管理模式、混合型管理模式 4 类。

(1) 政府主导型管理模式。政府主导型也就是管委会主导型。在我国科技园的发展历史中,应用范围最为广泛的管理模式就是政府主导型。所谓政府主导型模式就是政府相关部门在科技园的发展中占据着重要位置。科技园区的发展方向、重要决策方针等都需要经过省市等各个层级组成的领导小组决定或同意。领导小组在科技园区的发展中扮演着发展者、决策者的角色,但是对于科技园管理的具体细节并不干涉,这就为科技园区的自我发展提供了一定的自由空间。这种模式可以使大学科技园避开不必要的政策风险,从而取得长足发展。针对政府在科技园区管理中承担的职责可以将其划分为协调型与集中型两类。

其中,协调型管理模式是指政府履行协调管理的职能,而不参与具体的业务。政府领导和组织成立相关管委会,管委会虽然在园区内是政府的代言组织,行使管理权,但是科技园区常规的事务仍然由其原来的单位管理。管委会只负责进行相关部门之间的协调,尽最大可能为大学科技园区的发展提供良好的运行环境,促使各个部门之间协调合作,共同发展。这种发展模式不仅可以使政府管理的优势得到充分发挥,也使科技园区内固有的活力得到进一步的发展。然而在这一过程中,必须对管委会权限进行合理划分,以防权力过大影响科技园的管理运营。集中型管理模式是指管委会站在宏观角度进行合理规划的管理模式。管委会通过对实践的自我认识和分析设立相关的部门,并赋予他们一定的管理权,而管委会则负责宏观调控和综合性的发展。这种模式可以使各个部门各司其职,同时相互协调合作,形成高效的运行机制,对于科技园的快速发展是一种保证效率与质量的管理模式。

(2)大学主导型管理模式。大学主导型管理模式是指大学在政府的支持和帮助下,在管理中扮演着主导者的角色,引导和决定着科技园区的发展方向和管理方式。大学要在科技园的发展中承担主要管理者的职能,必须具有雄厚的实力。无论是在空间规模,资金额度,还是科学技术研发水平等方面都必须具有其他机构不可企及的高度。但就目前我国大学的发展情况,只有数量极少的大学有实力能够履行主导的管理职能。比如武汉大学就在武汉大学科技园的发展中发挥着主导作用,其借助学校人才和技术优势,同时又将政府的政策和资金支持融入其中,进行科技园的建设和发展,极大地发挥了大学的特有优势。但这一管理模式也存在着缺陷,如大学是教育机构,与市场和政治的联系相对较弱,社会资源的分配整合上都具有局限性,科技成果与现实生产力的转化需要关键的媒介,这也间接增加了科研的成本,使得科技园的发展受到限制,增加了科技园进一步发展的难度。

(3)企业主导型管理模式。企业主导型管理模式是市场机制的产物。企业作为市场的重要参与者,参与大学科技园的管理就是将大学科技园的发展融入市场机制之中,通过市场约束和管理科技园的运行,淡化政府管理所形成的地域局限,将一切的活动置于市场的大环境下进行管理。企业经过设立管理公司对大学科技园进行整体的细节管理,而政府相关部门只负责税收司法等职责。上海张江高科技园区就是这种管理模式的最佳代表,其管理机构、组织引导机构以及党工委等都发挥着各自的职能,而集团公司更是发挥着媒介职能,对于投资和建设都有着不可忽略的作用。为充分发挥各主体的建设激情和活力,张江高科技园建立了"发协委",也就是所谓的上海张江高科技园区管理事务协商委员会。这为企业、政府等各个主体都提供了可以发挥优势的舞台,使得科技园区的发展可以最大化获取各方的有利建议,同时也可以激发参与者积极参与发展的热情。这种模式同样也是有利有弊的,有利的一点是它充分发挥了企业的自主权,给予了企业足够的发展空间,可以使企业的能力得到最大化的开发。但是,不利的方面是淡化了政府在科技园管理中的权利,单纯依靠企业和市场配置资源会造成一些不可预知的风险；资源会因利益的驱动而呈现集中化，从而造成浪费；同时企业在各个主体之间的协调合作上往往只能从经济的角度着手，如果某些部门协调不到位，会严重影响大学科技园的整体发展。

（4）混合型管理模式。混合型管理模式就是多个主体参与管理的一种模式，即政府、企业和大学都在科技园的管理中发挥自己的优势，履行自己的职责，共同促进其发展。这种混合模式可以使政策环境、产品生产销售以及科技研发形成一个有机的整体。政府可以为企业提供政策支持，分担政策变化的风险；而企业可以拉近与市场的距离，促使大学科技园的发展在市场规则之内运行；大学则提供了高素质的人才，研发新的科学技术成果。混合型模式既避免了政府管得过多而造成的其他参与主体积极性的下降问题，也避免了单纯地交由企业和大学进行管理带来的在政策支持、资金等方面可能面临的风险。但是混合型模式要实现理想目标，必须对参与主体的责权利进行合理的划分和协调，只有正好处于合理的平衡点时，才能促进管理的有效化，使大学科技园的运行效率得到提高。由于我国大学科技园建设还不完备，尚且处于发展中，因此充分发挥各个参与主体的优势，避免不必要的风险是科技园发展必须要考虑的。

混合型管理模式也有利有弊。如果政府、大学和企业这三个参与主体的责任和职能的划分不合理，那么就会带来管理体系的严重缺陷，造成各个参与主体的积极性被挫伤，从而影响大学科技园的可持续发展。

第7章　科技金融助力科技成果转化

2015 年,中共中央和国务院印发的《关于深化体制机制改革加快实施创新驱动发展战略的若干意见》和《深化科技体制改革实施方案》、2015 年修订的《中华人民共和国促进科技成果转化法》、2016 年国务院印发的《促进科技成果转移转化行动方案》以及 2017 年国务院印发的《国家技术转移体系建设方案》都对支持科技成果转化的科技金融创新保障做出了相应的规定,要发挥金融创新对技术创新的助推作用,培育壮大创业投资和资本市场,提高信贷支持创新的灵活性和便利性,形成各类金融工具协同支持创新发展的良好局面。具体又分为创业融资、资本市场的股权债券融资和银行金融机构的间接融资三个方面的支撑保障。

(1) 创业融资方面。壮大创业投资规模,加大对早中期、初创期创新型企业支持力度。扩大国家科技成果转化引导基金规模,设立国家新兴产业创业投资引导基金,带动社会资本支持战略性新兴产业和高新技术产业早中期、初创期创新型企业发展。研究,设立国家中小企业发展基金,保留专注于科技型中小企业的投资方向。研究制定权益投资相关法规,鼓励和规范投资发展,出台私募投资基金管理暂行条例。按照税制改革的方向与要求,包括天使投资在内的投向种子期、初创期等创新活动投资的相关税收支持政策。

(2) 资本市场的股权债券融资方面。强化资本市场对技术创新的支持,促进创新型成长型企业加速发展。发挥交易所股权质押融资机制作用,支持符合条件的创新创业企业发行公司债券。支持符合条件的企业发行项目收益债,募集资金,用于加大创新投入。推动修订相关法律法规,开展知识产权证券化试点。开展股权众筹融资试点,积极探索和规范发展服务创新的互联网金融。加快创业板市场改革,推动股票发行注册制改革,健全适合创新型、成长型企业发展的制度安排,扩大服务实体经济覆盖面,强化全国中小企业股份转让系统融资、并购、交易等功能,规范发展服务小微企业的域性股权市场。加强不同层次资本市场的有机联系。

（3）间接融资方面。拓宽技术创新间接融资渠道,完善多元化融资体系。选择符合条件的银行业金融机构,探索试点为企业创新活动提供股权和债权相结合的融资服务方式,与创业投资、股权投资机构实现投贷联动。政策性银行应在有关部门及监管机构的指导下,加快业务范围内金融产品和服务方式创新,加大对符合条件的企业创新活动的信贷支持力度。建立知识产权质押融资市场化风险补偿机制,简化知识产权质押融资流程。加快发展科技保险,推进专利保险试点。

7.1 科技金融与科技银行

7.1.1 科技金融

科技金融是指以银行为主体的金融机构,通过改变旧的传统信贷服务模式,对科技创新企业提供包括债券融资、股权融资、投资顾问、金融租赁、科技担保等一系列金融服务的经营活动。狭义的科技金融业务是指银行等金融机构为支持科技型企业而提供的传统信贷业务;广义的科技金融业务是促进科技开发、成果转化的一系列金融工具、金融服务的综合,包括运行模式、服务体系、风险控制、行权退出等一系列业务安排,科技金融可以总结为一切服务于科技型企业及科技成果发展创新的多方资源体系。

1. 我国科技型企业融资需求

通常,由于银行的机制和业务主要是面向大企业,中小企业获得的短期贷款数额仅占国内贷款总额的 10%,因此,中小企业的融资状况堪忧,科技型中小企业的融资状况更不理想。

众所周知,科技型中小企业面临着资金需求量大、融资渠道单一、融资成本高等问题,要想解决他们的融资难问题,就要了解科技型企业的融资需求,首先要了解科技型企业的成长周期特征。根据科技型企业生长周期理论,科技型企业的生命周期分为 4 个阶段:种子期、初创期、成长期、成熟期,由于每个阶段的生长特征不同,其融资需求也有所不同。

处于种子萌芽期的科技型企业,正在进行技术的研究开发工作,企业的主要投入是技术研发投入,无法获得收入和利润,属于净投入时期,不确定性大,风险高,研发失败的可能性最大。此时,科创企业只能通过自筹资金或天使投资的方式进行研发。虽然这种方式在一定程度上缓解了科技型企业的融资问题,但是也带来了其他问题。如科创企业获得的天使投资数量较少,无法满足投资研发的需要,况且我国天使投资市场不发达,天使投资机构较少,资金规模供不应求。又如,天使投资机构在向科创企业注资时,通常会提出非常苛刻的股权和收益条件,让科创企业无法接受。

处于初创期的科创企业,技术研发已经取得成效,需要购买大量固定资产、生产设备和原材料,进行生产试运营,并会获得一定的收入,但是由于缺乏市场竞争力、产品单位成本高、技术不成熟等原因,产品并不被市场认可,不能得到畅销。在这个阶段,企业需要大量的人力、物力和财力,希望获得商业银行的信贷资金支持,因为过多引入风险资金,会稀释企业的股权,进而丧失经营控制权。但是,商业银行在这个阶段并不愿意向科创企业提供贷款,此时科创企业没有稳定的销售收入和利润收入,缺乏资产抵押物,导致其无法获得商业银行的信贷支持。

发展初具规模后,科创企业进入成长阶段,企业研发技术进一步成熟,生产能力大大提高,市场认可度迅速攀升,此阶段,企业在市场营销、批量生产、行业扩张等方面存在资金缺口,但由于其盈利能力迅速增强,逐渐形成稳定的现金流,融资能力显著提高,信用能力极大提高,因此会有银行为其提供贷款授信。实际上,科创企业更希望通过 IPO 或债券方式进行融资,因为这两种方式相对于银行贷款,资金成本较低。

处于成熟期的企业的内外部组织结构较为完善,管理较为规范,技术研发已经成熟,企业规模迅速扩大,经营业绩高速增长,产品市场占有率达到最高,财务指标状况日趋良好,企业诚信度大大提高,形成了自己的核心品牌,因此能够很顺利地获得银行贷款、资本市场的投资。

由此可见,科技型企业在不同的生长阶段面临着不同的融资需求,对于在种子期、初创期和成长期的融资需求更为广泛。

2. 我国银行业科技金融供给

在党中央的号召和带领下,我国银行业开始重视科技创新的发展,重点支持科技创新型企业。早在 2006 年 12 月,银监会《关于商业银行改善和加强对高新技术企业金融服务的指导意见》指出,商业银行要增强金融服务科技的意识,不断促进科技产业发展,实现科技与金融的商业性可持续发展。

2010 年,科技部联合原"一行三会"推出的《关于印发促进科技和金融结合试点实施方案的通知》和科技部出台的《关于印发地方促进科技和金融结合试点方案提纲的通知》要求各地区根据"先行先试"原则,纷纷开展科技金融试点工作。2014 年 1 月,原"一行三会"联合知识产权局下发《关于大力推进体制机制创新,扎实做好科技金融服务的意见》相关文件,从信贷产品创新、金融组织体系、多元化融资等多个渠道促进科技和金融的有效结合。《2016 年国务院政府工作报告》也强调,在合理控制银行信贷风险的基础上,利用投贷联动方式投资科技创新企业,削减企业的信贷成本;同年 4 月,科技部联合银监会和央行印发《关于支持银行业金融机构加大创新力度开展科技企业投贷联动试点的指导意见》,意在鼓励银行将"股权投资"与"债券投资"相结合,以支持科技型企业做强科技创新。

在国家相关政策意见的引领下,我国商业银行科技金融试点的设置此起彼伏。其实,自 20 世纪 90 年代开始,我国就已经建成科技银行和科技信用社,如工商银行长沙分行设立的高新技术产业开发区支行,建设银行深圳科苑分行,但是由于早期的风险投资市场比较落后,导致科技分支行的合作机构非常有限,科技银行的建立形同虚设。直到 2008 年,全国工商联合会提出成立专门的科技银行,我国科技银行、科技支行才开始慢慢步入正轨。

2009 年 1 月,致力于为科创企业服务的科技支行——中国建设银行成都科技支行和成都银行科技支行在四川省成都市开业。随后,科技支行的发展如雨后春笋般纷纷落地,北京银行中关村科技支行、农业银行无锡科技支行、杭州银行科技支行、交通银行苏州科技支行相继在全国范围内成立。2012 年,由银监会批准,中国第一家具有独立法人资格的科技银行——浦发硅谷银行正式成立,浦发硅谷银行的成立填补了我国真正意义科技银行的空白。

投贷联动指导意见颁布后,参与试点的商业银行纷纷成立了投资子公司,为投贷联动的运行奠定了基础,尽管,商业银行成立了众多科技金融专营机构,但是科技金融业务并没有呈现多样化的发展状态,大多数科技金融产品还是传统的信贷管理模式,而且抵质押物多以不动产、固定资产抵押为主,知识产权、股权质押贷款在理论层面比较丰富,但并没有落到实处,股权与债权联动的投资方式更是少见。目前,国内仅有几家银行参与股权投资,与科技型中小企业大量的融资需求存在着很大冲突。

7.1.2 科技银行

1. 科技银行的概念

科技银行是专门为科技型创新企业提供融资支持等金融服务的一系列金融机构的统称。科技银行与一般商业银行有两个明显差别:一是贷款对象有差别。传统商业银行的服务对象不固定,范围极其广泛,无论是什么类型的企业还是个人,只要达到银行要求都可以成为商业银行的服务对象;而科技银行服务对象只针对于与高新技术相关的企业,也就是说仅仅那些技术创新企业或是风投基金才会被作为其服务对象。二是贷款依据有差别。一般,商业银行提供融资支持主要注重发放的资金是否安全,是否具有收益性,是否很快能够收回;而科技银行往往会加强风险管理,借助于政府、保险、担保公司等机构的合作,使风险得以分散和规避。

与传统型商业银行比较,科技银行具备如下三个明显特征:

(1)政策性。科技银行成立的目的在于给予科技型中小企业融资支持,帮助其成长,进而推动技术创新。它的发展主要得益于政府的支持,政府会在科技银行开展贷款业务过程中提供优惠政策。我国规定科技银行自主调整贷款利率浮动区间;对科技贷款的定价拥有自主权,但是不能跨越规定的浮动区间。另外,也可以根据科技企业资金需求特征自主创新利率收益模式及担保模式。

(2)商业性。科技银行作为专门为科技类企业提供信贷支持及其他金融服务的商业银行,也可以经营传统的存款贷款业务。而与传统的商业银行相比,科技银行在科技信贷业务上的显著差异决定了其应为创新型商业银行。科技贷款的高风险,需要科技银行打破传统,建立独特的风险控制机制。比如,与政府或风投及担保等金融机构合作、债券投资与股权投资双管齐下等。

（3）职能性。科技银行有明确的服务定位，即主要为科技型中小企业提供科技贷款等金融支持，这就意味着科技银行具有职能性。同时，科技银行只有在发挥职能过程中保持专业性，加强对技贷款的风险防控能力，才能作为商业银行成功运营，帮助科技型中小企业走出融资困境，为科技创新的开展给予有效的及时的信贷支持。虽然科技银行不能完全作为政策性银行，但由于其业务的特殊性，完全的商业化、市场化也很难生存发展，所以需要政府必要的政策引导和支持。

2. 科技银行的作用

由于传统金融体系无法满足科技型企业各个阶段发展中的融资需求，科技银行是一种金融创新，能够为科技创新企业提供信贷支持，满足其融资需求。

科技企业的发展有生命周期，在整个周期的各个发展阶段中，企业资产规模、盈利能力、发展目标等各个方面存在差异，与之相对应也显示出资金需求差异化的特点，融资的方式也要差异化。①对资金的需求额度在不同时期出现差异。科技企业在发展初期对资金需求量较少，随后渐渐增多。资金的需求在种子期，也就是创意阶段并不高。随着企业逐渐进入创业时期，需要对技术进行开发，并购买设备等固定资产，所需要的融资额度也随之提升，加上这一阶段经济效益较低，企业急需外部投资的支撑。随着成长期和扩张期的到来，企业由于规模扩张和产品推广的需要，对外部融资的需求额度就会大大增加。到了发展的成熟阶段，科技企业已经有了较好的市场地位，财务状况相对稳定下来，同时收益状况也良好，并积攒了自己资产，对资金的需求额度也逐渐稳定下来。②与资金需求额度的趋势相反，科技企业对风险承受能力的要求在整个生命周期逐渐减少。创业初期的新兴企业，财务制度不清晰，并且可能缺乏经营记录，这个阶段企业的发展缺乏稳定性，有很大的经营风险。等发展到成熟期，企业的经营的成熟性以及稳定性有所增加，良好的经营状况使投资风险逐渐降低。

科技银行是为科技企业提供信贷的金融机构，这种金融上的创新使金融市场趋于完善。其主要职能是支持那些具有广阔发展空间，但很难获取传统银行信贷支持的企业，并帮助其成长。为不同的科技型企业提供金融服务时,科技银行提供量身定做的信贷供给方案,并适应企业在整个生命周期各个发展时期不同的资金需求,定制与其数量和风险相适应的独特产品和服务。如此,科技银行的出现给信贷市场带来了改变,完善了科技企业融资的薄弱环节。扩大其资金供应额度,使科技型企业缺乏资金的状况得以改善;帮助科技企业跨越资金最匮乏的时期,在职能上,科技银行将科技企业确定为服务对象,在创业阶段为其提供信贷支持。从结果看,科技银行不但使科技企业整个生命周期的信贷供给额度大大增加,而且填补了企业创业初级阶段急需资金却不可得的问题。

3. 科技银行的典型业务模式

（1）投贷联动

所谓投贷联动就是银行对科技型创新企业进行"股权＋债权"的一种新型投资方式,其中,商业银行负责债权投资,即信贷业务,风险投资机构、银行投资子公司负责股权投资。根据投资主体是否属于银行机构部门,可将投贷联动分为内、外两种联动类型。银行机构将"信贷投放"与内部投资子公司的"股权投资"相结合,由投资收益弥补信贷风险,实现商业银行信贷风险和收益的匹配,这种投资模式称为银行集团的"内部投贷联动"。外部投贷联动指银行用"贷款资金"与系统外部投资机构的"股权资金"相结合,再向科创企业注资的一种模式。

投贷联动又可分为认股权贷款、股权直投、投资子公司 3 种模式。①认股权贷款模式。其源自金融市场中的金融期权,是由金融期权衍生而来的一种股权投资工具,因此认股权贷款和金融期权非常类似,在办理认股权贷款过程中,商业银行类似金融期权交易中的买方,需要向投资机构提供贷款,但无须缴纳期权费。这是和期权交易的不同之处,期权交易有其独特的优势,期权的买方比较灵活,可以选择行权,也可以选择不行权,行权后的收益无限、损失有限。认股权贷款,又被称为选择权贷款,是指银行为了享受股权投资带来的超额回报,与风投机构合作建立一种选择权（期权）,即银行在发放贷款时,引入风险投资机构作为代持机构,由风险投资机构对科创企业进行股权投资。②股权直投模式。是指商业银行以自有资金或理财资金,与第三方机构共同发起设立有限合伙企业、股权投资基金,再由这些机构、基金平台对科技型中小企业进行股权投资。其中,商业银行持有基金的优先级份额,其他机构持有该基金的劣后级份额。③投资子公司模式。2016 年 4 月,由中国银监会、科技部、中国人民银行联合发布的《关于支持银行业金融机构加大创新力度开展科创企业投贷联动试点的指导意见》发布后,北京银行于 2016 年 8 月向国务院申请设立专门服务于科创企业的投资子公司——北京科技投资有限公司(以下简称北科投资)。根据《关于支持银行业金融机构加大创新力度开展科技企业投贷联动试点的指导意见》的相关指示,北京银行将投贷联动信贷业务与股权投资进行"并表管理",通过相关制度创新与安排,实现投资子公司的股权收益与信贷损失之间的风险收益共享机制,以更好地匹配信贷风险和收益。

（2）供应链金融

商业银行业还可以和科技企业上下游产业链进行联动合作,组建供应链体系,即"供应链金融"。供应链金融是指银行一方面向供应链中的核心企业提供资金融通、转账结算及理财等相关服务,另一方面向其上游供应商提供贷款收达服务,或者向其下游分销商提供预付款代理支付、存货融资等服务。换句话说,就是银行通过发挥自身的中介作用,将核心企业和上下游企业联系在一起,为他们提供灵活的金融产品和服务。这和传统的保理、货押业务(动产及货权抵、质押授信)非常相似,但区别也非常明显:保理和货押都是一种简单的贸易融资产品,保理业务更多强调的是"理",即向卖方提供应收账款管理、贷款商业风险担保和资金融通行为,涉及主体仅为保理商和买卖双方;质押业务就是借款人将自有动产和货权质押给银行获取贷款的一种融资行为。供应链金融则涉及的参与主体较多,包括商业银行、核心企业、供应链上下所有企业,它不仅仅是一种简单的融资产品,更是像融通供应链所有企业的一种系统性融资安排,其发挥的作用不仅包括融资,还包括其他相关金融服务。

7.1.3 知识产权融资

1. 知识产权融资方式

由于专利、商标、工业设计、专有技术等知识产权能够在一定时期内帮助创新企业获得一定程度的超额垄断收益,因而企业就可以利用这种优势向债权人或者股权投资者获得融资。创新企业利用知识产权进行融资的方式有两大类,一类是利用知识产权开展负债融资,另一类是利用知产权开展股权融资。

2. 知识产权的负债融资

目前,创新企业利用知识产权开展负债融资的形式可以归纳为 4 类,分别是利用知识产权增加企业信用、知识产权质押融资、知识产权售后回租和知识产权证券化。

(1) 利用知识产权提高企业信用。在面对拥有丰富知识产权的创新企业的贷款申请时,尽管知识产权作为无形资产不一定能够作为抵押品,但是金融机构的贷款决策中往往会考虑企业拥有的知识产权状况,拥有丰富的知识产权在一定程度上会提高了创新企业的信用等级。这也是我国很多企业申请高新技术企业的重要原因,高新技术企业本身在产品销售、贷款、业务谈判等很多时候就能够提高企业的信用等级。

(2) 知识产权质押贷款。知识产权资产可以直接作为质押品向银行获取贷款。目前,知识产权质押贷款在国内外有很多成功的案例。早在1994 年,陶氏化学公司(Dow Chemical) 就以一个组合专利为质押获取了100 万美元的银行贷款。在我国,出版公司以版权为质押物获取银行贷款的例子也很多。如中国工商银行山西省忻州分行 1999 年办理了我国首笔知识产权质押贷款 200 万元,之后陆续有很多省市开展了知识产权质押融资业务,2008 年 12 月~2010 年 7 月,国家先后三批共确定了 16 个全国知识产权质押融资试点城市。2016 年,国家确定了 11 个质押融资的示范单位,而且发布了青岛市、深圳市、沈阳市、长春市、济南市等 40 个新的质押融资试点单位,进一步扩大了我国知识产权质押融资的范围。

(3) 知识产权售后回租。知识产权售后回租是指知识产权(如专利组合)的拥有者(承租人)可以将知识产权出售给出租人,然后又在一定时期内将该项知识产权从出租人手中租回,并定期支付一定的租赁费。在租赁期满,承租人通常还拥有从出租人手中购回知识产权的优先权。知识产权售后回租是一种典型的融资租赁业务。有记录的最早的知识产权售后回租业务发生在阿柏林(Aberlyn)资本管理公司和 RhoMed(雷蒙德)生物化工公司之间。

(4) 知识产权证券化。知识产权证券化是创新企业将版权等知识产权资产的未来收益权转移到特殊目的载体,再由特殊目的载体以该资产作为担保,并进行信用增级后发行市场上可以流通的证券,从而为创新型企业进行融资的一种金融操作。新发行证券的风险是与创新企业的自身风险相隔离的，相对来说，风险评级会比较低，在资本市场上更受欢迎。知识产权证券化最有名的例子发生在 1997 年，以 David Bowie（大卫鲍伊）音乐专辑版权的未来销售收入为抵押，开发了鲍伊债券，获得融资 5 500 万美元。在国内，华侨城及其子公司上海华侨城和北京华侨城以 5 年内的欢乐谷主题公园入园凭证作为基础资产，由中信证券设立专项计划，并以专项计划管理人的身份向投资者发行资产支持受益凭证，合计募集资金 18.5 亿元。2007 年，华谊兄弟首先尝试运用电影版权进行融资，通过债券形式面向市场出资 5 亿资产，成功帮助公司融集到资金。

3. 知识产权的股权融资

创新企业利用知识产权进行股权融资的两种主要模式：一种是利用知识产权在吸引股权投资者过程中提高企业估值，另一种是利用知识产权获取许可收入或诉讼收入。

（1）知识产权在吸引风险投资者过程中提高了创新企业估值。在创新企业吸引股权投资的过程中，虽然管理团队能力、技术能力、市场竞争能力等无形资产很难进行价值计量，但是这些无形资产可能会给创新企业在未来带来额外的现金流，从而在吸引投资者的过程中占有更多的优势。而且，在吸引投资者的过程中，知识产权也将有助于提高风险投资者对拟投资创新企业的未来价值评估结果。实际上，创新企业的知识产权情况往往成为风险投资者选择投资标的企业的重要参考因素。拥有这类高质量专利的企业往往更容易获得风险投资，而且在获取风险投资的过程中也很好地提高了创新企业的估值。创新企业拥有的专利将有助于企业获取风险投资，但是存在一定的行业差异性。

（2）利用知识产权获取许可收入和诉讼收入。有一些风险投资者在投资拥有很多专利的创新企业时，他们往往不仅看重专利在自身企业的应用前景，还关注获得专利后可以获得的许可收入和诉讼收入。例如，美国的高智公司从发明人手中购买有价值的专利，然后通过许可获得收入。另外，有些投资公司在获得专利后不用于生产专门的产品，而是通过获取专利许可收入和诉讼收入作为主要业务，这类企业称为"专利海盗"。人们对于这类企业有一定的非议，但是这些企业却认为，他们为没有能力对自己的专利进行商业化运作的发明人提供资金，而且把有价值的专利选择出来,进行有效组合,降低了知识产权市场的交易成本。

4. 知识产权融资风险

知识产权融资存在多方面的风险,按照风险主体,有知识产权本身固有的风险,有知识产权融资过程中的风险。

(1) 知识产权本身的风险

知识产权自身风险是指知识产权本身具有的先进性、替代性、再研发能力、超额获利能力以及知识产权的变现能力等因素,使得知识产权的权属容易产生争议,法律状态容易不稳定,估值困难,难以处置而造成损失的可能性。也就是说,知识产权本身特性容易产生后续的法律风险、估值风险、处置变现风险,所以,知识产权本身特性造成的风险子系统在质押融资风险系统中占比较多。

① 技术风险。与传统质押物不同,知识产权一般为知识及智力创新成果,专业性强,复杂程度高,具有超额的获利能力,但同时易受外部因素影响,稳定性较差,直接影响了知识产权的价值。知识产权本身的技术特性是以知识产权作为抵押物进行贷款的第一要素,知识产权技术越先进,获得抵押贷款的可能性就越大,但是,随着技术的不断进步和发展,一项技术可能在法律保护期内就会因为技术的更新使其经济价值大打折扣,甚至消失原有价值。同时,知识产品价值的实现还需要得到技术市场的认可,市场的接受度和消费者的满意程度越高,价值越高,超额获利能力也越强。因此,无论是技术的先进性、替代性还是技术的超额获利能力都会对质押融资业务的开展产生影响。

② 知识产权的权属风险。知识产权的形成往往涉及多个主体,它不容易确定真实的权属人,且容易发生利益的纠纷。我国的知识产权管理部门没有形成统一的管理,容易造成重复登记,难以查明是否有类似或者相同的权利存在,由此可能引发权属纠纷问题。此外,知识产权在存续期间具有不稳定性,可能存在超出地域、超过时间而改变其合法状态的风险,还可能存在被恶意侵权、权属纠纷等方面的风险。

③ 价值评估风险。知识产权的价值本身受历史成本和未来经济利益的影响,还受经济、法律、政治以及企业经营情况等动态因素的影响,其价值大小"飘忽不定,行踪难测",由于这些影响因素的动态变化,再加上交

易市场不活跃、实际案例较少、价值评估发展滞后等,使得其在选用评估原则、评估方法、评估指标等方面存在着较大的难度,当前没有形成一套科学有效的评估机制。国家虽然出台了诸多法律文件和规范措施,但是,其立法基础和行为规范仍然不能满足当前知识产权质押融资发展的需要,诸多评估事项没有明确的指导意见,只能依靠评估人员的主观判断,然而受当前我国的知识产权评估人员整体素质及评估机构实力所限,评估过程的随意性大,缺乏相应的专业性和可信度。知识产权的价值大小决定着企业能贷多少资金,同时,也意味着当企业违约时,银行能够得到多少的经济补偿,质押人认为知识产权的价值应该包含企业研发的成本以及未来带来的经济利益,而银行判断其价值的时候则以其清偿价值为标准。质押人和银行的"价值观"的矛盾与冲突使得评估机构左右为难、评估结果摇摆不定,无论过高还是过低,评估机构都要承担一定的责任和经济损失。而且,评估机构在对知识产权进行评估时,还面临着因为技术进步、市场变化、法律纠纷等因素导致知识产权价值变化的情况,不确定的因素和不稳定的价值增加了评估的风险,评估机构会保持着更加谨慎的态度,往往会压低实际价值。

④ 知识产权处置与交易风险。当企业到期不能偿还贷款时,银行有权将知识产权进行处置,在处置的过程中存在一定程度的变现风险。其一,当前缺乏一个完善的交易市场,交易不活跃,交易量少,交易信息流通不畅,处置成本和交易难度大。其二,知识产权变现的价格不易确定,在变现的过程中还存在法律风险和减值风险等相关风险。

(2) 知识产权质押融资过程中的风险

知识产权质押融资过程中的风险方面,主要表现在以下几个方面:①按照风险存在过程看,主要是质押融资前期、中期、后期等 3 个阶段,即知识产权质押融资的贷前风险、贷中风险以及贷后风险;②按照风险的类型看,涉及经济风险、法律风险、市场风险、信用风险等;③按照风险的对象来看,主要涉及质押人、银行、评估机构、担保机构等利益相关者带来的风险。

不论从本身还是相关利益主体看,不论从其质押的前期、中期或者后期看,抑或是从经济、法律以及市场等方面看,知识产权质押融资都存在着诸多风险和较大的不确定性,而这些风险会阻碍知识产权质押融资的发展。

7.2 私募股权投资基金

7.2.1 私募股权投资基金概述

私募股权投资基金是指通过私下募集的方式筹集资金从事股权投资活动。它的运行机制包含整个投资操作环节,即从资金募集开始到项目的投资管理以及最后项目的退出等全部环节。它是一个周而复始的过程,当投资项目成功退出后,私募股权投资基金会继续发掘下一个投资项目,进行下一轮的投资过程,并且不断地循环往复下去。

1. 私募股权投资基金组织形式

私募股权投资基金的组织形式有三种,分别为公司制、有限合伙制和信托制。

(1) 公司制。最早出现的私募股权投资基金的组织形式是公司制。公司制可分为有限责任公司制和股份制公司制度。公司制的私募基金是一个具有较为完善的公司治理结构的法人实体,它通过发行股份进行资金募集,适用于我国的《公司法》《创业投资企业管理暂行办法》《外商投资创业投资企业管理规定》等法律法规,类似于一般公司的公司治理结构,公司的股东大会和董事会均具备重要地位,可以有效地发挥作用,分担风险。投资者可以投资公司的股权,成为公司的股东,享有股东的权利,也需履行股东义务,例如参加股东大会,行使建议权和投票权等。

(2) 有限合伙制。有限合伙制至少包含一个普通合伙人和一个有限合伙人,合伙人可以是自然人也可以是法人。其中有限合伙人仅对有限合伙债务范围内承担有限责任。而普通合伙人应在有限合伙责任内承担无限责任。在这个基金制度框架内,有限合伙人是投资者,普通合伙人是基金管理人;投资者不参与基金的经营管理,基金管理人负责基金的经营管理。有限合伙制私募股权投资基金的资金募集方式有两种,分别为基金制和承诺制。基金制是指投资人将资金汇集成有限合伙基金。承诺制是指投资人承诺提供一定金额的资金,根据合伙协定资金视情况分批注入,后续资金注入前先提供机构运营的必要费用,等到合作人发掘到合适的投资项目后,再根据协议按时注入资金。有限合伙制适用的我国法律主要包括《中华人民共和国合伙企业法》《证券登记结算管理办法》2009年《外国企业或者个人在中国境内设立合伙企业管理办法》等。

(3) 信托制。信托制私募股权投资基金又称为契约型私募股权投资基金,主要基于信托契约的原则,通过发行募集资金凭证筹集资金,体现了基金管理人、托管人和投资人之间的信托关系。信托制的本质是通过信托模式筹集所需资金,为符合条件的潜力企业提供股权投资服务和管理咨询服务,后期通过 IPO、并购、股权转让等方式获取高额的投资收益,这是一种有利于实现风险分担,收益共享的集体投资决策系统。

2. 私募股权投资基金运作流程

对于企业,私募股权投资是一项重要的战略投资,其可引入的投资者不仅能够为企业带来大量的资金,同时还可以为企业带来更多的资源和先进的公司治理经验,能够快速帮助企业在更短的时间内实现更好、更快发展。由此可见,私募股权投资基金的运作过程必定是一个持久的过程。在这个运作过程里由投资者、基金管理人、投资对象和债权人构成 4 个行为主体,整个运作流程也就分为资金募集、基金投资、项目管理和股权退出阶段。

(1) 资金募集。私募股权投资基金投资人出资通常采用承诺的方式。也就是说,在成立基金管理公司时,投资人只需要作出对应的资金承诺就可以了。当基金管理人发现了好的投资企业需要投资的时候,投资者按照协议约定在一定的时间内完成资金投入即可。由于承诺出资存在一定的不确定性,所以为了防止违约风险,协议会明确如果投资者资金未能在规定的时间内到账,将根据协议对其处以一定金额的罚款。

(2) 基金投资。基金管理人在基金运作中为了追求风险控制、高额的投资回报率,将会严格审查筛选投资对象。在实际的操作中,通常分为4 个阶段:寻找项目,初步评估,尽职调查和方案设计。

（3）项目管理。私募股权投资基金投资潜力企业后，为了更好控制风险，将会积极参与到投资企业的经营管理中，积极为其提供增值服务，并采取相应的监督措施。一般情况下，私募股权投资基金的后续管理和监督工作核心主要包括企业的战略规划和企业重大事项和长期战略的制定等。由于每一个企业均存在不同情况，在实际操作过程里，管理人还会遇到各类各样的困难，会增加投资成本。因此，为了更好地控制成本，不同的基金管理人会针对不同的投资人和被投资对象的要求采取不同的监督方式。

（4）股权退出。私募股权投资基金的目的是通过投资潜力企业获得超高额回报，而退出渠道是否畅通在很大程度上决定了投资项目能否成功退出，因此股权退出被视为整个私募股权投资的关键一环。理论上私募股权投资退出渠道很多，如 IPO 上市，并购，股权转让、清算和破产等方式。现实生活中由于各方面的限制，我国私募股权投资的退出渠道十分有限，且不易操作。

总之，私募股权投资基金的运作过程是一个异常复杂，专业强和周期长的投资过程。从基金的成立到股权的退出，每个阶段都是紧密相连的，应抓好每个阶段，获得更好的投资回报。

7.2.2　种子基金

为了推动创业投资的良性发展，吸引越来越多的社会资本参与创业投资，并引导和帮助这些资金流向创业种子期、起步期的初创企业，许多国家都成立了创业种子基金，创业种子基金的建立能够促进后期风险投资投入和科技型初创企业的深化发展。

1. 种子基金的概念

创业企业的成长过程通常会需经历 4 个周期：种子期、成长期、成熟期和衰退期。资金的注入贯穿了每个生命周期，每一个时期所需要的资金数量和资金性质有所区别。一般情况下，投资者会根据企业的发展前景和企业的成长状况投入不同分批次的资金。种子期是企业的酝酿与发明时期，创业者努力发明产品，进行产品试销和技术创新，同时还需要及时关注市场反应。种子基金就是为此研发时期投入的资金。

创业投资种子基金通常简称创业种子基金，是指对种子期企业的投资资金,用于孵化创业项目或科技创业企业。创业种子基金归属于早期风险投资资金,是用于对高新技术企业研发阶段初期投入。由于这时期的投资风险较大,所以投资者数量较少,投资金额较小。创业种子资金种类较多,常见的有政府种子基金、风险投资机构种子基金、天使种子基金和孵化种子基金。目前,我国的创业种子基金的科技转化效应显著,渐渐具有引领效用。正是由于创业种子基金的投入,许多科技创新成果才得到了转化,实现了产业化。

2. 投资主体

创业种子基金的运营并不单是某一个要素的运营,而是以创业种子基金为中心,包含各种经济要素,共同形成的完整的运行体系或者运行框架。创业种子基金运行要素包括实体要素和非实体要素,实体要素主要是指构成创业种子基金的投资主体,非实体要素是指运行过程中关系到的经济关系和所发挥的经济功能,实体要素和非实体要素是创业种子基金运行机制中的两大类,相互影响,相辅相成,缺一不可。

中国创业投资种子基金投资主体包括政府、风险投资者、孵化器。中国政府对创业种子基金的发展影响甚大。中国风险投资发展年限短,市场成熟度低,且从风险成本理论角度分析,高新技术企业初期创业困难,创业者创业失败的可能性风险较大,从而无形中增加了创业失败成本,因此风险投资者选择初创企业进行投资的机会较少。为了促进我国风险投资的发展,带动初创期企业投资,政府需要发挥引领作用,融资扶持初创期企业发展。特别是近几年,我国政府出台了许多初创企业融资优惠政策,建立起众多的创业种子基金,专门用于扶持初创企业,发挥政府创业激励作用。

我国政府为了支持初创企业的发展,重点扶持大学生创业,出台了较多的金融政策。各地方政府为了响应中央的支持创业号召,也纷纷出台各种创业扶持金融政策,较大力度解决了我国高新科技技术初创企业创立期融资难问题,为我国初创企业提供融资便利,也整体促进了我国种子期企业的创立与发展。

在中国,风险投资者也称为民间投资者,是风险资本的主要提供者,风险投资者有以下两种类型:个人投资者(富有的家庭或个人提供的资本是风险资本的重要来源)和机构投资者(机构投资者是相对于个人而言的)。

机构投资者最为典型的是创业投资公司,简称创投公司,他们专门寻找那些具有投资前景的高新技术企业,为那些企业提供前期资金。在创业投资初期,中国的民间创业种子基金出资人多是个人投资者,绝大部分是创业者的亲戚或朋友。但在创投行业发展到一定规模后,慢慢出现了天使投资人和风险投资人投资于初创企业种子期。随着我国风险投资数量逐年增加,投资规模也逐渐扩大,创业种子期投资资金占比也逐渐提高。但总体来看,我国创业种子期投资数额占比平均低于10%,投资数量过少,投资规模也过小。根据中国近几年初创企业投资情况可知,中国初创企业投资金额逐渐下降,投资阶段集中在起步期、成长期和成熟期。种子期投资关注过少的原因首先是近几年中国金融市场波动较大,市场变动会影响投资者投资方向;其次,种子期投资不确定性因素多,且不易测评,造成投资风险过大,投资者投资意愿降低。

3. 投资模式

目前,我国创业投资种子基金基本上包括政府创业种子基金、天使投资基金和风险投资基金、孵化基金,大致可概括为政府创业种子基金和私人创业种子基金。因为投资主体不同,每种创业种子基金的投资模式也不同。

我国政府创业种子基金是经政府批准设立,用于帮助中小企业技术创新的政府专项基金。政府设立的这种创业种子基金多是银行导向性的,以债权的形式进行投资的基金,在运行方式上存在着两种形式:一种是政府设立创业种子基金后,通过创业种子基金管理委员会直接投资给创业者,创业者在得到资金后,用于研发生产,等待企业盈利后,创业者还需要还本付息于政府,这属于有偿借贷形式。近年来,我国为鼓励初创企业发展,通过不同政府部门成立创业种子基金形式,扶持初创企业创业种子基金数量呈现逐年增长的趋势,国家越来越重视初创企业发展,支持规模也越来越大,从中央政府部门到各级省市,尽可能以多种形式支持创业者创业。另一种形式是政府以设立的创业种子基金为核心,通过担保贷款和融资补贴等方式扶持科技企业技术创新活动。此形势下,政府充当着信用中介和投资引领者,以小引大,吸引社会资金注资于创业种子基金,形似于"母子基金"。经过不断引进创新,目前,我国引入国外参股投资的创业种子基金运作模式,以股权投资这一有偿方式支持科技型初创企业,开创了政府支持微小科技企业的新模式,表现为"资金＋服务＋管理"的形式。

我国私人创业种子基金主要包括天使基金和早期风险投资基金等。这类创业种子基金的投资模式通常以参股的形式进行投资,即股权投资,是一种市场导向性的权益性投资。投资者通过投资创业企业,而成为企业股东,享有分红权,但没有决策权与经营管理权,他们不参与企业的经营管理与决策,只在投资存续期到期时,进入基金清盘,此方式必涉及项目退出和投资收益分配问题,而投资者可根据投资合同,出售手中股权,获取收益,结束项目投资。

7.2.3 天使基金

1. 天使投资的概念

天使投资是对最刚刚起步的小创业团队或初步形成的项目的首次投资,天使投资人多为有一定资金实力的个人与小型机构,其投资决策具有非常多的偶然性与不确定性,其本身是一种非组织性的风险投资。这个词 1978 年首次在美国使用,起源于纽约百老汇,当时纽约戏剧演出行业缺乏资金,出资者为演出团队提供资金支持,便被称为天使投资人。最初的天使投资具有一定的捐款性质,后来逐渐发展成为一种较为成熟的投资模式,投资人被称为"投资天使",他们的出资资本被称为"天使资本"。

天使投资有时也被称为商业天使。天使投资提供重要资金、技术给创新小企业,帮助其发展。天使投资不包括企业的创始人、朋友和亲戚提供的资金。天使投资人是指具有一定财富的个人对具有高成长性和发展潜力的初创企业进行直接早期权益性资本投资,并协助其创始人创业,在承担其高创业风险的同时希望实现创业成功后带来的高投资回报,从而达到资本增值的目的。

相对于其他较为成熟的投资模式,天使投资具有以下特点:①天使投资的投资金额一般比其他投资小。由于天使投资多由个人投资者或几位个人投资者联合出资,其谨慎的态度和个人资金实力的限制,规模往往较小,一般占股比例较低、不追求控股权。②天使投资具有高风险、高收益的特征。毕竟天使投资是创业者从投资者手中获得的首笔投资方,这个时期的创业者大多面临团队不成熟、产品路线规划模糊、缺乏市场资源等多种问题,具有非常大的投资风险,而天使投资者选择在最早起进入创业企业,则一般会取得该公司很大份额的原始股权,往后该公司运营成功直到上市,天使投资者将会取得十分丰厚的回报。③天使投资一般是长期投资。由于天使投资资金的进入是在企业创业的最初时期,而目前我国并购市场、股份转让市场等机制并不健全,天使投资者取得的公司股权流动性非常弱,往往要等到企业 IPO 以后才能取得回报,这个过程短则 4~5 年,长则会达到 10 多年,回报周期一般需要很久。④天使投资通常是参与性投资。投资后,天使投资者一般会积极参与投资企业的发展经营,为被投资企业提供相关咨询服务,包括其产品设计、市场开拓、团队人员发展规划、公关渠道、上市安排等。

2. 天使投资的主体

(1) 天使投资人。资本较为雄厚,并且对于风险企业有专业投资经验与知识的投资者可称为天使投资者。"合格投资者"在美国的天使投资法律中确定了其概念:投资者的净资产应至少有 100 万美元,至少有 20 万美元的年收入,至少 15 万美元投入于交易当中,并且这些投资在其财产占比不应超过 20%。除了这些硬性条件,天使投资者还需要具备一些主观条件,如其心里风险承受能力,对所想要投资行业的基本了解与判断,以及明确自己所能承受的最大投资额度。

天使投资人按照投资的目的、习惯、经历、经验划分,有很多方式:①一些投资人投资进入企业目的明确是为了赚钱,另一些则会出于一种帮助或者公益捐款的性质考虑;②一些天使投资者非常有企业运营经验与市场资源,会积极帮助被投资企业发展成长,而另一些则完成投资后鲜有过问;③一些天使投资者会专注于自己较为了解的行业进行投资,而另一些投资者则会因为对被投资对象看重,而跟进投资于自己本身不了解的行业;④一些天使投资者本身有过创业或天使投资的经历,而另一些天使投资者则只拥有资金,缺乏投资经验。

我国的天使投资行业还处于发展起步阶段,天使投资者从构成上看,可以分为个人天使投资者与机构天使投资者。个人天使投资者通常是国内成功的民营企业家等,机构天使投资则还能依照成熟度的差异分为天使投资基金、天使投资俱乐部、天使投资平台、孵化器型的天使投资等。

（2）天使投资团队。个人天使投资的力量往往较弱,投资风险无法分担,投资行为也会比较保守,优秀项目的来源与筛选、个人的资金、调研的充分程度都会非常不充分。因此一些地域的天使投资人因为以往的商业合作经历等原因自发组织了天使投资协会或者俱乐部。主要目的就是促进同行业人的充分交流,他们可以在俱乐部中自由交换项目信息、投资经验、一起对项目进行探讨尽调,并从讨论中找到天使投资合作伙伴分担投资风险,整体降低了他们的天使投资行为的风险。

（3）天使投资基金。天使投资俱乐部还是一种较为松散的组织模式,随着其进一步向专业化方向发展,就出现了天使投资基金这种比较完善的投资组织模式。这项基金的出现在源头上改善了天使投资原本过于个体化和分散化的缺点,将天使投资引向正轨。

天使投资基金一般会设有基金经理统筹管理,基金经理必须有丰富的投资与管理经验,能够管理好整个投资过程,包括项目的前期寻找与筛选、项目的尽调、项目投资协议的达成、资金进入的整个安排、项目投后的跟进管理等,并会配有法律、市场、人事、公关等各部门的专业人员,充分降低了天使投资的风险,提升了天使投资的投资效率。

天使投资基金在欧美已经全面发展。他们拥有能够将还在创业阶段的团队带入正轨,并稳步向上发展的团队、资源和财力,其成功的可能性相比个人天使投资要高的多。现今,天使投资基金在我国有足够的发展条件,且天使投资基金能够提供的丰富的资源,拥有极高专业水平的团队和大量的资金。

3. 天使投资与风险投资的异同

天使投资和风险投资作为创业企业重要的外部资金来源,在促进企业早期成长及创新方面发挥了重要的作用。天使投资人与风险投资家均通过向新创企业注入资金,获取股权成为股权投资者,并为企业带来一系列的价值增值服务。天使投资人与风险投资家通常投资于早期企业,相比投资于中后期的投资者,需要承担相对较高的风险,因此天使投资人与风险投资家在注入资本后,通常都会围绕创业企业的经营和生产战略等积极参与创业企业的治理。同时,天使投资人与风险投资家之间又存在一些不同之处。首先,天使投资人经常在种子期和初创期进行投资,其金额远远低于风险投资的金额,天使投资人作为企业早期资金的重要补充,不仅会对初创企业能否成功经营产生重大影响,还会利用自身行业经验及社会网络对其管理、治理和运营产生重大影响。其次,风险投资机构的资金可能由资金管理者或者机构的有限合伙人提供,但是天使投资人使用自有资金而非其他投资者的资金,风险投资机构与创业企业之间双重委托代理问题的可能性较小。另外,天使投资的投资范围与风险投资不同,部分不能获得风险投资青睐的项目,可能会吸引天使投资人的投资。

天使投资与风险投资又有相同,一方面,能够为企业提供早期的资金支持,使其正常进行经营;另一方面,部分天使投资人能够通过参与被投资企业的重要经营和治理环节,为创业企业提供增值服务,促进其成长。

从宏观上来看,虽然中国的天使投资起步晚于部分其他国家和地区,却已经在风险资本市场上发挥着越来越重要的作用,并与中国国情相适应,形成了鲜明的中国特色。改革开放以来,私营企业成为中国资本市场中的重要组成部分,高净值人群(民间资本)的存在为天使投资提供了众多潜在的发展人群,同时,中国整体天使投资发展迅速,并逐渐组织化。另外,由于政府在经济中的重要地位,政府引导的天使投资基金相继设立;在资本市场退出渠道方面,2009年,深圳创业板的成立,并成功运行,丰富了天使投资的退出渠道,推动着天使投资的进一步发展。

7.2.4 风险基金

1. 风险投资的概念

风险投资是指通过对新创企业提供资金及增值服务,培育企业成长,并在时机成熟时退出,以获取高额回报率,实现资本增值后进行下一轮投资的投资行为。15世纪时,欧洲第一次出现了"风险投资"这一概念,此时部分商人投资给远洋的航行冒险家从而衍生出风险投资,具体含义是指风险高的投资行径。在19世纪的美国,对于油田开发、军工研究的投资让风险投资渐渐在美国盛行开来。1946年,美国研究与开发公司(ARD)成立,从而诞生了现代风险投资。风险投资又常被称为创新投资,其对美国新经济增长产生了积极的促进作用。

专业机构、政府以及学术界关于风险投资均有不同的定义。2003年,科技部、原国家计委等部门联合制定的《关于建立风险投资机制的若干意见》对风险投资进行了定义,即风险投资旨在为科技型的高成长性创业企业提供股权资本,并为之提供经营管理和咨询服务,在被投资企业发展成熟后,通过股权转让获取中长期增值收益的投资行为。专业机构和政府主要强调其为创新企业提供服务的功能,而学术界定义的侧重点根据其研究主题各有不同。定义的不同主要在于概念范围划分的区别,可将风险投资分为狭隘与广义两种类型:狭隘的风险投资是传统的早期风险投资,其投资目标为创新型中小企业,为获取高额回报而承担高风险的权益资本;广义的风险投资涉及的范围较广,其投资目标主要为非上市的所有企业,既包括早期的风险投资,同时也包括后期的私募股权投资。私募股权投资一般是通过私募形式对私有企业,即非上市企业进行的权益性投资,一般通过上市、并购或者管理层回购等方式出售所持股份而获利。在我国,风险投资机构和私募股权投资机构在实际业务中并无明确界限,投资阶段也往往存在交叉。风险投资(Venture Capital,VC)和私募股权投资(Private Equity,PE)经常被混用,《中国风险投资年鉴》中也未将两者进行明确区分。

虽然目前关于风险投资的概念还没有形成统一的看法,但其定义均具有以下三个相同的特点:①风险投资是一种高风险和高收益的权益投资;②风险投资所投资的企业一般为高科技、高成长型的新创企业;③风险投资在投资过程中,不仅提供资金,还会参与到公司的管理之中,提供专业的管理咨询等增值服务。

综上所述,可将风险投资总结为是向高成长型新创企业提供资本支持与增值服务,以获取高额回报的权益投资的行为。

2. 风险投资的特征

风险投资主体大多数情况下是具备资格的投资机构和风险投资家。在具体操作过程里,进行风险投资的大多是相应机构,也就是以此为职业的专业团队。不管手段如何,风险投资单位大多都有风险投资家和此行业内的专业人士。风险投资的风险很高,在开始之前必须对相关的公司和行业展开相应的调查探究。除此以外,还需要对于目标单位的历史进程和进步前景,以及未来目标和竞争力展开全面探究。

风险投资的接受者大多为具有较好的发展潜力的未上市公司。这类公司的成长可以概括为初始期、成长期、扩展期、成熟期。接受风险投资的公司大多数处于成长期的前段,此时他们需要很多资金的支持,主要用于实验成品向市场的推广,技术转化启动金。风险投资对象具有一定的特殊性,风险投资的投资时期往往很久,是一种中长期的投资方式,而具体的公司行业和种类的差别也会不一样,风险投资公司从资金流入到产出的时间通常可达到 4~8 年。

股权投资是风险投资的主要手段。投资方式多种多样,包括债权投资、证券投资和资产交易等。风险投资主要属于股权类投资,也就是说属于权益性的资本。以实际的角度看,风险投资的股权投资和风险投资家的目标相符。风险投资家把资金给予处于成长初期的理想公司,成为其股东,目的不在于控制该公司。之所以协同公司经营,给予相应增值业务是为了帮助公司更快速进步,进而通过成熟后的股权买卖完成自己预期的资本盈利,随后其还会寻找下一个理想公司投资。

总之,风险投资属于一种较高的风险伴随着理想的收入的投资形式。在风险投资时,风险与利益相伴而生,同时也彼此促进。硅谷著名的经验定律,也就是风险投资受益大拇指定律:十个风险投资里产生 3 个废弃公司,也会产生 3 个不能更好进步的普通企业,而还会有 3 个取得尚且说得过去的价值,只有一个会成为"大拇指",也就是成功的投资。

3. 风险投资的退出

风险投资行为的退出可以从广义和狭义理解。广义的风险投资退出涵盖风险资本在相应项目的退出,以及资本从风险投资基金的退出。狭义的风险投资退出特指风险投资资金从风险投资公司的退出。也就是说在风险投资项目发展到一定程度之后,风险投资家会选择合适的形式退出风险公司,进而谋取高额利润回报。

风险投资成功退出保证的是风险投资家风险投资资金的稳定流动,资金能够安全退出才能进一步实现利益资本的兑现,从而让风险投资的过程得以延续,股东由此获得收益。风险投资是否能够顺利退出,对于风险投资家的商誉将会带来影响,从而影响下一次风险投资的款项是否能顺利筹集,并将会直接影响到其后期风险投资项目的投资。风险投资退出能够帮助风险投资行业实现较好的稳定进步,也是获取预计风险投资收入的核心手段,通常,大多数投资形式得到投资收益的方法手段是借助于股份分红获取利息。然而风险投资资金需要的是对于选取项目的合理退出,而实现目标计划的预计收入。所以,畅通的投资渠道对于风险投资业至关重要。

健全的退出法律机制有利于风险投资顺利退出。因为风险投资具有高风险性,如在合理的时期安全退出,既能够收回之前投入的资本减少投资失败的可能还能获得利润,故而健全的退出途径保障的是风险投资家安全撤资,进而确保其资金增值。风险投资的退出是整个投资最重要的步骤,也是核心关键之所在,风险投资采取的退出形式会涉及风险投资家实际的盈利。

风险投资的退出方式。风险投资家借助股权的投资和准股权的投资融入目标公司,并不是为了获得此公司的掌控权和经营权,而是借助后期资金的退出完成风险投资的盈利。国家批准的《创业投资企业管理暂行办法》(以下简称《办法》)第 24 条标明创业型投资公司可以借助股权上市后转让、股权协议转让等手段完成投资退出。风险投资的退出主要包括首次公开售股,股份回购等手段,具体实施程序准则应当遵循《中华人民共和国公司法》和《中华人民共和国证券法》等规定。

① 首次公开上市(IPO)。首次公开上市即为 IPO,含义为首次面向社会发行股票这一行为。初次公开发行股票不仅可以帮助风险公司开展更广阔的筹资手段,还可以帮助风险投资团队合理退出投资。2003 年,国务院公布指导推进市场改革发展的若干建议,鼓励建设多样化的市场结构,并且已然形成主板和创业板在内的多样的股份售卖窗口,这对于风险投资个人和企业来说意义重大。2009 年,实施的管理暂行办法更加严格限制了主板市场的上市所需因素,对许多发展阶段的创业公司不利,可以说反而对风险公司的筹资产生了一定的影响,同时,上市有非常高的门槛标准,进而让资本退出的实现变得更加复杂,降低了风险投资家进入相关公司的热情度。

② 兼并与收购(M&A)。公司的兼并与收购(Merger and Acquisition),具体包括所有与企业控制权交易结合有关的行径,其中包含了资本收购、股权收购与企业合并等手段。风险投资借助并购从而实现资本的退出,既包括风险公司和其他公司之间的兼并收购,也包含风险投资机构购买原始风险投资占有的风险公司股份。风险投资机构退出的形式也是多种多样,因此并购买卖股权等风险投资退出形式是以后相关机构退出

的重要途径,多元化的退出形式也是市场进步的发展方向。

③ 股份回购。股份回购是指风险公司买回风险投资机构占有的股权。全球各国公司法大都允许股份的重新购入。我国《中华人民共和国公司法》第 142 条表示包括减少公司注册资本,上市企业需要保护企业与其他股东手中的股权,要求公司购买股份的情形有多种,但公司不得购买本公司股份。此外,规定公司视情况回购股份,对回购股份有严格的程序制约。严格控制公司收购公司的股票,一方面是严格区分公司的法律地位和为了稳定公司的资本,以保护相关债权人的合法权益。另一方面,也可以杜绝内幕交易的情况,有效维护股票买卖的公平性和稳定性。

④ 清算。一般认为,初次公开发行股票是风险资本退出的最佳方式,并购和股票回购也可以让风险投资机构收回其成本。但是,这些都是希望的退出选项,依"拇指规则"的经验看,大约有一半的风险投资可能以失败收尾,这表明风险投资机构多以清算实现投资资本的退出。清算的含义是企业解体以后或者宣布破产后,依据规定程序处理事项、收回债权、偿还债务、调配财产,最后终止企业,予以消灭的行为。根据企业清算的不同原因,可以分为解散和破产,清算方式分别依照《中华人民共和国公司法》和《中华人民共和国破产法》的程序规定执行。

第8章　知识产权与科技成果转化

2015 年,国家修订的《中华人民共和国促进科技成果转化法》以及 2015 年、2016 年、2017 年中共中央和国务院印发的《关于深化体制机制改革加快实施创新驱动发展战略的若干意见》《深化科技体制改革实施方案》《关于深化人才发展体制机制改革的意见》《实施〈中华人民共和国促进科技成果转化法〉若干规定》《促进科技成果转移转化行动方案》和《国家技术转移体系建设方案》指出,要营造激励创新的良好生态,加强对创新成果的知识产权保护,完善知识产权保护制度,发挥知识产权司法保护的主导作用,完善行政执法和司法保护两条途径优势互补、有机衔接的知识产权保护模式,改革优化知识产权行政保护体系;加强知识产权运营和知识产权服务,释放激发创新创业的动力与活力。

8.1　国际知识产权制度

"知识产权制度"是智力成果的所有者在一定期限内依法对其智力成果享有独占权,并受到保护的法律制度。这一制度起源于文艺复兴时期的意大利,发展于 17 世纪的英国,20 世纪之后被世界各国广泛接受。广义的知识产权,涵盖了一切人类智力创作的成果。1967 年成立的世界知识产权组织在《成立世界知识产权组织公约》中列举了创作者对于文学、艺术、演出、发明、科学发现、外形设计、商标服务标记等智力成果的各项专属权利。另外,1994 年成立的世界贸易组织也在《与贸易有关的知识产权协定》中为知识产权划定了范围,包括版权、领接权、商标权、地理标志权、工业品外观设计权、专利权等。知识产权制度,一方面确保了创新者从自己的作品中获益,激励了知识创新,对人类社会的发展和文明进步起到了推动作用,但另一方面,也妨碍了新知识、新技术的迅速传播,其广泛应用也显现出越来越多的弊端。

8.1.1 国际知识产权法律制度的现状

国际知识产权制度自 19 世纪 80 年代起,经过一百余年的发展,到今天基本上形成了较为全面、完整的法律体系。从调整的范围看,其相关条约覆盖了主要的智力成果如专利、著作权、非披露信息、拓扑图、植物新品种等以及工商业性标记如商标、地理标志等各种类型的知识产权。此外,随着技术的日新月异,目前,其条约对新出现的知识产权形态包容吸纳,使知识产权的内容不断得到丰富和拓展。从知识产权条约的形成和表现方式看,形式多样,既有全球性条约或协议,也有地区性的;有多边的条约,也有双边的;有专门的知识产权条约,也有以条款或章节等形式被规定在相关投资或贸易协定中的;还有各国国内法的详细规定。这些使得国际知识产权法律制度呈现出多样性和体系化的趋势。

上述现象都使当下国际知识产权制度的结构变得越来越复杂,它既包括源于不同范围、形式各异的国际法律文件的规范,也涵盖不同国家的国内法律规定等。

全球性多边知识产权条约、区域性知识产权条约及国家之间的双边协议是当下知识产权国际法律制度的主要组成部分。其中,世界贸易组织(WTO)下的《与贸易有关的知识产权协议》(TRIPS 协议)的影响最大,其次世界知识产权组织(WIPO)管辖下的多边条约内容最为丰富。

1. 全球范围内的多边条约

除少数协议外,关于知识产权的多边条约多是由 WIPO 管理。除《建立 WIPO 公约》外,依照不同条约或协议所调整的范围及规范的内容,可以将它们划分为 3 个类别:①以实质内容为主的条约或协议,它们规定了不同种类的知识产权保护的基本原则、标准或要求等,其中最突出的是规定了知识产权保护等方面的国民待遇、优先权等原则及获取不同知识产权的基本要求等。这些条约包括 1883 年的《保护工业产权巴黎公约》(《巴黎公约》)、1886 年的《保护文学艺术作品的伯尔尼公约》(《伯尔尼公约》)、1961 年的《保护表演者、录音制品制作者和广播组织的罗马公约》(《罗马公约》)等。非 WIPO 系统下的重要的条约包括联合国教科文组织下的 1952 年《世界版权公约》、1961 年《国际植物新品种保护公约》(UP-

OV 公约)及 WTO 框架下的 TRIPS 协议等。②主要涉及程序方面事宜的知识产权保护条约,该类条约以便利知识产权在一个以上国家申请或登记为目的,主要包括 1891 年的《制止商品来源虚假或欺骗性标记》(《马德里协定—标记》)与《商标国际注册马德里协定》(《马德里协定—注册》)、1970 年的《专利合作条约》(PCT)等。③知识产权分类的国际条约,出于便利检索的目的,将有关发明、商标和工业设计的资料信息组织为编入索引、可管理的结构等,包括 1957 年的《商标注册用商品和服务国际分类尼斯协定》(《尼斯协定》)、1971 年的《关于国际专利分类的斯特拉斯堡协议》(《斯特拉斯堡协议》)等。

所有以上 WIPO 管辖下的条约的具体通过时间、生效及缔约方状况等可以访问 WIPO 官方网站的条约部分了解更多内容。

2. 区域性条约及文件

区域条约或文件是指在特定地区,有关国家通过地区性的专门国际条约或综合性的贸易、投资协定对知识产权事宜进行调整。它们在知识产权国际制度中起重要作用,因为前述国际层面的多边条约的实施往往有了这一层面条约的推动与促进,会取得更好的效果;而且近年来,通过区域自由贸易协定中的知识产权条款协调特定区域的知识产权事宜,已经成为一种趋势。它们对促进特定区域的知识产权保护有积极作用,进而也有利于国际层面知识产权条约的执行。这类协议的典型例子有 1973 年《欧洲专利公约》、1998 年《生物技术发明法律保护欧盟指令》、1982 年《非洲地区工业产权组织框架内专利和工业设计的哈拉雷议定书》和 2000 年《安第斯共同体的工业产权共同制度》等。除了具体的知识产权条约外,多数的区域自由贸易协定也越来越多地涉及知识产权问题,且大多有专门的知识产权章节讲解,凸显知识产权在该类协定中的重要地位,如《北美自由贸易协定》(NAFTA)的第 17 章专门规定了知识产权方面的内容,它是整个贸易协定的组成部分,而不是独立的知识产权条约。

3. 双边协定

双边协定主要是依据两个国家或独立关税区专门的知识产权合作协议或投资、贸易协定中有知识产权协调的章节对知识产权事宜做的规定,以促进双边多方面的经贸合作。专门的知识产权协定较少,如 1992 年的《中美知识产权保护备忘录》,更多的是那些包含有知识产权事宜的双边贸易或投资协定等,如美国和约旦之间的 2000 年《自由贸易协定》,2015年 12 月 20 日正式生效的《中韩自由贸易协定》第 15 章规定的"知识产权"等。这类协定是保证多边协议落实的主要工具与手段,在知识产权国际制度中起举足轻重的作用。

以上三类国际知识产权条约中,最重要的无疑是全球性多边条约,虽然把含有知识产权条款的地区性协定及双边协议视为国际知识产权法律制度的组成部分有些牵强,但它们的作用不容忽视。因为它们不仅对全球性国际知识产权条约的实施有重大意义,而且它们所包含的符合知识产权领域发展规律的条款有可能在未来通过谈判被融进新的全球化多边协议中。

8.1.2　国际知识产权法律制度的特征

1. 国际知识产权法律制度的总体特征

知识产权国际制度发展历程表明,其在形式上由以多边条约为主向多边条约、区域性条约与双边条约共同发展转变;由专门的知识产权条约向将知识产权内容融入多边、区域或双边自由贸易协定或投资协定中内含知识产权法律规范转变。在内容上不断向知识产权制度的立法、执法等纵、横两个维度方面加深,如知识产权范围不断拓展和扩大,保护的强度不断提升;强调立法、执法并重,且执法力度在不断加强,凸显出了对知识产权人保护的倾斜。从一定的角度看,国际知识产权法律制度似乎与TRIPS 协议所设定的知识产权制度目标、原则及知识产权的平衡各方利益的基本诉求有些背离,且可能会进一步加大全球化时代穷国、富国之间的差距,两极分化可能会进一步加剧,不利于全球经济和平、有序、稳定的发展。

2. 国际知识产权法律制度的本质特征

国际知识产权法律制度形成和发展是私人部门推动的结果。在国内知识产权法律制度的早期形成中,由政府推动和主导,如 1474 年《威尼斯专利法规范》是由威尼斯政府为激发那些掌握了较好机械技术的人将技术披露出来而制定的;1623—1624 年英国颁布的《垄断法案》是基于 1603年达西案,规定法官形成的专利只授予那些先进技术的人,最终由英国政府通过。然而,在国际层面,有大量的证据表明,知识产权领域一系列国际法规范的变化往往最早的起草者就是企业或企业资助或雇佣的代理人（如律师或律师团队），而且只要他们提出，这些规则基本上都可以变成国际条约而被通过。例如《巴黎公约》与 TRIPS 协议便是经典之例。《巴黎公约》之所以能够制定和通过，主要是因 1871 年奥地利维也纳世界博览会的举办，当时，很多发明人（主要是企业等私人部门）担心自己的发明在博览会上展览后被别人模仿而得不到保护而引发；而 TRIPS 协议的形成过程及其内容更是直接反映了公司的意志和需求。这些协定通过是私人部门对知识产权制度形成起到积极推动作用之证明。可以说，私人部门对国际条约形成影响最深的领域莫过于知识产权领域。

　　国际知识产权法律制度是私人部门意志的体现。知识产权条约草案或由私人提出，或被私人施加了强有力的影响，由此它们必然主要体现的是私人部门的意志。如 TRIPS 协议的"序言"明确规定知识产权是私权利，这一诉求的背后其实是跨国公司等私人主体在国际贸易领域自我利益追求的体现。这就不难理解，为何 WTO 成立之后，跨国公司在全球的利益得到了进一步保障，而发展中国家的企业为何在竞争中举步维艰，一不小心就触上了知识产权"雷区"，要么被诉侵权，要么产品被进口国的海关扣押、处罚，要么被赶出有关国家的市场。凡此种种，均与知识产权密切相关。可以说国际知识产权制度本质是诸多私人部门在知识产权领域意志的反映，它们着重保护私人利益，附带兼顾所谓的利益平衡与激励创新等；其最终服务的是少数在知识产权领域拥有优势的大企业，相关政府或司法机关只不过在做好各自的"服务"而已。

　　实际上，早期发达国家的国内知识产权制度以单纯保护为其主要目标，后逐渐过渡到保护与鼓励技术转让和扩散并重，时至今日，其已发展为以鼓励技术扩散和转让为其主要目标（已被 TRIPS 协议所采纳），而将保护视为知识产权制度目标实现的手段。由此看出，发达国家关于知识产权制度在国际、国内两个层面采取完全不同的态度，即在国际层面要求发展中国家将保护视为知识产权制度的根本使命，而在其本国国内，则以鼓励技术转让和扩散为其立法宗旨。

　　简言之，国际知识产权制度的本质是私人利益在国际法律层面的体现，是私人利益与以国家为单位的单元利益相交织的反映；在国际知识产权制度下，结合相关贸易制度，把私人意志变成国家意志，实现自己的利益企图。

8.2　我国知识产权制度

8.2.1　我国知识产权法律制度的发展现状

我国近些年来,经济社会发生了翻天覆地的变化,社会生产力和科技创新能力大幅度提高,社会主义市场经济体制和中国特色社会主义法治体系稳步建立,人民生活水平极大提高。在取得的诸多重大成就中,社会主义法治建设的巨大成果具有独特意义和价值,成为经济社会发展的制度保障。而在中国法治建设中,以知识产权法律的制定与实施为核心的知识产权制度的建立与发展更具特色和意义。

进入 21 世纪以来,我国知识产权制度的发展面临着日益复杂的国内外形势。20 世纪 80 年代以来,新中国通过制定知识产权专门立法,初建了系统的知识产权制度,并在 20 世纪末到 21 世纪初通过系统修法实现了全面与知识产权国际公约的接轨,在几部知识产权专门立法均进行了系统修改的基础上,我国知识产权制度的走向和重心又发生了新变化。这主要体现为加入 WTO 后我国逐步将知识产权作为国家战略和创新型国家建设的重要制度支撑,对知识产权制度的管理和完善在全面实现国际化的基础上侧重服务于国家战略需求和经济发展内在的需要。在新的历史环境下,知识产权制度肩负起重大的服务于实施国家知识产权战略和建设创新型国家的历史使命。

1. 知识产权制度的变革趋向

知识产权制度不仅是一个国家或地区保护知识产权人利益的法律制度,而且也是一个国家或地区保护和激励创新,提高创新能力、产业竞争力与综合国力的重要的激励机制、法律保障机制与利益平衡机制。随着知识经济的发展、新一轮科技革命的到来,知识产权制度的实施越来越具有战略性,成为一个国家或地区开展国内外竞争的战略武器和法律机制。

国务院于 2008 年 6 月发布了《国家知识产权战略纲要》,从此我国的知识产权制度实施被上升到国家战略的高度,知识产权制度的地位和作用在新的形势下急剧提升。如今,《国家知识产权战略纲要》实施已超过 10 年,我国已经跃升为名副其实的"知识产权大国"。《国家知识产权战略纲要》确立了我国知识产权制度运行的基本格局,从国家战略层面谋划整个知识产权制度,以知识产权制度特有的激励创新和保护创新成果机制促进我国创新能力的提升。这一点在党和国家相关政策中得到了充分体现。党的十七大报告提出要"实施知识产权战略","进一步营造激励创新的环境"。党中央多次对我国知识产权制度的有效实施、知识产权保护加强和运用做了重要部署,如要"加快建设创新型国家""倡导创新文化,强化知识产权创造、保护、运用"。此外,2015 年 12 月,国务院发布了《关于新形势下加快知识产权强国建设的若干意见》,明确提出"要在知识产权重要领域和关键环节改革上取得决定性成果"。

当前,我国已经进入了知识产权强国建设阶段,知识产权制度运用将成为迈向新时代社会主义强国的国家战略。据此,有关部门正在研究制定和实施强国知识产权战略的纲要和方案表明知识产权制度有效运用已是我国强国之路的重要法律保障机制,知识产权制度在建设社会主义强国的新时代将发挥比过去更加重要的作用。在国家战略层面上,党和国家有关创新战略和政策的制定与实施也与知识产权制度有效运用具有十分密切的关系。具体言之,知识产权制度成为我国实施创新战略、建设创新型国家最重要的法律保障手段和激励机制,如提出创新驱动发展战略,在 2015 年《中共中央国务院关于深化体制机制改革 加快实施创新驱动发展战略的若干意见》中,强调要"营造激励创新的公平竞争环境""实施严格的知识产权保护制度"。在新的形势下,我国知识产权制度正面临重大变革,由过去侧重于调整市场经济竞争秩序、向国际标准靠拢,转变到服务于国家经济社会发展和创新型国家建设的战略层面,最根本的特点是由被动接受国际规则到主动适应我国经济社会发展战略的转变。

2. 我国知识产权制度的进一步完善

在新的形势下,我国知识产权专门法律需要继续完善,以适应知识产权制度激励创新、规范市场竞争行为、提高知识产权保护力度的迫切需要,具体表现为 2008 年《中华人民共和国专利法》第 3 次修改、2019 年《中华人民共和国商标法》第 4 次修改和《中华人民共和国反不正当竞争法》第 2 次修改(下面可用简称)。知识产权立法之所以修改频繁,与其具有的动态调整我国经济社会生活的重要功能密不可分,在实质上反映了其在我国经济社会发展和国家治理体系中日益重要的地位和作用。

2008 年,《中华人民共和国专利法》的修改:①强化了专利制度促进创新的立法宗旨和提高了发明创造新颖性标准。如其第 1 条"立法宗旨"中,增加了"提高创新能力"的内容;在第 22 条和第 23 条中,分别对发明与实用新型及外观设计专利的新颖性条件由以前的"相对新颖性"提升为"绝对新颖性",从而有利于提高我国专利质量,进而促进创新质量提升。②提高了专利权保护水平,主要通过规定加大行政处罚力度、强化诉前临时措施的适用以及对于侵权损害赔偿制度的完善,实现加强专利权保护的目的。③更加注重构建专利权之私权保护与公共领域的平衡机制。在加强对专利权保护的同时,注重维护公众利益和竞争者利益,实现私人利益与公共利益的平衡。这其实是保护创新源头和实现创新与再创新平衡的立法举措。这方面改进尤其体现于第 62 条:"在专利侵权纠纷中,被控侵权人有证据证明其实施的技术或者设计属于现有技术或者现有设计的,不构成侵犯专利权。"此外,第 69 条对于专利侵权例外规定的优化也是如此。

2020 年,《中华人民共和国专利法》进行了第四次修改,这次修法的直接动因是党的十八届四中全会提出"完善激励创新的产权制度、知识产权保护制度和促进科技成果转化的体制机制"。这次修订,表明我国专利立法制度的完善正朝着如何有效保护和运用的方向发展,体现了新形势下专利制度落实国家知识产权战略的着力点和实现路径。

2019 年《中华人民共和国商标法》第四次修改和《中华人民共和国反不正当竞争法》第二次修改,则是当前我国知识产权制度的最新立法进展。以前者而论,2019 年 4 月 23 日,第十三届全国人民代表大会常务委员会第十次会议通过了对《中华人民共和国商标法》修改的决定,修改条款自 2019 年 11 月 1 日起施行。此次修订尤其对于恶意申请注册商标以及恶意提起诉讼的行为,进行专门规制。此外,该法还大大提高了侵犯商标专用权的民事赔偿力度。2019 年 4 月 23 日,《反不正当竞争法》第 2 次修订,主要是针对商业秘密侵权及其法律责任做了重要改进。很明显,这两部法律本次修订主要强化了对社会主义市场经济中诚实信用原则的维护,加强了对不诚信行为的惩处力度;同时,通过加大制裁侵犯知识产权行为的力度,达到震慑侵权行为、加强对知识产权的保护力度、更好地激励创新和创造、营造鼓励创新的法律环境的目的。

通过总结可以发现,相关知识产权专门法律的修改与当前实施的国家知识产权战略日益重视通过提高保护水平达到激励创新、规制市场竞争关系的意旨相关。

8.2.2 我国知识产权法律制度变迁的动因

知识产权制度起源于西方资本主义社会,其内容也在很大程度上反映了西方国家的意识形态和文化技术水平。但不得不承认,中国知识产权制度如果不能成为本国的内在需要,获得其存在和发展的内在动力,也不可能在中国存活下来,并被全社会重视和推行。因此,中国知识产权制度变迁的动因也应从外部和内部两方面来看。

1. 知识产权变迁的外部动因

中国知识产权变迁的外部动因主要源于对外贸易的需要,其中较为关键的两个事件分别是 20 世纪 80～90 年代中美贸易问题和 21 世纪初中国 WTO 的"入世"行动。

中美贸易问题。资本主义世界的市场主体向来是趋利的"理性经济人",只有足够的利益诱惑才能使其向中国输入资本和技术,而当时中国知识产权制度的缺位成为他们向中国输出技术最大的顾虑。在外在压力下,改革开放后,中国仅用了大约十年时间初步建立起现代知识产权制度,先后通过了《中华人民共和国商标法》(1982)、《中华人民共和国专利法》(1984) 和《中华人民共和国著作权法》(1990),建立了西方国家几十年甚至上百年才能建立的现代知识产权法律体系。

加入 WTO 与 TRIPS 协议。20 世纪末,为了更好地参与经济全球化,加快与各国的沟通和合作,中国开始探索加入 WTO。但此时中国的知识产权制度与国际基本水平还有一定差距。在巨大的压力下,中国知识产权制度开始了新一轮为直接适应"入世"、满足 TRIPS 协议要求的修订,导致了中国知识产权制度 21 世纪初第二轮本土化、国际化改造。在"入世"后,虽然中国拥有了和 WTO 成员同等的公平竞争和解决知识产权争端的权利,但不断修改完善的 TRIPS 协议也对中国知识产权保护提出了更高要求。

"入世"前后,中国知识产权制度的变革主要有以下几个方面体现:①知识产权立法的第二轮修订。2000 年 8 月,《中华人民共和国专利法》进行了第二次修改,一方面加大专利保护的力度,另一方面简化审批程序,按 TRIPS 协议要求进一步调整,完善了中国专利有关规定;2001 年 10 月,我国商标法进行第 3 次修改,将集体商标、证明商标写入商标法,回应了 WTO 关于诉讼解决商标争议的条款;2001 年 10 月,我国著作权法进行第 1 次修改,主要细化著作权的具体权利,同时新增了出租权、广播权、放映权和信息网络传播权等权利。②进一步建立健全知识产权保护的司法实施制度,在知识产权民事和刑事等司法审判方面都颁布了一系列条例。③建立健全网络知识产权保护机制。中国于 2006 年 12 月加入世界知识产权组织的两个"互联网条约"——《表演与录音制品条约》和《版权条约》,在此基础上出台了《信息网络传播权保护条例》,进一步完善对网络版权的保护。

2. 知识产权变迁的内部动因

知识产权制度之所以能牢牢地扎根于中国的土壤,成为中国社会的自发选择,与中国的内在需求密不可分。

(1)创新驱动发展战略的需要。从 20 世纪末开始,中国开始了寻求创新驱动发展的步伐。知识产权制度作为激励创新的基本保障,逐渐从被动移植向主动变革转变。中国特色社会主义进入新时代,社会的主要矛盾已经转化为人民日益增长的美好生活需要和不平衡不充分的发展之间的矛盾。实施创新驱动发展战略,对加强知识产权保护的需求更为迫切。随着国内专利数量和创新活动增加,创新型企业要求保护知识产权的呼声越来越高,保护知识产权成为建设创新型国家的需要。从历届人大会议中关于知识产权的内容可以看出,从仅强调知识产权保护制度到将知识产权上升为国家战略,从"实施知识产权制度"到"强化知识产权创造、保护、运用",在国家创新发展过程中,党和政府对知识产权制度的建设要求明显提高,已经成为创新驱动发展战略中不可或缺的重要内容。

(2)"一带一路"经贸合作的需要。自 2013 年中国提出"一带一路"倡议,现今,"一带一路"的建设已步入快车道,越来越多的基础设施项目、投资项目等在沿线国家落地。在"一带一路"沿线各国政治、法制环境存在较大差异的背景下,知识产权制度的输出因其独特性,成为沿线国进行经贸合作的突破口之一。数据显示,2016 年,在"一带一路"沿线国家提交的 4 800 多件专利申请中,超过 80% 的专利申请人是中国企业。可以说,中国企业为一带一路沿线国家的技术创新水平的提高做出了许多贡献。但同时也应注意到,目前中国的专利布局并不完善。2011—2016 年,"一带一路"沿线国家的专利申请集中在韩国(9 229 件)、印度(7 679 件)、俄罗斯(4 024 件)等少数几个国家,虽然近 5 年来中国的国际专利数量已跻身世界前 5,但与美、日、德等知识产权强国历时悠久,且基数庞大的国际专利体量相比仍存在较大差距。在此背景下,倘若中国企业在没有开展知识产权布局的情况下直接进入海外市场,其结果将会使企业面临较大的知识产权侵权隐患。例如,北京小米科技有限责任公司 2014 年因涉嫌侵犯爱立信 8 件专利的专利权,被爱立信诉至印度德里高等法院,并被执行禁止"临时禁令",从而导致小米旗下多款产品未在第一时间进入印度市场,给小米的国际化布局带来很大影响。因此,中国必须加快参与知识产权国际规则制定的步伐,与世界知识产权组织和"一带一路"线路国家加强合作。这就要求政府部门积极参与知识产权国际规则的制定,与世界知识产权组织及"一带一路"沿线国家加强知识产权保护合作,推动建立以沿线国家政府部门为主的双边、多边合作机制。

(3)市场经济的需要。改革开放 40 年的实践,特别是从 1992 年以来,我国经济发展取得举世瞩目的成果,而知识产权就在此过程中随着智力成果不断被赋予商品的价值应运而生。随着市场经济的发展,不断变化的市场经济环境也对知识产权制度提出了新的要求,知识产权制度逐渐成为推动市场经济发展的重要力量。一方面,产权化的知识是市场经济发展的巨大推动力。国家经济增长的动力来源于不断创新,而创新成果的保障就依赖于知识产权保护。知识产权制度通过赋予人们对自己劳动所产生的知识成果的某些权利,激励科技创新活动,伴随着知识成果总量的不断累积,推动社会进步。另一方面,知识产权制度是市场经济环境下政府的重要政策工具。它对社会经济实行引导和宏观调控作用,尤其体现于通过法律手段调节人们在创造和运用智力成果时所产生的利益关系,维护知识产权市场规范。这不仅可以通过激励创新,提升国家和企业的核心竞争力,也有利于国际市场知识产权秩序的形成,维护各国的技术优势和国家利益。党中央也指出,经济体制改革必须以完善产权制度和要素市场化配置为重点,而知识产权制度作为基础性制度和社会政策的重要组成部分,更应当根据中国国情和发展不断修改和完善,为市场经济体制的发展提供良好保障。

(4)企业和个人发展的需要。知识经济时代,无论是商业巨头、发展中的中小型民营企业还是个人,都对知识产权有着极大的诉求,并且知识产权保护最直接的受益者也是微观层面的产权所有者——企业和个人。目前,中国知识产权侵权问题还较为严峻。另一方面,也可以看到企业和个人知识产权维权意识的提升和在知识产权保护方面的努力。"互联网＋"共享经济等新型商业模式的出现引发了一系列知识产权纠纷,近两年的"滴滴打车"商标权侵权事件、共享单车专利争夺大战等一系列事件都让人深刻地感受到企业和个人对于知识产权保护的重视。此外,根据世界知识产权组织(WIPO)的数据显示,2017 年,中国以 48 882 件专利申请数超越日本,位居第二,以 13.4％的成绩成为前 15 名国家中唯一一个保持两位数增长的国家。以自主研发著称的华为公司在 2015 年、2016 年和 2017 年 PCT(专利合作条约)申请量分别以 3 839 件、3 629 件、4 024件领跑全球,排名世界 PCT 申请量首位,足以显现华为对于技术研发及专利保护的重视。可以说,企业能否在未来获得可持续发展的关键就在于能否做好知识产权的保护工作,知识产权保护已成为知识经济时代企业发展壮大的核心环节,而这一切都依赖于知识产权制度的发展和完善。

(5)产业经济的需要。知识产权在经济发展方面的作用,不仅体现在市场经济发展的宏观层面和企业竞争的微观层面,在产业经济的中观层面也有着显著影响。2016 年 10 月,国家知识产权局发布中国专利密集型产业主要统计数据报告(2015)。报告指出,在 2010—2014 年,专利密集型产业增加值占 GDP 的比重由 9.2％升至 12.5％,年均实际增长

16.6％,是同期 GDP 年均实际增长速度(8.6％)的近两倍,2014 年,专利密集型产业对 GDP 增长的贡献率甚至达到了 22.6％。可以说,专利密集型产业对经济的拉动作用非常显著。从就业投入和经济产出的关系看,专利密集型产业就业人数占全社会的 3.4％,却创造了中国 10％ 以上的 GDP,劳动者报酬占比达 9.4％。专利密集型产业就业人员的产出和报酬都明显超过非专利密集型产业,在促进经济增长上,专利比非专利产业具有更大的优势。随着互联网产业的兴起和近几年的高速发展,作为新业态的电子商务已成为知识产权强化保护的新领域。中国已连续数年成为全球规模最大的电商销售市场。2017 年,中国电子商务交易额达 29.16 万亿元,占全世界电商销售额的近两成。电子商务及相关产业直接和间接带动就业人数达 4 000 多万。这也表明,与知识产权密切相关的新兴产业正在成为拉动中国经济增长的新动能。

(6)科学技术发展的需要。知识产权制度的发展史实际上是科技创新的发展史。就科技创新活动的特质看,其本质是一种高投入、高风险的活动,且科技创新的成果还具有高价值、易扩散的特点。若是没有完善的知识产权制度对创新活动及其成果进行保护,技术创新成果权利人的利益就无法得到保障,进而挫伤其创新的积极性。反之,若是科技创新成果在健全的制度框架下得到产权化安排,使其外部性减弱,最大程度发挥创新成果的价值,那么会在很大程度上激发权利人主动创新的动力,进而促进国家的科技进步和发展。因此,科技进步与经济发展必须要有适宜的保护科技创新的知识产权制度环境作为保障。

知识经济的兴起使知识产权的内涵不断被丰富,现有的知识产权制度在管理、保护等方面都不断面临新的问题。比如,科技的发展使知识产权制度在既有法律框架内增加了新的保护对象,其中著作权就由最初的印刷作品发展到录音录像、电影电视作品,继而又发展到如今的计算机软件、多媒体作品和电子数据库等。同时,技术的进步也开辟了新的知识产权保护领域,如集成电路布图设计、植物新品种的出现,使得中国必须在原有法律框架之外制定专门的法律加以保护。

技术进步在丰富和发展知识产权制度内容的同时,也给知识产权保护工作带来了危机。在著作权法领域,技术进步带来的影响最为激烈,也最为常见。由于 20 世纪 90 年代互联网的兴起,作品的个人复制和传播越来越便捷,严重危及了著作权人和出版商的经济利益。在 WIPO 缔结《世界知识产权组织版权条约》和《世界知识产权组织表演及录音制品条约》之后,中国和地方都不得不采取一系列措施加强知识产权保护工作,无论是打击假冒伪劣产品,引导市场健康发展,还是通过法律援助知识产权,支持技术转化,并促进创新发展,都说明技术进步带来的负效应反向促进了中国加快完善知识产权制度体系的步伐。

8.3 知识产权保护和运营

8.3.1 知识产权保护

"知识产权"一词是在 1967 年世界知识产权组织成立后出现的。知识产权是西方重要的制度发明,是现代产权制度的重要方面,也是市场经济条件下配置创新资源、激励创新的基本保障制度。

知识产权,也称知识所属权,是关于人类在社会实践中创造的智力劳动成果的专有权利,是指权利人对其智力劳动所创作的成果和经营活动中的标记、信誉所依法享有的专有权利。各种智力创造比如发明、外观设计、文学和艺术作品,以及在商业中使用的标志、名称、图像,都可被认为是某一个人或组织所拥有的知识产权。随着科技的发展,为了更好地保护产权人的利益,知识产权制度应运而生,并不断完善。

知识产权的种类有广义和狭义两种划分标准。广义的知识产权,可以包括一切人类智力创造的成果即 WIPO 所划定的范围。狭义的知识产权,指工业产权和版权。知识产权保护是依照各国法律赋予符合条件的著作者、发明者或成果拥有者在一定期限内享有的独占权利。版权(著作权)是指创作文学、艺术和科学作品的作者及其他著作权人依法对其作品所享有的人身权利和财产权利的总称;工业产权则是指包括发明专利、实用新型专利、外观设计专利、商标、服务标记、厂商名称、货源名称或原产地名称等在内的权利人享有的独占性权利。根据我国知识产权相关法律规定,著作权、专利权、商标专用权是三大主要知识产权。

知识产权保护是与科技创新相伴生的一种制度创新。知识产权的产权界定、处置权利、市场交易等制度性要素,对于知识产权本身作为一种商品在市场中自由流通,对于以知识产品促进科技创新和经济发展,都具有十分重要的社会意义。

知识产权是社会财富的重要源泉,也是一个国家竞争力形成的核心战略资源。知识产权制度给予创新创业者一定的市场垄断地位,使创新者能够获得与风险相匹配的高额利润,既可以保护创新行为,也可以拉动经济发展。

良好的知识产权保护制度是有效实现创新价值的载体,也是国际贸易中企业有效保持其产品国际地位,充分发挥其国际话语权的优势前提条件。二战后,发达经济体大大凸显了知识产权强国战略,并将知识产权作为维系其全球竞争优势的核心竞争力元素。在知识经济时代,知识产权特别是以技术创新成果为内核的专利,是影响企业竞争成败的关键因素。知识产权也由仅仅作为普通的竞争工具演进成为核心的竞争工具,知识产权由作为产业竞争力的重要因素演化为决定性因素。

知识产权制度中的专利制度能够有效激发创新创业者的创新动力。中国的经济发展正由数量发展时代向质量发展时代转变,质量时代一个重要特点就是,以专利为核心的科技创新成果成为企业和国家的核心竞争力。专利制度的本质特征就是通过法律和经济手段,科学确定发明人对其发明享受真正的专有权。完善和依法全面保护知识产权,能够大大增强创业创新者的活力和投资意愿,不断培育、壮大新动能,推动经济持续高质量发展。

知识产权是个人、企业或者科研机构等创新成果所有者对自身智力劳动所享有的经济获益权,是创新驱动型经济发展的内在原动力。追求利润是市场经济不变的真理,科技创新前期投入高、风险大,若不能获得对应的经济回报,创新就无从谈起。知识产权制度保障了知识产权所有者能够在一定时间内享受市场垄断权利,确保其能尽快回收研发阶段投入成本,并取得一定的额外经济收入。对于以科技创新为核心的创新驱动型经济,知识产权制度为其提供了源源不断的科技创新资源,实现了创新驱动型经济的可持续发展。知识产权制度要求任何技术创新与产品研发专利,最终都要以产品方式投入市场。创新型产品在投放到市场之后,往往会创造丰厚的利润,进而引起其他企业争相效仿。为杜绝其他企业技术仿制,知识产权制度可以在技术创新与产品研发专利的初期阶段设置"技术壁垒",从而保障整个创新驱动型经济的稳定发展。另外,知识产权制度可以通过明确"投入多少,享受多少"的产权分配原则,激励和推动企业利用高校、科研机构科技创新优势,构建"产、学、研"一体化的创新发展平台。

8.3.2 知识产权运营

知识产权具有资源、财产和权利的多重属性。知识产权运用是对知识产权的资源、财产和权利特性加以利用,谋取竞争优势或赚取收益的活动。在此,资源利用是基础,权力运行是保障,财产经营是目的。资源利用和权利运行构成知识产权的竞争性运用,权力运行和财产经营构成知识产权运营。知识产权运营是通过知识产权转让许可、知识产权作价投资、生产销售知识产权产品及直接相关技术服务等实现知识产权直接经济收益的商业性运行和经营活动,也包括支撑获取直接经济收益的质押融资、托管和诉讼等间接活动。知识产权运营虽然离不开知识产权检索分析、质量管理、风险防范、价格评估和集中管理,但这些活动并不是运营本身,而是知识产权服务。

知识产权运营源自科技成果转化,其不仅是科技成果转化的重要内容,也是科技成果转化在新阶段的发展。知识产权运营政策,既是科技成果转化的核心政策,也是最有效的科技成果转化政策。我国 1996 年颁布、2015 年修改的《中华人民共和国促进科技成果转化法》明确规定的科技成果转化方式中,就包括了转让、许可、作价投资、自行实施或合作实施等主要知识产权运营模式。我国 2016 年颁布的《实施〈中华人民共和国促进科技成果转化法〉若干规定》和《科技成果转化行动方案》更是从体制机制和业务体系上对知识产权运营进行了规定或指导。但是,知识产权运营具有与科技成果转化不同的规律和特点。因此,知识产权运营的本质是知识产权资本化和知识产权的商品化。

1. 知识产权的资本化

知识产权资本化是指在充分重视,并利用知识产权的基础上,将知识产权从产品要素转化为投资要素,并对其进行价值评估,将知识产权作为一种要素投入,参与生产与经营过程,并量化为资本及价值增值的过程。知识产权资本化是当今知识经济发展和经济全球化背景下知识产权发展的必然方向,极大地丰富了知识产权的运用。通过知识产权资本化运作,一方面可以盘活企业存量资产,使企业资产保值、升值,有效缓解企业融资困难;另一方面充分体现了科研人员、技术人士在经济发展中的个性,是知识产权与产业的联姻,因而是知识产权运用的高级形态,能够推动产业结构优化升级,促成企业核心竞争力,实现科技服务经济社会的发展目标。

知识产权资本化,既是从智力资本和知识资本化概念中引申出来的崭新概念,也是在知识产权转化过程中与知识产权商品化和知识产权产业化同时形成的崭新概念。对于知识产权资本化可从以下角度理解:①知识产权资本化是将知识产权作为一种特殊的投资形式转化为产业资本;②知识产权资本化是将知识产权作为投资方式,即把知识产权作为资本投入,投资各方把投入的知识产权进行估价,以资本形式占有企业的一定资金,与合营企业的其他投资相结合,技术投资方以股东身份占领更多市场,分享更高利润;③知识产权资本化的过程是在承认部分职务知识产权的基础上,将职务知识产权的"无形价值"转化为"有形价值",然后再将部分有形价值奖励或分配给职务发明人、设计人、作者、主要实施者,使之拥有股份、股权或出资比例,并分享其收益的整个过程。

(1)知识产权资本化的特征。知识产权资本化具有时间限制性、法定性、高收益性等特征。

① 时间限制性。知识产权是一种无形产权,它是指智力创造性劳动取得的成果,并且是由智力劳动者对其成果依法享有的一种权利。知识产权具有授权性,即国家授予知识产权所有人在某一段时间内对于其智力成果享有排他性的使用该智力成果的权利。不管是发明专利、实用新型、外观设计还是商标权、著作权等,法律对知识产权的保护均有一定的期限,如果保护期限届满,权利就会失效。因此,知识产权资本化是有一定时间限制的,即知识产权产生收益的年限、可带来收益的年限越长,其价值越大,反之亦然。

② 法定性。知识产权的获得、出资都有相关的法律依据,需要既定的法定程序,因此知识产权资本化必须依法而行,否则,易造成知识产权扩

散、流失及滥用。知识产权资本化的法律依据,首先体现在我国《中华人民共和国公司法》《中华人民共和国外商投资企业法》《中华人民共和国合伙企业法》等企业法律制度中,同时,在我国知识产权法律制度中也有体现,例如《中华人民共和国促进科技成果转化法》规定,科技成果持有者可以"以该科技成果作价投资,折算股份或者出资比例"方式进行科技成果转化。2015 年,科技部对《中华人民共和国促进科技成果转化法》进行了修订,完善了有关知识产权资本化的相关规范。随着我国规范知识产权资本化的法律法规的不断健全,知识产权资本化的法定性将更加突出。

③ 收益性。知识产权由于法律赋予专有性及难以模仿性,因而可以在法定期限内获得高额回报,知识产权资本化的过程是谋求价值增值最优化的活动,会给所有者带来高收益。知识产权作为一种潜在生产力,通过使其资本化及推向市场为知识产权人创造高额回报,为企业带来丰厚的经济效益,对经济社会发展产生推动作用。同时,知识产权资本化的高收益性必然极大地鼓励和调动知识劳动者进行知识产权发明创造的积极性和实施该项技术的主动性,有效推动国家的科研创新能力。

(2)知识产权资本化的条件。知识产权资本化是有其先决条件的,资本化并非适用于所有的知识产权,某些知识产权不能或不具备资本化的价值,知识产权资本化要具备必要的条件。

① 知识产权的权利主体合法。知识产权的权利主体是知识产权的权利所有人,包括著作权人、专利权人、商标权人等。知识产权主体既可以是自然人,也可以是法人和非法人组织,甚至是国家。资本化的知识产权,其权利具有专有性和排他性,专有性体现为知识产权为权利人所独占,权利人垄断这种专有权利,并受到严格保护,没有法律规定或未经权利人许可,任何人不得使用权利人的知识产品;排他性则主要是排斥非专有人对知识产品进行不法仿制、假冒或剽窃。拟资本化的知识产权的权利主体必须是合法的,即拥有对知识产权的合法所有权和处置权,同时权利主体本身应该具体、明确,不存在有关权利的争议与纠纷。

② 知识产权价值的可评估性。并不是所有的知识产权都能或者值得资本化的,知识产权资本化的必要条件是:知识产权的价值能够准确而切实地被评估,并且知识产权的价值在将来一定期间内具有获利的可能。知识产权价值评估是评估机构考虑相关因素,并依据一定的计算方法对

知识产权价值所作的评价、估计或预测。知识产权转让、许可、出资等各个环节无不涉及如何衡量和确定其经济价值的问题。知识产权属于生产要素或称经营性资产,其价值是通过对知识成果的利用而产生或预期产生的收益,因此,知识产权的价值由市场决定,知识产权价值评估的结论必须建立在相关市场情况的分析和预测基础上。

③ 知识产权具有未来获利的可能性。一项财产的价值等于它在未来带给其所有者的经济利益的现值。知识产权作为无形资产是不具有物质实体的经济资源,其价值由所有权形成的权益和未来收益所决定。知识产权资本化,就是知识产权价值和使用价值的实现及其收益分配的过程。知识产权权利人出资知识产权,将一定期限内的垄断优势转化为市场竞争优势,使知识产权权利人和相关企业都能共享超额的财产收益。因此,知识产权未来的获利性是其资本化的先决条件,知识产权资本化的目的是实现其资本收益的最大化,知识产权必须有获利的可能,否则知识产权虽然资本化了,却难以达到资本化的预期目的,并不能充分发挥知识产权的作用。

这上述三个条件中,知识产权的价值评估是实现知识产权资本化的最重要的条件。在知识产权资本化的经济活动中,如知识产权信托、证券化等筹资活动,知识产权许可、买卖、入股等投资活动,都离不开知识产权的价值评估。知识产权价值评估是一切知识产权活动运转的基础,是推动知识产权资本化的有效手段和工具。

2. 知识产权的商品化

知识产权商品化是知识产权转化为商品的过程,具体来说,是指知识产权权利人以获取一定报酬为目的,将相关知识产权权能通过转让、许可使用的方式转移给另一方的过程,合同双方按规定履行合同义务后,不再存在任何经济联系。

知识产权商品化与知识产权资本化相同的是,两者均为商品经济发展到一定阶段的产物,均以知识产权为载体,转化过程中均涉及权利的转移和利用。但是,知识产权商品化与资本化也有明显的区别。

知识产权商品化与知识产权资本化存在的领域不同。知识产权商品化是流通领域的"商品"交易活动,通过交易,知识产权得以从研发领域进入生产领域;知识产权资本化是生产领域的投资及资本转化行为,知识产权需要在生产领域与其他资本要素结合才能转化为真正的资本。

知识产权商品化与知识产权资本化的权属变化不同。知识产权资本化和商品化均主要以知识产权转让和许可使用两种方式进行,以转让为例,在知识产权资本化过程中,知识产权出资方可能并未完全丧失对该项知识产权的所有权,当企业终止时,原权利人可依约分得该项知识产权,使其重新回到出资方手中,而在知识产权商品化过程中,权利归属必须发生转移。

知识产权商品化与知识产权资本化利益分配机制不同。知识产权商品化过程中,知识产权转让方或许可方,能够直接获得出让或许可的对价,而知识产权资本化过程中,知识产权出资方只是获得相应的股权,以分享利润的方式取得长期的投资收益。

知识产权商品化与知识产权资本化承担的风险不同。知识产权商品化和资本化过程中均存在着技术风险、法律风险、生产风险、市场风险等,但在上述两种转化中,风险承担的主体是不相同的。在知识产权商品化过程中,转让方主要承担技术开发风险,如果转让方的报酬与该技术成果使用后的预期收益挂钩时,还需承担一部分生产风险和市场风险,而受让方则承担全部风险;在知识产权资本转化过程,以知识产权作为资本入股的一方,与以其他资本要素出资各方按其约定的股本份额共同承担各种风险。如果公司经营不好,出资人可能一无所获,如果公司破产,出资方还将面临将已出资的知识产权变卖偿债的风险。

3. 知识产权价值评估

根据 2017 年国家修订的《资产评估执业准则——无形资产》和《专利资产评估指导意见》,确定无形价值的评估方法包括市场法、收益法和成本法三种基本方法。执行无形资产评估业务,资产评估专业人员应当根据评估目的、评估对象、价值类型、资料收集等情况,分析上述三种基本方法的适用性,选择其一。实际上,在专利价值评估实践中,大都是以上述三种方法为基准方法开展专利价值评估实务工作的。

专利价值评估方法包括市场基准的专利价值评估方法和非市场基准的专利价值评估方法。其中,市场基准的专利价值评估方法包括成本法、市价法、收益法和实物期权法。成本法主要适用于成本信息记录清晰,且成本信息能够较好反映专利价值的情况。此方法简单易用,结果较为可靠,缺点是未考虑专利的预期收益,以至于计算出的结果往往较低。市价法适用于专利市场较为发达,有较多同类可以匹配的专利交易价格信息的情况。此种方法理论上较为可行,但在实际应用中,由于其匹配的专利较难完全匹配及交易信息较难获取而使评估方法不够稳定。收益法是评估专利权未来收益,并对其进行折现的评估方法,该方法主要适用于专利能带来的未来收益可预测性较强,且未来收益风险相对较小的情况。收益法能够全面考虑专利价值的影响因素,是专利评估方法中比较实用的方法,但也存在诸如折现率难以确定等缺陷。实物期权法借鉴了对金融资产的价格进行评估,把看涨期权、看跌期权的概念引入对专利价值的评估中,该方法能够对含有各种的不确定影响因素的专利价值进行评估,为专利价值评估提供新的思路,但该方法需要有较多的理想化假设,所以会使得其评估结果存在一定误差。

此外,国内外广泛采用非市场基准的方法研究专利的价值。这些方法均是引入了其他领域的经典方法对专利价值进行评估,各有其优势和缺陷,可以根据其适用方法进行选择使用。非市场基准的专利价值评估方法基本思路是:基于公共专利数据库中相关信息,应用实证研究方法分析不同信息与专利价值之间的关系,在此基础上,以专利价值影响因素为变量构建专利价值评估模型。

① 模糊综合评价法是在分析专利价值影响因素的基础上,建立专利价值评估综合指标体系,并运用模糊评价的方法给被评价专利的每一个因素赋值,最后得到专利价值的综合评价结果。模糊综合评价法的优点是简单易理解,但是这种模糊综合评价法得到的结果不是以价值金额形式体现的,得到的往往是专利价值度的概念,只能作为专利运营(转让、质押贷款、许可等)的参考,不能直接作为依据。

② 计量经济模型方法一般以专利价值估计值作为因变量,以选取的专利价值影响因素作为自变量,选取与待评估专利同质的样本,运用历史数据进行多元回归分析,在此基础上建立专利价值的评估模型,然后,再运用该模型进行专利价值评估计算。专利价值评估的计量经济模型方法易于理解,但是也存在明显的缺陷:一方面,很难获取同质专利价值的大量样本,从而难以开展回归分析,影响模型的建立;另一方面,这类方法往往需假设专利价值与影响因素之间呈线性关系,使这种假设本身可能存

在一定的局限性,从而影响到估价的准确性。

8.3.3 专利陷阱与专利非正常竞争者

1. 专利陷阱

专利陷阱(Patent Trap)始于 20 世纪 90 年代的美国。专利陷阱有多种表现形式,如专利丛林(Patent Thickets)、专利钓饵(Patent Troll)、潜水艇专利(Submarine Patent)等。专利陷阱是由专利权人设置的,目的是取得劫持性的专利许可费或损害赔偿,采取诉讼或诉讼威胁的方式谋取不正当利益的行为。从这个意义上说,专利钓饵行为最符合专利陷阱的特点,而专利丛林和潜水艇专利则不一定符合专利陷阱的条件。因为专利丛林和潜水艇专利虽然对专利技术的实施者和消费者构成一定的利益影响,但是其所涉及的专利可能是由最初的研发主体所享有,并且实施的,从专利制度的目的看,其可能符合通过授予专利垄断权,以促进技术进步和经济发展的目的。

专利陷阱可以宽泛地界定为不讲诚信的专利权人从事的谋取非法利益的行为,从法律角度分析,其行为具有如下特征:①专利权人自己不实施专利,却对产品制造商主张专利权。②通过获得过分宽泛的专利以赚取利润的商业模式,通过制造对涉及该专利技术的产品的人威胁诉讼,获得其满意的许可费或庭外和解方案。③专利权人并不对其取得的专利进行许可或实施,但是却隐藏和等待潜在侵权人的出现,主要是为了高额的许可费而不是实施该专利。

对专利陷阱的界定,除了要按照滥用专利权的不正当行为特征进行分析外,还要考虑如下两方面因素。①在专利主张实体的范围内,一般应当排除大学等研究机构、个人发明者等主体。因为虽然从表面看,大学和个人发明者可能自己不去实施专利发明,甚至也未许可其他主体实施其专利,但其起诉未经许可实施其专利的生产商目的在于维护其专利权,其专利权存在着源自研发活动成果的正当性基础,从本质上不同于以诉讼或诉讼威胁方式谋取不正当利益的投机者,应当将其从专利陷阱的判定中排除掉。②对专利主张的原告进行专利陷阱判定时,法院应当将判定的重点集中于原告的意图而非地位。因为专利不正当使用者不仅是属于专门从事专利投机行为的主体的身份标签,高度竞争性的商业环境可能鼓励一些公司从专注技术发展的商业模式转向使用专利陷阱产生法律利益所驱动的商业模式,这样的公司也可能从事专利陷阱行为。

(1)专利陷阱的危害。专利陷阱本质上是一种负面的专利权滥用行为,其对专利技术的使用者、消费者和社会都造成了巨大的危害。

专利技术的使用者被迫支付高额许可费或侵权损害赔偿金。专利陷阱针对众多的专利技术使用者提起诉讼或威胁起诉,然后向专利技术使用者索要超过该专利技术在合同许可情形下应当支付的许可费或正常的侵权损害赔偿额的金钱,被告或被威胁的生产商迫于诉讼压力和综合利弊,考虑的结果是,按照专利主张实体的索赔数额向其支付许可费或赔偿金。但真实的情况是,专利主张实体所主张的专利可能存在问题,比如属于可能被宣告无效的问题专利、专利权即将到期等,从而使得使用该专利技术的生产商损失大量的竞争利益。

专利陷阱对消费者利益造成损害。从事专利陷阱行为的专利主张实体从生产商处获得不正当利益,最终结果是将这种成本摊加到产品的最终售价上,会增加了消费者的负担,损害了消费者利益,因为消费者支付更高的价格购买到的产品,却并没有增加相应的技术含量。

专利陷阱对专利制度的危害。专利陷阱和专利制度鼓励创新、促进科学技术进步的目的是不一致的,专利陷阱对专利制度是一种根本性的危害。首先,专利陷阱所利用的专利,往往是那些权利要求相对模糊,且覆盖范围过于宽泛的专利,而这些专利的取得在很大程度上不符合严格的专利授权条件甚至属于应当被宣告无效的专利。专利陷阱的出现和存在,客观上鼓励了这些质量不高的专利授权,占据了大量的专利审批、管理和保护的公共资源,阻碍了高质量的技术创新活动。其次,专利陷阱的操作公司通过榨取专利许可费或授权等手段提高了新产品的成本,使得产品生产商的制造成本不合理地增加,阻碍了生产商对新产品的研发投入,这对专利制度鼓励技术创新是相当不利的。

(2)专利预警。随着专利数量的持续增长和专利价值的深度挖掘,近年来专利陷阱呈现快速涌现和蔓延扩展的态势。网络通息、集成电路、生物医药等高技术领域已成为专利陷阱的高发区,其中的高风险专利引发的专利诉讼对技术创新的影响日益凸显,已成为技术管理和专利运营面临的新问题。提前筛选出具有高风险的专利,开展针对性的专利预警分析,有助于应对潜在的专利陷阱及后续的专利诉讼。

专利预警是指通过收集、整理、分析判断与产品相关的专利、市场等信息,对外部的各种专利威胁加以识别、分析和评价,了解其威胁程度和可能导致的危害,再向决策层发出警报,以达到维护自身利益与安全目的。专利预警能够辅助政府进行科学决策,帮助企业防范和应对专利风险,对提高我国专利运用和管理水平有重要意义。传统上,专利预警中的专利分析主要针对单级引文展开,通过柱状图、折线图、雷达图和表格等形式展示。随着技术构成的复杂化,单级引文分析已经越来越难以显示技术发展路径和技术关联度。针对海量专利与引文数据,识别技术的发展趋势成为专利预警的重要途径,如专利地图有助于为研发决策提供参考,分析复杂的技术关系,避开竞争对手的专利陷阱。

专利预警主要基于专利数量及专利质量两个角度展开,利用可扩展标记语言检索专利数据,以特定期限内的专利数量为技术指示,根据其变化趋势产生相应警报;专利价值是企业实施专利诉讼行为的重要影响因素,侵权案中的涉案专利通常质量较高,专利质量指标可用于识别涉案专利。

近年来,为应对专利陷阱及后续的专利诉讼,中国企业亟待开展系统深入的专利预警工作。面对错综复杂的专利文献和统计数据,以最早公开的专利申请书作为基础数据来源,有利于针对目标技术领域开展专利预警分析;另外进行专利预警分析时,应将相关专利的独立权利要求数、引用专利数和技术宽度作为关键特征引入回归模型,以此预测其未来发生专利诉讼的概率,从而提前筛选出易引发诉讼的高风险专利,为应对专利陷阱及后续的专利诉讼提供了必要的管理支持。

2. 专利不正当竞争者

通常,人们会把"专利不正当竞争者"与非专利实施实体这两个概念弄混淆,其实这两个概念之间既有区别又有联系。非专利实施实体是指那些本身没有实体业务,不生产专利产品,也不提供专利服务,而是通过收购其他破产企业、科研机构或者个人手中的专利,主要通过发动大量的专利侵权诉讼,而获得巨额的诉讼赔偿或许可费用而获得生存的企业。非专利实施实体有很多种类型,包括高校、科研院所和企业等。非专利实施实体包括防御性的专利实施实体和进攻性的专利实施实体,其中进攻性的专利实施实体就是"专利不正当竞争者"。"专利不正当竞争者"的特征有三个方面：①不从事实体生产活动；②采取进攻的专利策略，通过专利许可或者发起专利诉讼的方式获得高额的报酬；③专利实施活动的动机都是为了通过发起诉讼，以谋求高额利润。

近年来"专利不正当竞争者"在美国日益猖獗，这与美国专利运营体系和知识产权法律环境有很大关系。从美国专利运营体系的角度看，美国是世界上经济和科技发展水平领先的国家，世界上比较知名的跨国公司都出自美国，这些充满生机与活力的行业及其品牌为"专利不正当竞争者"的诉讼活动提供了必要的专利运营市场和目标对象。美国专利运营市场繁荣为专利的产生和发展提供了基础和前提，其法律和制度上的漏洞也为"专利不正当竞争者"的滋长提供了"温床"。

专利不正当竞争者的存在，会在一定程度上形成"鲶鱼效应"。"鲶鱼效应"来源于挪威渔夫捕捞沙丁鱼的故事。挪威人爱吃新鲜的沙丁鱼，尤其是活的沙丁鱼，但是受限于当时的捕鱼技术和运输技术的落后，通常渔夫捕捞上来的沙丁鱼由于缺氧很快就死掉了，而死鱼的卖价比活鱼卖价就低了很多。有一天，一位聪明的渔夫发现放几条活鲶鱼进入鱼槽，到达码头时沙丁鱼就会是活的，并且还很生猛。聪明的渔夫利用沙丁鱼遇到天敌鲶鱼时总是拼命地四处游动、躲避鲶鱼的规律赚了很多的钱，这就是所谓的"鲶鱼效应"。这个效应可以有效运用的关键在于组织要"中途介入"一个能激励群体活力的个体，可通过这个个体达到刺激群体竞争和活力的目的。组织在人才管理中通过招聘或者引进优秀人才，能够起到快速激活组织活力，使组织内部的弱者变强的效应。

"专利不正当竞争者"作为市场经济的产物，它的存在是专利市场竞争机制和规律决定的。在美国，非专利实施实体已经成为专利诉讼的主体，这与美国的专利运营体系和专利制度有很大的关系。在一定程度上，国家"专利不正当竞争者"的猖狂度可以反映和评价该国知识产权运营体系的成熟度及专利保护强弱等状况。正是在美国这样的创新能力和专利运营能力比较强的国家，才会出现"专利不正当竞争者"的"繁荣"，美国的专利制度和专业运营体系给"专利不正当竞争者"提供了滋养的沃土。

"专利不正当竞争者"的"鲶鱼效应"主要表现在盘活专利运营，推动运营价值的实现、刺激专利运营，提高企业运营管理能力和构建专利联盟或专利池,提高企业间的协作能力这 3 个方面。

① 盘活知识产权资源,提高开放式创新能力。"专利不正当竞争者"的类型分为购买型、创新研发型和混合型的"专利不正当竞争者"。其中,创新研发型的"专利不正当竞争者"比另外两种"专利不正当竞争者"更加直接地提高了企业间的开放创新能力,例如美国高智发明公司就是这种创新研发型的专利运营公司。高智发明通过与原来专利持有公司进行合作研发,或者通过募集专家和资金的方式研发新的专利,然后向原来的专利持有公司支付许可费用或者转让金,实现专利的移转。"专利不正当竞争者"公司对专利进行分析和包装以后锁定目标企业,发起专利诉讼,从而获取高额的侵权赔偿金和诉讼费用。这种类型的"专利不正当竞争者"在最大范围内盘活了相同主题的专利技术和资源,同时还提高了企业间的开放式合作创新能力。

② 刺激专利运营,提高企业运营管理能力。国际"专利不正当竞争者"就相同主题的专利向我国市场进行全方位、地毯式的搜索和分析,锁定可能侵权的目标企业,然后通过发动专利诉讼谋取高额的诉讼费用。中国企业在面对国际"专利不正当竞争者"攻击的时候,可以采取"积极应战,步步为营"的原则。当中小企业被强大的"专利不正当竞争者"盯上的时候,一定要有积极应战的准备:第一,可以通过诉讼程序减少不必要的损失,同时还可以通过法律途径与"专利不正当竞争者"公司达成庭外和解。第二,可以通过向"专利不正当竞争者"企业提起反诉。然而"专利不正当竞争者"并不从事具体的专利产权生产和专利服务活动,这也给中小企业提起反诉带来很大的困难。但是,中小企业在"专利不正当竞争者"的刺激下会更加重视知识产权,特别是专利的运营和管理能力的提升,进一步从战略的角度增强企业的专利运用和管理能力。

③ 构建专利联盟或专池,提高企业间的协作能力。据研究,美国的"专利不正当竞争者"倾向于攻击中小型企业。这可能是因为中小型企业的专利保护意识薄弱和专利运用能力比大型企业差导致的;还有一个不可忽视的原因就是,资金匮乏的中小型企业在面对强大的"专利不正当竞争者"时表现采取放任和妥协的态度。中小企业有这种消极的应对态度的原因,除了企业资金匮乏、没法支付高额的诉讼费用外,还有就是中小企业明知道自己的质量和水平较低,而且还不知道如何有效地实现其专

利价值等。所以,更多的中小型企业会采取与同行业的其他企业建立专利联盟或者专利池,通过联盟内企业的相互许可使用各自的专利,降低了企业间的专利许可、转让费用,提高了行业进入壁垒;同时联盟内的成员还可以通过建立标准必要专利,以实现对自身的保护,行业内标准必要专利的建立提高了行业内专利运营的质量、降低了联盟成员的生产成本,从而取得了联盟成员的共同发展。

8.3.4 专利池与专利联盟

知识产权运营主要是指专利运营,其概念也是在专利运营的基础上发展起来的。以建立专利池和形成知识产权联盟为主要方式的组合化运营是专利运营的重要方式。

1. 专利池

在知识经济时代下,科技的快速发展和专利技术标准的日益强化,使专利池在企业竞争中的地位和作用愈加凸显。以互补性专利为主的专利池更能消除专利实施许可中的障碍、整合分散的专利,从而促进专利技术的市场竞争。专利池作为一种共建技术研发机构的合作方式,通过融合市场、技术和专利使得成员企业更易获得技术领先地位,并提升产品的竞争优势。由于专利池能克服单项专利存在的时空性和地域性局限,构建或者加入专利池已日益成为现代企业加快专利许可、减少专利诉讼、增强竞争优势的重要载体。

专利池的兴起是科技发展和专利制度结合的必然产物。专利池是由多个专利权人组成的联营性组织,通过相互交叉许可或向池外成员许可达到加快专利许可、促进技术应用之目的。如今,专利池不再仅是一种专利许可交易平台,而愈加成了一种技术竞争战略,成为消除专利授权障碍、促进专利技术推广、减少专利诉讼的保护伞。

随着专利池的形式和规模不断发展,专利池内开始出现大量相互重叠的专利,这使得商家在推行某项产品或服务时往往更容易侵犯其他多个专利权,特别是当现有专利已经在产品与服务领域中得到广泛应用时,新进入者想要避开这些专利的可能性极小,并可能导致不必要的专利纠纷与诉讼。

　　随着技术条件、资源环境和制度因素的影响,专利池内形成了不同的专利形态。基于补充性专利的专利池主要是从专利池中具有互补关系的专利角度考虑。其补充性专利是一种改进性专利,其是通过对原已存在的专利进行改进研发而形成,原已存在的专利称为支撑性专利。补充性专利相对于支撑性专利而言,是对其技术的改进与提高,此两者在专利池中形成一组互补关系专利。这种基于补充性专利的专利池具有以下3个重要特征:①池内专利之间具有明显的层次性,往往代表该领域较高的技术水平。②补充性专利与支撑性专利二者相互依赖、互补。支撑性专利是补充性专利的基础,缺少支撑性专利,补充性专利将不存在;而补充性专利又是支撑性专利的进一步发展,没有补充性专利,支撑性专利的价值将会大打折扣。③专利使用方要使用补充性专利需要同时获得支撑性专利的许可。这一方面保护了专利许可方的专利技术不易受侵犯,同时另一方面也意味着进行产品生产或服务推广的厂商要同时获得基础专利和改进专利的联合许可才能应用某项专利,由此容易导致专利诉讼的发生,增加了专利使用方的许可费用和生产成本,不利于专利使用方自身效益的提高。

　　基于不同专利关系的专利池中存在不同的专利权滥用和专利诉讼问题,基于补充性专利的专利池中更容易发生专利诉讼问题,如以控制价格或非法加入某些不平等条款进行专利授权的行为,即属于专利诉讼的范畴。

　　(1) 专利拒绝许可。每个专利权人都享有专利许可实施权,但不合理地拒绝许可可能导致专利诉讼问题。在基于补充性专利的专利池许可事宜中,即使申请人提供了合理的费用等条件,许可人仍可拒绝许可。换言之,也就是说在这种关系的专利池中的专利权人为排除其他具有竞争关系的许可人进入核心产品市场,可以利用其现有优势,在专利池许可协议中对被许可人提出不公平的许可条款,从而达到其控制市场的目的。

　　专利拒绝许可包括价格歧视、搭售、地区限制、客户限制或独家交易等行为。在基于补充性专利的专利池中,处于高技术水平地位的补充性专利权人所实施的专利许可就属于搭售行为。在"一揽子"许可的规制下,想要获得改进专利的被许可人必须要同时获得支撑性专利权人的许可,接受改进专利权人搭售基础专利许可证或购买、使用本不需要的产品或服务的条件。此时,拒绝许可的市场主体就由一个变成了多个,这样更容易受到法律的规制,并引发专利诉讼事件。

专利权人与专利被拒绝许可人之间中断许可关系的许可,容易产生专利诉讼问题。所谓中断许可关系是指专利权人与专利被拒绝许可人之间早已存在许可关系,而后专利权人出于某些原因中断了这种许可关系。在基于补充性专利的专利池中,补充性专利往往代表较高的技术水平,因而更有可能快速占领市场,但由于利益的驱使,专利池内成员也更容易在进入市场后再以中断许可关系的拒绝许可控制市场。

在基于补充性专利的专利池中,专利拒绝许可容易产生专利诉讼问题,但产生专利诉讼的路径却有差异。对于大型高科技企业,更容易通过设置不公平的许可条款和中断对被许可人的许可关系达到其占领市场的独特竞争优势;而对于中小型企业,在自身技术竞争力不足的情况下,更希望在进行专利许可的同时向被许可人搭售一些本不需要的产品或服务,以期获得更大的资本利益。因此,对于不同规模的企业应该采取不同的规避措施,避免因专利诉讼而带来的巨大损失。

(2)专利许可费用。专利池中包含的专利数目很多,被许可人对池中所有专利进行清查的成本较高,在众多专利中排除某些无用专利的可能性就更小。专利池内成员为维护其自身的优势地位,从专利许可中获取更多的许可费用,往往会利用专利池中的"一揽子"许可协议迫使被许可人接受一些非必要或无效专利,从而导致专利诉讼的发生。在基于补充性专利的专利池内,需要获得的支撑性专利的许可范围比较广泛,例如在高新技术产业中,每年都会有数以千计的专利申请产生,一项产品的推出潜在地可能侵犯多个专利权人的利益,从而也增加了专利诉讼的可能性。

专利池内不平等的价格许可会导致专利诉讼行为的发生。补充性专利是基于基础专利的改进专利,其单一主体的许可成本明显会高于其他专利权人的许可成本,为维护自身利益,专利权人必然会联合其他专利权人提高对被许可人的专利费,从而不利于被许可人获得许可。此外,专利权人也拥有独特的优势地位针对不同的被许可人制定不同的专利使用价格,从而导致不公平定价,并可能引发专利诉讼。

专利许可费用是专利池成员获取自身利益的最佳手段,但同时也是其触碰法律规制的薄弱环节。在实践应用中,许可成本的高低影响着许可费用的制定,而被许可费用的高低却影响着被许可人的生存与发展。因此,在专利池中具有主导地位的企业应尽量避免只顾自身利益最大化,以及以"一揽子"许可协议为掩饰工具的专利许可行为,拒绝差异定价,减少专利诉讼。

(3)专利限制性条款。专利限制性条款是指专利权人为了限制被许可人的竞争行为,并获取更大的利益而在专利池许可协议中对被许可人设置的某些限制竞争条款。专利池许可协议中限制性条款的设置是一种违反法律规制的行为,并可能会产生专利诉讼问题。专利池中比较常见的限制性条款主要包括回授条款(尤其是独占性回授)、地域限制条款和价格限制条款。

回授条款是指许可协议中规定的对被许可人改进的专利技术,被许可人需同意原知识产权许可人有权使用的许可技术条款。回授条款划分为独占性回授和非独占性回授。对于补充性专利权人而言,为维护自身改进技术的优势,通常会排斥被许可人享有作为改进技术当事人应有的权利,这实质上是一种独占性回授行为,主要是通过限制具有竞争关系的被许可人在该技术市场领域的竞争力实现自身的垄断地位。

地域限制条款是指许可人对被许可人提出的对被许可人实施专利地域范围进行一定限制的许可条款。支撑性专利的许可范围较为广泛,因而不存在明显的地域限制,但作为改进技术的补充性专利就存在许可范围的限制。此时,被许可人想要在产品生产或销售地域以外的区域实施产品的商业推行就需要支付额外的专利许可费用,而此举容易引发专利纠纷与专利诉讼问题。

价格限制条款的实质是专利权人在对被许可人的专利许可中,规定被许可人出售其产品的价格,并对其产品购买者的转售价格进行固定的限制。在专利池中,专利权人为确保其从被许可人那里取得应有的报酬,往往会在专利池许可协议中实施价格控制,规定最高销售价格、最低销售价格或固定销售价格。对补充性专利而言,为保证其最低收益,通常会设置最低销售价格,而这种做法会影响被许可人产品的市场销售行为,导致专利诉讼事件的发生。

总之,专利限制性条款的特点决定了其大多出现在在专利池中具有主导地位的企业中。首先,只有拥有独特技术竞争优势的企业才会努力想要排斥其他未来可能在该市场领域具有竞争力的企业,以获取绝对的垄断地位;其次,对于某些在一定地域内有主导地位的企业而言,具有绝对的优势对被许可人进行一定的范围许可限制;最后,专利池作为联盟性组织,池内具有主导地位的企业必然需要兼顾其他专利权人的最低利益,保证其专利权的利益性。因此,对我国企业特别是高新技术领先企业而言,在积极寻求专利池中主导地位的,同时也要尽力避免陷入因限制性条款而引发的专利诉讼旋涡。

2. 专利联盟

目前,关于专利联盟的界定国内外并未统一。其中,美国专利法中的定义是:由两家或两家以上公司组成对某一特定技术的相关专利及其他知识产权进行共同管理的协会或联盟。而 2015 年我国国家知识产权局颁布的《产业知识产权联盟建设指南》中的定义是:以知识产权为纽带、以专利协同运用为基础的产业发展联盟是由产业内两个以上利益高度关联的市场主体,为维护产业整体利益、为产业创新提供专业化知识产权服务而自愿结盟形成的联合体,是基于知识产权资源整合与战略运用的新兴产业协同发展组织。

不同类型专利联盟的组建,其动因往往有所差异。从整体上看,组建专利联盟是行业发展到一定阶段的普遍需求,通过专利联盟可以解决行业发展中的诸多问题。例如,知识密集型企业在脱离专利联盟进行维权诉讼或谈判时,有诸多障碍,且成本更高。因此,行业诉讼较多的企业有更加迫切组建专利联盟的诉求。对于那些存在竞争关系的专利联盟,联盟成立的推动因素则在于企业无法单独完成利润最大化,竞争对手间必须相互许可专利才能生产符合标准的商品,面临着行业外部的利润压榨等,这些竞争性企业愿意搁置争议,并共同组建专利联盟。

现代专利联盟的组建多是自愿的,利润分配的规则是影响联盟成员参与率的重要因素。对以标准制定为目的的专利联盟,入盟专利的选择更加容易,且入盟专利以精细化为主。对于具有产业链互补性的企业,共同组建专利联盟的积极性则更高,因为其相互之间不存在尖锐的竞争关系,而是相互无法分离的鱼水关系。在企业层面,如果同一企业的产品涉及的产业链较长,即同时涉及研发和终端产品业务,也愿意加入专利联盟,因为自身的产品可以通过专利联盟内的交叉许可降低专利许可费用。

国内企业组建专利联盟不仅是为了抵御外来风险,更是因为主要企业都是产业链上下游的企业,组建联盟有利于相关企业的发展。此外,一家企业某些基础创新专利技术往往是其他企业创新者的应用开发的基础,专利联盟的建立,有助于形成企业单独研发所不具备的更多功能的专利。因市场驱动而成立的专利联盟中,根据成员实力强弱,其在专利联盟中创新效益也有所差异,实力较弱的企业在联盟中创新效益提升会更明显。但是,组织专利联盟者并不是盲目的,有其不确定性、不可逆转性或竞争性等特点。因此,是否加入专利联盟,已成为提升企业竞争力的重要战略决策。

(1)专利联盟的发展。专利联盟是技术经济发展到一定阶段的产物,是专利成长中的必然现象。专利联盟最早兴起于美国、欧盟、日本等技术发达型市场经济国家,1856年,美国缝纫机制造商联盟成立,这是世界上第一个专利联盟。随后,专利联盟在西方国家进入了高速发展时期。20世纪初期,由于受社会垄断的质疑,专利联盟的发展一度受挫。本世纪以来,美国法院对专利联盟实施了理性评估,认为在一定条件下,专利联盟可以整合互补性专利技术,在一定环境中对技术进步和社会发展存在着正面的作用,因此,专利联盟又开始受到广泛关注。2006年10月,中国第一个专利联盟——电压力锅专利联盟在广东顺德成立。2007年4月,长虹、TCL等13家中国彩电企业联合成立了专利联盟——深圳中彩联合科技有限公司,至此,专利联盟在我国才开始衍生。

专利联盟的出现,标志着专利竞争从单个专利的战术竞争向组合专利的战略竞争转变。

尽管我国专利联盟起步较晚,但近年来,我国相关研究者对专利联盟进行了多方的探讨,在一定程度上提升了专利产品的应用价值。专利联盟作为专利竞争对手之间解决专利纠纷的一种有效方式,在我国受到政府、司法、产业等领域的广泛关注。

(2)专利联盟的特质。专利联盟的特质,也称专利联盟的属性,是指专利联盟存在和运行的状态,包括纵向一体化或横向一体化背景、组织形式、操作平台、专利产品关联性、专利许可形式、运营形式、技术标准、专利障碍及联盟合作形式等,这些特质或属性是联盟市场需求的产物,也对联盟市场绩效存在着内在的影响。

① 专利联盟存在的产业背景是纵向一体化或横向一体化,但以纵向一体化为主。在纵向一体化中,上下游企业组成专利联盟,有利于专利产品功能的联合发挥,并减少许多中间协调环节。专利联盟的外部环境是纵向一体化,即联盟是由上下游企业组成,这样才能够发挥专利产品的作用,减少企业之间的交易成本。许多专利联盟是以纵向一体化为目标组建的,不仅有助于上下游企业之间的合作,也有助于产业结构的合理化。

② 专利联盟可以是一种正式组织,也可以是一种非正式组织。如果是正式组织,则具有机构负责人、营业执照、办公地点、组织章程、人员配备等,还要缴纳各种税项。如果是非正式组织,上述要素可有可无,只要具备有限的条件确保机构运行就可成立。组织的选择主要由联盟所担当的责任与所完成的功能确定,由联盟成员共同商议。不过,组织形式不是一成不变的,非正式组织可以过渡到正式组织,或者相反。

③ 专利联盟无论以何种组织形式存在,若要实现联盟的功能,就必须构建联盟操作平台。专利联盟包含三类实体:联盟成员企业、联盟操作平台、专利许可企业,有些联盟操作平台由某个联盟成员负责。三类实体之间的关系体现于三种契约:联盟成员之间的契约、专利联盟与成员之间的契约、专利联盟与被许可企业之间的契约。可见,联盟操作平台是联盟运营的枢纽,可以是专利联盟中某一具有较高影响力的企业,也可以是由所有联盟企业共同组建的一个专门组织。

④ 专利联盟中专利产品之间的关系是联盟市场绩效的重要决定因素。专利联盟中的专利之间存在着三种典型关系:专利障碍、专利互补、专利竞争,在专利联盟内,专利之间的关系是影响专利联盟使用效率的要素之一,专利联盟的互补性越强,越有利于节约交易成本。专利联盟内的专利分为竞争性和非竞争性两类,而非竞争性专利又可以分为互补性、妨碍性或完全无关性专利。互补性是专利联盟的重要特征,是专利联盟组建的重要原因。专利互补是指在专利联盟中,一项专利技术的改进需要另一项专利技术的配合性改进,否则,改进专利的功能就难以发挥。因为在很多情况下,若干个不同专利技术彼此之间不可以相互替代。

⑤ 专利许可或专利授权是专利联盟的基本职能,而专利许可的形式较为复杂,在一定程度上决定着专利联盟的运行质量。专利联盟有时候可以完全代理联盟成员的专利许可活动,联盟成员不需要实施相关的专

利许可工作。在另外一些时候,专利联盟不仅可以代理联盟成员的专利许可,也允许联盟成员单独开展相关的专利许可工作。其中,专利许可形式一般由联盟成员共同讨论决定,在我国专利联盟中,两种形式都较为常见。

⑥ 专利联盟的存在形式是专利联盟绩效研究中所关注的核心要素。专利联盟分为开放式联盟和封闭式联盟两种形式,前者是指两个或更多企业组成联盟之后,专利既可以相互许可,也可以许可给联盟外的第三方,后者仅指专利在联盟内企业之间相互许可。显然,在开放式联盟中,专利产品的应用范围较广,而在封闭式联盟中,专利产品的应用范围较窄。不过,至于何种形式更有利于联盟的运行,不存在固定的模式,需要根据联盟内外部运行环境的综合因素取舍。

⑦ 许多专利联盟涵盖着行业标准,反过来影响着联盟的成长。专利联盟可以发起一项技术标准,并将标准在市场内进行扩散,当然,这样的发起和扩散必须以拥有较强技术实力的企业承担。与传统专利联盟所不同的是,现代专利联盟存在着一个显著的特征,就是专利联盟都与一定的产业技术标准相结合。目前,在我国专利联盟中,技术标准联盟尚不多见。不过,随着专利联盟的发展,技术标准联盟将越来越多。

⑧ 专利联盟是动态的联盟,为了保持联盟活力,需要在原有专利的基础上不断进行专利产品的开发,这样,就产生了专利障碍问题,并会影响联盟的绩效。专利障碍是指专利联盟中基本专利和从属专利之间所产生的相互制约的关系。即如果一方没有得到另一方的许可,就无法进行单独的商业开发。在这里,原来在专利联盟里的专利技术被称为基本专利,在基本专利的基础上二次开发获得的专利技术称为从属专利。可见,基本专利与从属专利的结构会影响专利障碍的程度,继而影响专利联盟的运作。

⑨ 专利联盟是由不同专利所有权企业所组成的联盟,存在着多种合作形式。每一种合作形式,存在着不同的运营方式,专利联盟合作形式对联盟绩效的影响是必然的。通常,专利联盟有着 4 种合作形式:a.“资金＋技术”合作方式,即部分成员提供专利开发所需的技术,其余成员提供专利开发所需的资金;b.“技术＋技术”合作方式,即所有企业共同提供专利开发所需的核心技术与资金,同时开展各种研发促进活动;c.共建研发

机构合作方式,即企业共同出资、共同派遣研发人员组建合作研发机构;d.共建技术工艺贸易实体合作方式,即专利联盟企业不仅局限在技术开发领域,还延伸到产业化领域。

8.3.5 专利纠纷与解决

2008 年,我国在《国家知识产权战略纲要》中明确指出了"发挥司法保护知识产权的主导作用"。此后,相同的理念再次出现在了《"十三五"国家知识产权保护和运用规划》《国务院关于新形势下加快知识产权强国建设的若干意见》等重要文件中。

专利权的司法保护主要涉及专利侵权纠纷,而不包括专利授权、确权等专利审查事务。具体看,在《国家知识产权战略纲要》中,"发挥司法保护知识产权的主导作用"的措辞与处理专利侵权纠纷的行政执法相并列,而专利审查的规定则出现在了"专项任务"部分。如果说《国家知识产权战略纲要》中"战略重点"和"专项任务"两者关系的划分无法就司法保护的范围进行明晰界定,《"十三五"国家知识产权保护和运用规划》和《国务院关于新形势下加快知识产权强国建设的若干意见》则进一步确定了其涉及的范围。例如,在《"十三五"国家知识产权保护和运用规划》中,司法保护和专利审查分别规定在平行设置的"提升知识产权保护水平"和"提高知识产权质量效益"部分,而在 2015 年国家出台的《国务院关于新形势下加快知识产权强国建设的若干意见》中也有类似的设置。可见,发挥司法保护知识产权的主导作用并不涉及专利审查事务。

事实上,在多数国家,由于专利权的授予和专利权的保护已大致上分别配置给了行政权和司法权,两者区分可以说是泾渭分明。当然,为了解决这种截然分立而导致的问题,现实中有必要结合司法和行政的特点,建构一种优势互补、有机衔接的综合保护模式。

1. 专利侵权纠纷的解决

专利侵权案件具有专业性、技术性的特点,在我国建立专利制度的初期,由于司法审判力量薄弱,我国建立了专利行政保护和司法保护齐头并进的双重体系。近年来,在行政决定必须接受司法审查、法院审判力量逐步提升等因素的作用下,我国在《国家知识产权战略纲要》中确立了司法保护知识产权为主导、兼顾行政执法体系的方针。因此,在专利侵权纠纷领域,法院的司法保护主导作用得到充分的发挥,并进一步强化了专利行政机关的行政执法职能。

基于对法院审判力量的考虑,我国自 1984 年《中华人民共和国专利法》实施以来,专利侵权案件一直在数量有限的法院集中审理。从 1993 年北京市高级人民法院和中级人民法院首先设立知识产权审判庭开始,我国专利案件的专门化审判也提上了议事日程。

2014 年,我国先后在北京、上海和广州设立了 3 个知识产权法院,该举措对于我国知识产权审判具有重大意义。但是,从理性的角度看,知识产权法院的设立除了能在一定程度上统一审判标准外,与专门知识产权法庭相比,其并没有更多的优势。由于专利案件审理的集中化、专门化进程并没有结束,因此我国改变了原有的思路,如在广州知识产权法院跨区管辖案件的基础上,分别设立了若干个在全省或者省内特定区域内可以跨区管辖专利案件的知识产权法庭。由此,在借鉴国外模式的基础上,对于专利侵权一审案件,我国形成了专门法院与专门法庭相结合的模式。

从国外的实践看,相对于司法保护,专利行政保护大致处于辅助性的地位。因此,我国的立法部门也逐渐从立法层面弱化了专利的行政保护,使得专利行政保护大致从原来与司法保护齐头并进的态势逐步向辅助性发展。然而,在现实层面,专利行政保护并没有仅仅扮演着无关痛痒的角色,而仍是我国专利保护体系的重要组成部分。

专利行政保护有其存在的独立价值。第一,专利行政保护具有便捷高效的特质,特别符合专利领域技术发展快、市场瞬息万变的特点。第二,专利行政保护覆盖面广,行政机关可以依职权主动打击专利侵权行为。第三,专利行政保护手段多样(例如行政裁决、行政意见、行政调解等),给当事人提供了多种选择。第四,专利行政机关的工作人员具有更为专业的知识背景,更容易将专业知识应用于专利侵权的认定。

2. 专利确权纠纷的解决

通常,专利确权纠纷并不是孤立存在的,几乎总是与对应的专利侵权纠纷相伴。因此,在实行专利行政机关专属管辖专利确权纠纷的国家,侵权纠纷和确权纠纷分别由不同机关处理的形态又被称为侵权确权判定的双轨制。在采用双轨制的国家,通常专利确权纠纷由专利局专属管辖,因此双轨制的最大优势在于专利局的专业性能确保确权案件的公正处理。

此外,在专利局的确权程序中,专利权人还可以更为便利地获得一些权利(例如修改权利要求的权利)以对抗无效请求人。如果专利局可以优先获得质疑专利的权力,那么确权案件公平与效率之间的平衡在一定程度上可得以确保。

当然,双轨制也会导致一些问题,其中最大的问题在于法院判决和无效决定之间的冲突。一方面,权利要求解释方法的不同将导致法院和专利局对于权利要求保护范围认定的不统一。例如,美国专利商标局倾向于扩大化解释权利要求,从而确保公共利益;然而,美国联邦法院则愿意采用限制性解释的方法确定专利权的保护范围。类似的情况同样出现在了日本的专利实践中。另一方面,双轨制无法确保禁反言原则在不同程序中的适用。通常,禁反言原则可以确保当事人在不同程序中言行一致。然而在双轨制的体系中,专利权人更愿意在侵权程序中扩大专利权的保护范围,而在确权程序中限缩专利权的保护范围,这种权利要求保护范围不一致的现象容易导致法院和专利局之间的判定冲突。

为了避免冲突,理论上法院应当中止侵权程序,以等待确权程序的结果,而这又势必造成纠纷的迟延解决。为了不耽误专利纠纷的解决,多数国家的法院并不愿意中止侵权程序,因此被控侵权人可能会被认定构成专利侵权,但是随后涉案专利仍可能会无效。尽管再审程序一定程度上可以解决上述判定冲突带来的问题,然而侵权案件的败诉方通常无法据此弥补市场份额的丢失。

可见,判定冲突不仅导致了法律的不确定性,为当事人带来了不可弥补的损失,而且还会造成后续程序进一步的拖沓。与此同时,当事人的诉讼成本也随之增高。对于中小企业而言,由于这些企业资源有限,基于诉讼成本的考虑,它们更倾向于不在无效程序中质疑专利的有效性,由此使得专利权人有可能获得一些非正当的利益,而且市场的竞争程度也进一步降低了。

在二元制模式下,当事人可以自由制订合适的策略获得最佳的结果,然而法院和专利局之间判定的冲突仍旧无法避免。除了前述侵权而后无效的判定冲突外,同一专利有可能同时会在法院和专利局中被质疑或者在不同法院中被质疑,从而有可能出现关于专利有效性的冲突判定。除了对权利要求的解释具有差异外,由于审查员和法官具有不同的专业知识背景,以及对专利法的不同理解,因此即使针对相同的事实,法院和专利局之间同样会存在不同的认定。同时,两种程序举证责任的不同也会导致判定冲突。例如,由于专利在授权之后被推定为有效,因此美国联邦法院会基于明确和确信的证明标准认定一项专利是否有效。然而,在授权后程序中,美国专利商标局则会采用优势证据规则。

由于我国深受德国专利体系的影响,从一开始即采纳了德国的双轨制模式,即国家知识产权局专利复审委员会具有专利无效的专属管辖权。与其他国家实践不同的是,我国法院通常会中止其侵权程序,以此等待复审委员会的无效决定。针对复审委员会的决定,由于后续还有行政诉讼程序,因此无效案件程序冗长的问题在我国特别突出。此外,由于"问题专利"日益增多,这些专利的拥有者可能会通过侵权诉讼恶意攻击竞争者,以扰乱市场秩序。因此,专利纠纷的快速实质性解决成了解决上述问题的关键。

第9章 国际技术转移与科技成果转化

2017年,国务院印发的《国家技术转移体系建设方案》指出,要拓展国际技术转移空间,加速技术转移载体全球化布局。加快国际技术转移中心建设,构建国际技术转移协作和信息对接平台,在技术引进、技术孵化、消化吸收、技术输出和人才引进等方面加强国际合作,实现我国对全球技术资源的整合利用。加强国内外技术转移机构对接,创新合作机制,形成技术双向转移通道。开展"一带一路"科技创新合作技术转移行动。与"一带一路"沿线国家共建技术转移中心及创新合作中心,构建"一带一路"技术转移协作网络,向我国沿线国家转移先进适用技术,发挥对"一带一路"产能合作的先导作用。鼓励企业开展国际技术转移。引导企业建立国际化技术经营公司、海外研发中心,与国外技术转移机构、创业孵化机构、创业投资机构开展合作。开展多种形式的国际技术转移活动,与技术转移国际组织建立常态化交流机制,围绕特定产业领域为企业技术转移搭建展示交流平台。

9.1 国际技术转移概述

在人类社会发展的历史过程中,各地区间、国际间的技术转移和交流对于促进世界各地区和国家的经济发展具有重要作用。各国的先进科学技术总是不断地通过各种渠道转移、传播、扩散到其他国家去,并由此而对各个国家以至整个人类社会的经济发展产生了巨大的影响。

国际技术转移一般是指知识、信息、技术在国家和地区之间进行具有特定功能和特殊运动规律的输出与输入活动,且参与各方能够获取相应的能力和效益,这种能力和效益包括知识增加、技术能力增强,并取得良好的经济效益和社会效益。

9.1.1 国际技术转移的动因

搞好技术转移是落后国家赶超先进国家,实现经济高速发展的有力武器。在资产阶级革命前的 15 世纪、16 世纪,英国在欧洲仅是一个普通的农业国,它的经济和技术水平都远远落后于欧洲大陆的其他国家。英国资本主义的发展,特别是资产阶级革命的进行,使其日益重视制造业技术的提高。这样,欧洲大陆各种先进技术就成为英国学习和引进的对象。当时,英国将大批新教徒技工引入英国在丝织、毛织、麻织、玻璃、陶瓷、纸张、帽子、钟表等工业技术上的改进和提高,靠这些流入的外国技工而得以实现的。英国的制造业技术上的提高,使其经济得以迅速发展,并在国际贸易和产业技术水平上达到世界领先地位,为工业革命提供了必要的物质技术准备。总之,英国在由经济落后跃为先进的过程中,技术转移起到了极为重要的作用。英国堪称近代史上重视,并成功地搞好技术转移的鼻祖。

在英国进行了工业革命,成为经济、技术上的世界霸主之后,法国、德国、美国等国家在赶超英国的过程中,技术转移的作用则更为明显,其中最为突出的是美国。美国早期的产业技术主要来自欧洲(特别是英国),靠着大量引进和消化欧洲的技术,美国的工农业生产得以高速发展,是 18~19 世纪技术引进成效最大、受惠最多的国家。其成功借助技术转移手段,是美国从一个经济上很落后的国家迅速跃进为世界一流经济强国的关键因素之一。前苏联在 20 世纪 20 年代以后迅速实现社会主义工业化建设的重要原因之一,是把技术转移作为一项国策。当时,苏联许多著名的大型汽车厂、拖拉机厂、钢铁厂、机床厂等大都利用了从西方国家引进的技术、设备和资金建设起来的,这些大大促进了苏联国民经济的高速发展,迅速实现了工业化,到 30 年代末,按工业产值计算,苏联已跃居世界第二位。日本在明治维新后不到半个世纪就跃入资本主义列强的行列,在第二次世界大战后只用 20 多年时间就赶上世界先进水平,成为资本主义世界第二经济国家,也是与他们把引进和消化外国先进技术作为其经济发展战略的重要环节分不开的。

技术转移是保持国家科技经济竞争优势的手段。在技术发展日新月异的今天,不管是多么发达的国家,忽视技术转移,就会在经济发展上相对落后。这方面,英国提供了一个显著的例证。20世纪后期,英国丢掉了早年积极学习、引进外国技术的做法,排斥对外国最新技术成果的采用,坚持非本国研究不可。这种忽视引进外国技术的做法成为英国经济每况愈下的一个重要原因。另外,美国由于在二战后一直拥有世界科学技术上的优势,也逐渐形成了不重视引进外国技术的态度。20世纪70年代中后期,由于一些技术已被日本和欧洲赶上或超过,美国技术出口额在世界总额中占的比例开始下降,引起舆论及有关方面的注意后,又开始对引进外国技术重视起来。这说明,即使科学技术最发达的国家,要全靠自己的力量解决经济发展中所有技术问题也是行不通的,只有重视利用其他国家的科技新成果才是良策。

9.1.2 国际技术转移的特点

随着世界经济全球化发展不断深入,新技术日新月异,国际间的科技活动日益紧密,国际技术转移日益活跃,当前国际技术转移呈现出三个典型特点。

1. 国际之间技术转移的障碍不断增多

国际之间技术转移的障碍增多不仅仅反映在发达国家与发展中国家之间,还存在于发达国家之间对高技术的国际转移实行保护措施,严格控制先进技术外流,也进一步造成了以技术为核心的贸易摩擦,如知识产权保护、技术风险等问题,不利于开展国际技术转移活动。

这种国际技术转移的障碍还反映在人才流动方面,特别是高新技术领域的人才流动,如近几年美国在签证方面限制特定高技术领域人才流动,包括参加一些国际重大会议。而且,政治和外交因素对国际技术转移的影响不断加强,尤其在前沿高科技领域。

2. 跨国公司的直接投资是国际技术转移的主要路径

对外直接投资已经成为国际技术转移的重要渠道,实施对外直接投资的企业,大多是带着先进技术输出,以投资为媒介实施技术转移。据统计,国际技术转移的70%是由跨国公司运作的,跨国公司凭借其强大的技术力量和雄厚的资金,成为世界技术的主要掌握者和转让者,也是国际技术转移的主要承担者。

3. 国际技术转移服务呈现市场化、专业化、网络化态势

当代国际环境复杂,技术发展日新月异,国际技术转移的新变化对服务机构提出了更高的要求,市场化、专业化的服务技术转移的机构、平台以及各种专利投资和经营公司不断得到发展,并对推动国际技术转移的作用不断显现。发达国家如美国、日本等国家都在大力兴办,并支持不同类型的科技中介服务机构。这些机构不仅提供知识产权、技术评估、技术测试、技术咨询等专业技术服务,还提供市场渠道、法律服务、商务服务、投资(财务)服务等专业服务。互联网手段促进科技成果转化和技术转移活动不断增强,线上线下对接,提高了科技成果对接成功率,有力促进了技术转移工作的开展。

9.1.3 国际技术转移的路径

国际技术转移的路径主要有直接投资、商品贸易、专利许可转让、合作研发、国际交流等。

国际技术转移的直接投资是指一国投资者在另一国投资建立公司,并将先进的技术带到所投资建立的公司,投资者拥有被转移技术的所有权和使用权,投资形式包括独资、合资、跨国并购等。国际技术转移的商品贸易是指有具高科技含量的商品进行国际贸易,如先进(成套)设备的引进,这种转移模式主要发生在国际技术转移历史的初期和发展中国家发展的初期阶段,发展中国家的工业基础极其薄弱,需要引进先进的(成套)生产设备提高生产效率和产品品质,是发展国家初期的主要国际技术转移模式。国际技术转移的技术许可转让是指以许可证转让方式所进行的技术转移,技术以商品的形式在技术市场中进行交易,这种转移的技术包括专利技术和非专利技术,大部分国际技术转移的技术许可转让是专利技术。国际技术转移的合作研发是指两个或两个以上不同国家和地区的单位之间聚集各方人力、技术和资源联合开发项目(产品)的模式。国际技术转移的国际交流主要是以人才交流为核心开展的相关技术知识交流活动,且以人才流动为载体进行技术转移,包括公开的专业会议、展示展览会、科技文献交换、留学生与访问学者交互、雇佣外国专家、人才流动(创新创业)、培训等形式的国际交流。

9.2　国际技术转移与跨文化制约

国际技术转移受多种因素的影响,与一个国家或地区内部的技术转移相比,不同国家和地区的文化差异对其国际技术转移产生着重要的影响。

9.2.1　技术与文化的关联

技术是存在于一定的文化之中的,而文化是行为规范和价值观念的集合,其存在于社会的各种制度中,隐含在人们的生活方式和社会行为中,经过历史的积淀形成文化传统。技术不仅是文化的重要组成部分,而且是在文化氛围中存在和发展的。一定的文化背景是技术产生和发展所需的社会条件。文化传统具有稳定性和认同性,对技术的影响是多方面的,同时又是潜移默化和根深蒂固的。任何技术,要想在社会中发挥作用,不可避免地要受社会政治、经济等文化要素的影响。技术在社会中出现后,人们对技术进行认识、理解和评价,进而对技术有一种感受和体验,从而对技术产生冷漠的、积极的或反对的态度,技术会根据人们的态度进行适当的调整,以适应人们的价值取向,使自身得到发展。

技术与文化相互影响、相互作用。技术在很大程度上塑造了文化,实物、制度形式的技术使文化具有坚硬的骨架,观念形式的技术使文化具有理性之光。有了文化导向的技术,可以避免背离人类的需要、漫无目的发展产生恶的结果,确保其处于正确可持续发展的道路上。技术对文化的作用主要在于技术影响着文化的组成和相关要素,即影响着人的认知能力,影响着人的价值观、人生观、世界观、道德观,影响着人的思维方式等。技术满足人们多个层次的不同需求,同时,新的技术能将人们的潜在需要唤醒,激起人们的需求。因而,技术满足需求,并诱导其向高层次发展,为需求的发展提供物质基础,从而促进文化发展。

具体来说,技术进入人们的日常生产生活后,它的新功能、新外观以及新使用价值等,会启迪人们的思维,扩大人们的视野,改变人们的行为方式,改善人与环境相处的能力。技术的不断丰富为人们提供了更多的机会,使以前不可能的事情变为可能,使以前潜在的愿望成为现实,改变着实现某事需要付出的代价,从而改变人们的观念。技术改变着人们的行为模式和思维方式,改变着人们之间交往的方式,改变着人与自然的关系,改变着人们的观念,从而推动文化发展,并为文化多元化提供日益广泛的可能性。同时,大量技术的涌现也会带来某些难以预料到后果。在各种各样的技术中,有一些是对人不利甚至是有害的,如香烟技术、毒品技术等。而且,技术也具有两重性,如核技术既可用以发电造福人类,也可用以制造核武器。技术难以预料的后果构成对文化的挑战,从而要求文化对技术从产生到发展的过程进行调控。因此,技术既为文化提供可能,又对文化提出要求。

文化对技术的作用,主要体现在经济、政治、教育、哲学这些文化要素对技术的影响。经济投入为技术发展提供物质基础,经济竞争为技术发展提供动力。政治对技术发展的影响,主要体现在社会制度、社会政治行为以及国家政策和体制这些方面。技术知识的继承、传播与创新状况取决于教育发展的状况,没有教育,就没有技术知识的传承,自然也就不会有创新;技术人才的培养状况取决于教育发展的状况。技术劳动者是技术活动的主体,他们是通过教育培养出来的。技术队伍的数量、结构和质量,以及技术队伍的知识更新能力和后背力量的培养取决于教育的发展状况。一个国家和民族接受、消化吸收和应用技术成果的能力,决定着其享用技术成果的能力,而前一种能力又是被其教育水平所限定的。技术活动会受一定的思想观念的影响,这些思想观念中就包括哲学观点。技术工作者从事技术研究时,无形中都要受存在于头脑中的一定的哲学方法论和世界观的影响,离开了一定的方法论和世界观的指导,就无法做出科学的解释和判断,甚至连技术问题也无法提出。因此,不管技术工作者是否自愿、自觉,只要他们进行理性的思维,就离不开原有哲学观念的作用。

9.2.2 技术转移与文化制约

技术转移属于技术传播的内容。技术传播与一定的文化背景不可分离。具体可以从技术传播过程中的要素分析其与一定的文化背景不可分离。从传播学的角度看,技术传播涉及传播者、受众、传播内容、传播渠道四个方面的基本要素。

　　传播者和受众属于技术传播的参与者。技术的传播者一般是指"某一技术的发明者、所有者或者是了解、使用过该技术的组织和个人"。传播者在技术传播过程中是技术的提供者,扮演着传播技术的角色;技术的受众一般是指"某一技术的接受者、需求者或者是对该技术没有任何了解的组织和个人"。受众在技术传播过程中是技术的需求者,扮演着接受技术的角色。在技术传播过程中,传播者和受众不是固定不变的,而是相对于某一具体的技术传播过程而言的。在不同的技术传播过程中,技术的传播者和受众的角色是可以相互转变的。技术传播过程中的传播者和受众都可以是组织或个人。个人就是社会生活中的单个个体。组织的情况较为复杂,包括国家、企业、高等院校、军队、科研机构等权威与非权威、盈利与非盈利、专业与非专业的由人组成的共同体。随着技术的不断发展,其要求的各种资源投入不断增加,组织作为技术传播参与者的地位不断提升,在技术传播过程中的作用不断加大。

　　技术传播的内容是技术实体、技术技能和技术知识,其存在于一定的文化之中,与文化相互作用、相互影响;技术传播的渠道是技术转移、技术学习、技术创新扩散、技术信息的人际交流,其主体是组织或个人。由此可以看出,技术传播四个方面的基本要素不是作为文化创造者的组织和个人,就是与文化相互影响、相互作用的范畴。因此,技术传播与一定的文化背景不可分离。

　　技术传播从一开始就受文化的影响,如今技术传播的范围越来越广、速度越来越快,受文化制约也越来越明显。当技术从传播者向受众传播的过程中,无法回避传播者与受众之间的文化差异。无论传播者与受众距离的远近,在社会生活中所形成的传统观念、风俗习惯、思维方式等都存在着一定的差异,这些差异会影响人对于同一技术的接受程度,从而影响技术传播。文化对技术传播的影响主要体现在技术传播的内容和路径上。技术传播的内容包括技术实体、技术技能和技术知识,其传播都受文化的制约。

　　文化可以接受、拒绝,以及为某种技术实体提供必要的文化氛围制约技术传播的规模、速度和方向。文化对技术实体传播的制约大致归为两类:一是需要层次的高低及其变迁;二是文化进化的快慢及开放的程度。正常情况下,人的需要通常是从低级到高级发展的,文化将引导技术实体满足人的需要,促进相关技术实体的传播。但在现实情况下,需要和与之相关的技术实体可能会受文化的阻碍。文化进化的速度也制约着技术实体的传播。人的心理有两种相反的倾向,一是习惯势力,总是旧的好;二是喜新厌旧。人的第一种心理不利于技术实体的接受与传播,对技术实体的传播起到了阻碍作用。人的第二种心理从传统文化看,可能是不符合规范的行为,但对技术实体的发展与传播来说,却是一种推动力。正是在这一心理的作用下,人们接受不断推陈出新的技术实体,并推动其传播。显然,一种偏向守旧的文化不利于技术实体的接受,因而不利于技术实体的传播,而进化速度快的文化则能容纳,并推动技术实体的传播。除以上两类之外,影响技术实体传播的因素还有很多,如风俗习惯、审美观念等。文化就是这样通过对技术实体的接受与否引导技术实体的传播。

技术技能指的是某项活动,尤其是对涉及方法、流程、程序或者技巧的特定活动的理解程度、熟练程度和应用程度。文化对技术技能传播的制约主要体现在接受方的文化是否理解和认可该技能所应用的方法、流程和效果。同时,技术技能属于隐性知识,即不易用语言文字清晰地表达、具有高度个性化特征的知识。隐性知识来源于个人的经验习惯,存在于个人的头脑思维中,体现为技能技巧、经验、技术诀窍、行为惯例等。隐性知识难以被明晰、公式化,不易用规范语言表达及传播。因此,隐性知识的传播需要人与人之间的直接接触,长时间的观察、体验领悟、模仿及实践练习是获得隐性知识的主要方法。

技术知识可以分为科学理论知识、技术原理知识、技术设计知识、技术操作知识。科学理论知识是技术中用到的科学原理。以前,技术主要指的是工匠的经验,与科学原理没有什么关系。但在当今时代下,科学理论对技术的作用越来越大,技术的实现越来越依赖科学原理的提出。在技术传播中,科学原理一般并不属于需要保密的知识,可以得到有效的传播。例如,原子弹制造技术不能传播,但核裂变原理却是可以的。技术原理知识是为了某种技术而设计的技术方法、途径和程序知识,可以用模型、工作原理图表达出来。技术原理知识可以引导技术的实现,含有重要的技术秘密,一般不会得到传播。但若从技术原理到技术实现需要经过复杂的设计过程,那么这样的技术原理知识也是可以公开的。技术设计知识是技术中包含的保证技术得以具体实现,并能实际运行的知识,也是将现有的技术要素经系统组合以实现特定技术要求和目标的知识。技术设计知识是技术实现的具体手段和方式,一旦掌握了它,具有相应水平的人就可以实现这种技术。技术设计知识包含着重要的技术秘密,一般不会得到传播。技术操作知识是使用某种技术的知识,体现在使用技术的具体程序、方法、指令和技能中。技术操作知识是供使用者操作使用被制造出来的技术的,并不决定技术的内在功能与性质,属于技术的外部知识。因此,这种知识一般不含有重要秘密,可以得到传播。

9.2.3 文化对技术转移的影响

从技术转移过程中技术内容的完整性上看,技术转移可分为"移植型"和"嫁接型"两种模式,文化也主要通过对这两种模式的影响而影响技术转移。

对于"移植型"技术转移来说,它移植的技术往往涵盖技术的全部内容。这种模式早期多体现在殖民者进行的殖民活动中,但全球化的今天,诸多跨国公司在其海外市场的扩张过程中,就是通过这种模式实现其技术转移的。同时,"移植型"这种技术转移的模式很少依赖受众原有的技术基础,以全新的成套的技术形式直接转移到受众方,但转移的支付成本相对较高,很多时候都不会被纳入到考虑的范畴。文化对其产生影响正在于其很少依赖,甚至几乎不依赖原有的技术基础,对原有的文化而言是一种全新的东西,没有相应的文化基础和积淀。文化在支持推陈出新的同时,也秉承原有的观念。接受和采纳原有技术的人们对移植来的新技术会产生无法避免的排斥感,一旦移植来的新技术不被大众短期内接受,就算会被少数人坚持,随着时间的推移也很难被继续保留下来,导致技术转移的失败。

对于"嫁接型"技术转移,其转移的是技术的部分内容,不摒弃原有的技术基础,而是在原有的技术基础上,通过技术改造或技术升级等方式,使原有技术维持生命力或升级换代。正因为这种技术转移模式对原有技术基础的依赖性较强,其在受众方有与之相配的文化基础,文化对其的影响较小。但受众方对其匹配的条件要求较高,不仅要求其有较低的支付成本,还要求其在嫁接过程中有较低的风险。现实的情况却是当技术转移支付的成本较低时,转移的风险较高,风险和支付成本无法很好平衡。

一般在技术实力较为均衡的国家、地区和企业之间能较好采用此种模式。

广义的技术转移还包括技术学习、技术创新扩散和技术信息的人际交流。文化对这三个方面也都有着不同的影响。

技术学习指的是组织利用外部导入和内部研发的方式获得新技术后，组织内部部门和成员间消化吸收新技术，增加对新技术的了解和认识，达到提高组织技术能力的过程。技术学习针对的是一种新技术、新知识，学习的结果是促进组织更好地掌握其原理，将其更好地运用于组织的生产与管理，整合到组织现有的技术体系中，并从学习中获得与其相关的技能和经验，提高组织整体的技术能力。在当今技术更新不断加快的背景下，任何新技术都有可能在短期内被更新的技术所替代，对组织的技术发展而言，最有价值的东西就是从技术学习中所获得的经验和技能。一般，文化对组织内部的技术学习的影响不大。

技术创新扩散是指技术创新通过一段时间，经由特定的渠道，在某一社会团体成员中传播的过程。技术创新扩散能够带来社会的变化，新技术在传播时，人们对其接受的程度，会带来一系列的影响，在这个过程中社会发生了变化。技术创新扩散包含 4 个主要的因素，分别是技术创新、传播渠道、时间、社会系统。对技术创新的受众而言，重要的不是技术创新本身的特性，而是他们对技术创新的感知，决定了其对这项技术创新的反应。一项技术创新通常包括两个方面的内容——硬件和软件。硬件从物质或材料方面体现技术，软件给硬件提供信息。很多技术创新产品均包括硬件和软件两方面的内容，一般来说人们只有在购买了硬件方面之后，才能使用软件方面，如电脑和网络、手机和程序等。一些技术创新只有软件部分，这就导致其直观性差，扩散的速度较慢。大众传媒是最有效、最快的手段，能够让潜在受众得知一项技术创新。技术创新扩散过程中的时间指的是技术创新的决策过程，即受众从知道一项技术创新，做出决定接受还是拒绝该项技术创新，并确认自己决定的过程。技术创新扩散发生在社会系统中，社会系统限定了技术创新扩散的范围。因此，文化对技术创新扩散具有重要影响。

人际交流是人类社会最早的最基本的交流方式，是人与人之间通过语言和其他方式传递信息、沟通思想和交流情感的过程。这种交流是人与人之间凭借个人关系发生的互通信息、交流思想的行为，可以是面对面的交流,也可以是利用其他媒介进行的交流。技术信息的人际交流是公众群体内技术传播的基本渠道,其主体是社会生活中的个体成员,交流的内容是与技术相关的各种信息。其对参与到交流中的社会个体成员可以产生十分重要的影响,可以帮助他们获得相关的技术信息,了解必要的技术知识,学会使用技术产品的基本知识,更好地适应日益技术化的社会生活。

通过上面的分析,可以看出,文化对技术信息的人际交流这种技术传播路径具有重要的影响,一个特定文化背景下的社会成员对某种技术接受与否的态度,会影响其交际圈中的很多人,进而产生连锁反应。当人际交流中的个体成员间具有相似的教育程度、宗教信仰、社会地位时,这种效果更加明显。

9.3 国际技术转移与国际知识产权治理规则

国际技术转移与知识产权国际规则是相伴相生的。知识产权国际规则是知识产权全球治理最主要的表现形式和治理手段。随着国际社会对知识产权治理的重视与日俱增,知识产权国际规则也在不断演化。这些知识产权国际规则在不同历史时期表现出不同特点,从而对知识产权全球治理的效果施加了不同影响。

9.3.1 协调型知识产权合作规则

知识产权全球治理始于 19 世纪末的《巴黎公约》和《伯尔尼公约》。在这两个条约的基础上又于 1967 年成立了世界知识产权组织(WIPO)。WIPO 的宗旨一方面是在全球范围内通过充分保护创新者的精神和物质利益而激励创新,另一方面是在全球范围内平衡创新的社会经济利益和文化利益。基于这一宗旨,WIPO 主持缔结了一系列知识产权条约。这些条约大致可以分为以下几种类别:①认可知识产、权并有相对应国家知识产权法律体系的条约,如《保护文学和艺术作品伯尔尼公约》。此类条约专注于知识产权的认定和协调,以实体性规则为主,通过对成员国施加有关义务间接确立私主体的实体权益,往往要求成员国颁布与公约中设定的国际保护标准一致的国内立法。②建立国际知识产权财产库的条约,如《专利合作条约》。此类条约专注于构建某类知识产权如专利的财产库,以程序性规则为主,要求建立中央性登记机构简化在不同国家获得保护的程序,并使其更具经济性。③对在册知识产权进行索引和检索的国际分类体系条约,如关于商标注册用商品和服务国际分类的《有关商标注册用商品和服务国际分类的尼斯协定》。此类条约专注于专门类别知识产权如商标的分类系统,通过建立一套国际分类体系使得成员国可以更加灵活有效地对知识产权注册情况进行辨认和索引。总体而言,WIPO框架下的知识产权条约旨在对知识产权认定、注册及保护等方面进行协调,可被视为协调型知识产权合作规则。由于这些知识产权条约涉及内容相当有限,且均未配置执法机制和争端解决机制,可以反映出成员国均无意通过国际争端解决机构对相关条约进行解释和相关争端进行处理,从而陷入国际法治中条约义务履行"有法不依"的困境。

9.3.2 规范型知识产权贸易规则

随着知识产权和国际贸易之间的联系日益密切,以 WIPO 为代表的协调型知识产权合作规则因其自身所固有的一些缺陷,尤其是对成员国的强制力太弱而不能适应时代的需求。因此,知识产权开始与各类贸易协定挂钩,并且借助贸易协定中的争端解决机制增强知识产权全球治理的强制性和权威性。

1. 与贸易有关的知识产权协定

不同国家间知识产权法的差异可以归属于间接的贸易壁垒,因此乌拉圭回合贸易谈判首次纳入了知识产权议题。1994 年达成的《与贸易有关的知识产权协定》(TRIPS)首次将知识产权与国际贸易挂钩,标志着知识产权全球治理进入一个新的阶段。它是知识产权全球治理首次被嵌入公国际法领域。总体而言,TRIPS 与 WIPO 下属的各条约在机制上至少有以下 4 点不同之处:①TRIPS 将知识产权与国际贸易挂钩,首次实现了知识产权保护与国际贸易体制的一体化。②TRIPS 要解决的不仅仅是成员方知识产权法之间的协调问题。正如 TRIPS 所指出,其最终目的是期望减少国际贸易中的阻碍,并保证知识产权的实施措施和程序不会成为合法贸易的障碍。③TRIPS 确立了成员方在知识产权保护方面的法律标准,TRIPS 成员方要承担合规义务,即对不符合 TRIPS 保护标准的国内立法进行修改。④TRIPS 规定了强有力的争端解决机制。它将世界贸易组织(WTO)体制下一般贸易的争端解决机制引入知识产权领域,从而确保了知识产权国际规则的强制性、可执行性和约束性。

TRIPS 作为 WTO 这一全球治理机制的重要组成部分,已成为知识产权全球治理中最具影响力的工具,它使得知识产权全球治理由协调阶段进入规范阶段,因而可以被视为规范型知识产权贸易规则。对知识产权全球治理的意义而言,TRIPS 是"统一大于保护水平",或"治理"目标高于"保护"的目标。TRIPS 实施 20 多年的实践表明,由于世界绝大多数国家或地区均加入了 WTO,使得 TRIPS 所包含的知识产权规则得以有效全球化。在某些情况下,由于 TRIPS 规定了很详细的内容,使得它对知识产权规则在全球范围内的一体化具有关键性的影响。

2. 自由贸易协定知识产权章节/条款

知识产权全球治理并未止步于 TRIPS。事实上,在 TRIPS 尚未生效前,美国、加拿大和墨西哥之间达成的《北美自由贸易协定》就规定了很多高于 TRIPS 标准的知识产权条款。但直到 2001 年美国与约旦缔结了包含诸多 TRIPS - PLUS 条款的《美国—约旦自由贸易协定》,人们才深切认识到知识产权保护的 TRIPS - PLUS 时代已到来。当前,签署自由贸易协定已经成为各国融入全球价值链的主要途径,而知识产权条款则是保障国家深度参与全球价值链的关键因素。越来越多的自由贸易协定将知识产权纳入其中。同时,自由贸易协定的发展不仅表现为数量不断增多,条款内容的逐渐深化才是其追求高标准和高水平知识产权保护的重要体现。有研究显示,自由贸易协定条款内容越多,自由化程度就越高。目前,发达国家特别是美国缔结的自由贸易协定中知识产权条款越来越详细,而且还包含了诸多 TRIPS - PLUS 条款,内容包括但不限于增加知识产权保护客体、扩大知识产权保护范围、延长知识产权保护期限、强化知识产权执法措施、增加对知识产权限制的反措施、要求缔约方承担加入知识产权国际条约的义务,其范围几乎涉及 WIPO 管辖的所有条约。

9.3.3 制裁型知识产权投资规则

虽然知识产权早在 20 世纪 50 年代末就已经被纳入投资协定的保护范畴,但直到 21 世纪初投资协定才开始在知识产权全球治理中发挥作用。有些投资协定设置了专门的知识产权条款。例如,2014 年生效的《中日韩投资协定》在第 1 条"定义"中明确规定投资的形式包括知识产权,并对知识产权的类型进行了详细而具体的规定。在第 9 条"知识产权"中对缔约方的知识产权保护义务进行了明确规定,表明知识产权投资保护的标准不得低于,但可以高于缔约方签订的知识产权保护国际条约确立的标准。

与前述各种知识产权国际规则相比,投资协定的重点在于其具有直接制裁性。一旦投资者与东道国之间产生投资争端,则投资者更倾向于将争端提交投资者—国家争端解决机制。作为被告的东道国一旦败诉,则需承担金钱赔偿责任。即在东道国违反投资协定的规定时,对其所施加的将不再是知识产权保护方面的合作性义务和合规性义务,而是损害的金钱赔偿义务,故而与知识产权有关的投资规则也可以被视为制裁型知识产权投资规则。

虽然目前尚未缔结像 TRIPS 那样的全球多边投资协定,但随着海外投资技术含量的加强,美国作为投资协定制度安排的主导者进一步加大了对知识产权投资保护的力度。大多数双边或区域投资条约(或自由贸易协定投资章节)均以《美国双边投资协定范本》为蓝本,在范式上趋于雷同。近年来,《美国双边投资协定范本》中知识产权保护标准有逐渐超越TRIPS 保护标准的趋势。它不仅通过国民待遇条款和最惠国待遇条款将TRIPS - PLUS 标准纳入知识产权实体保护范畴,而且通过自身制度设计扩大了知识产权保护范畴,确立东道国新的知识产权保护义务,进一步提高了知识产权保护标准。例如,通过投资定义条款扩大受保护知识产权的范畴,通过履行要求条款禁止东道国强制技术转让,通过公平公正待遇条款、保护与安全条款将知识产权执法从立法向司法扩张、从合规性义务向勤勉义务扩张。

综上所述,当前的知识产权全球治理形成了由协调型规则、规范型规则和制裁型规则相互支撑的知识产权国际规则体系,治理重点则从知识产权的确权演化到知识产权的实体和程序保护,知识产权保护的标准也从最低标准向不设"天花板"的高标准发展。

9.4 "一带一路"倡议与我国的国际技术转移理念

"一带一路"建设是我国政府根据时代特征和全球形势提出的重大倡议,对促进区域互联互通、经贸合作、人文与科技交流以及世界和平与发展等都具有划时代的重要意义。

9.4.1 "一带一路"倡议下国际技术转移的意义

国际技术转移作为"一带一路"倡议视域下科技合作的环节,占据重要地位。从经济学角度讲,在"一带一路"倡议下,国际技术转移是"一带一路"沿线国家提高本国生产力水平的有效手段。推进技术转移符合双边科技合作的现实需要。当今国际社会竞争的实质是科学技术实力和经济发展水平的较量,因为一个国家在国际社会的话语权受上述两者的限制。"一带一路"沿线国家以发展中国家为主,综合科技实力往往并不占优势,因此沿线国家之间应通过包括技术转移在内的科技合作,互相扶持和交流,互助互惠,共同促进本国实力及科技水平的提升。

从政治学角度看,国际技术转移是沿线国家间寻求政治合作、互利共荣关系的表现。推进国际技术转移具有预期利益。我国正面临经济转型的瓶颈期,亟须由要素主导型经济转向创新主导型经济,以科技带动经济增长。通过同沿线国家的技术转移让我国的重点技术走出去,带动相邻地区的技术水平和经济水平,进而为区域和平发展做出贡献。"一带一路"沿线国家则从技术转移中提升应对气候变化的能力,缩小同发达国家之间的经济和科技水平差距,从而为区域安全提供保障。

从社会学角度看,国际技术转移促进文化传承和传播,是促使沿线各国及其国民民心趋同的重要因素。"一带一路"倡议是传承并提升古代丝绸之路文明,贯穿东西、联通南北,统筹陆地和海洋的经济循环和地缘空间格局,促进我国内陆地区和沿线国家的对外开放水平的经济、贸易、文化等各领域合作共赢的倡议,是实现共同建设、共同发展、共同繁荣的命运共同体的建设倡议。推进国际技术转移,共同提升科技创新能力是"一带一路"倡议中"民心相同"措施之一,是"一带一路"倡议的社会根基。

从环境学角度看,国际技术转移是保证区域可持续发展的保障。高效、节能、无害环境的先进技术是改善可获得能源、提高能效和减少温室气体排放等促进可持续发展的关键。鼓励技术创新的同时,平衡沿线国家的利益、技术转让人和受让人的利益,从而通过技术转移提高沿线国家的能源、环境技术水平和能力是促进和保证区域可持续发展的有力保障。

9.4.2 "一带一路"倡议下,我国关于国际技术转移合作模式

2016 年 9 月,科技部等 4 部委联合发布《推进"一带一路"建设科技创新合作专项规划》,提出科技创新合作是共建"一带一路"的重要内容,是提升我国与沿线国合作水平的重点领域,也是推进"一带一路"重大工程项目顺利实施的技术保障,在"一带一路"建设中起引领和支撑作用。2017 年 5 月,"一带一路"提出,"一带一路"要建成创新之路,中国愿同各国加强创新合作,启动"一带一路"科技创新行动计划,开展科技人文交流、共建联合实验室、科技园区合作、技术转移等 4 项行动。从广义角度以及国际实践角度看,这 4 项行动都属于国际技术转移的范畴。

国际科技合作是指不同国家和地区的研究者、大学、企业之间进行学术交流、研发合作、交换研究成果,或者参与其他国家的大型科技计划,利用其他国家的实验室等建立长期的合作关系。"一带一路"国际科技合作目标是形成区域协同创新网络。沿线国的各种创新主体及政府与中国共同开展的各种科技活动,可以归纳为科技人文交流、共建联合实验室和技术转移平台、共建科技园区及推动重大工程建设 4 种模式。

① 科技人文交流。科技人文交流包括与沿线国之间互派留学生,合作培养科技人才,扩大沿线国青年科学家来华研修的规模,在沿线国建设科研培训中心和培训基地,推动大学、科研机构、企业间的科技交流,开展科技论文和专利合作,以及共同开展科技创新规划和创新政策体系建设等。深化科技人文交流,增进科技界的相互信任和理解是"一带一路"国际科技合作的基础。一方面,以科技人文交流为切入点,可有效避开政治障碍,促进民心相通,深化合作的民意基础;另一方面,深化"一带一路"科技合作要求找到各国的资源共性、技术短板及利益交汇点,进而解决各国

面临的科技难题,在此过程中,开展科技人文交流不仅能增强国家间的信任、降低信息成本,而且还可深化科技人员对技术的认知和理解,提升其研发创新能力。

②　共建联合实验室(联合研究中心)和技术转移平台。结合"一带一路"沿线国的重大科技需求,鼓励我国高校、科研机构和企业与沿线国相关机构合作,联合开展高水平科学研究,共同推动先进/适用技术转移,深化产学研合作,以重点领域合作形成先行示范基地。在某种意义上,共建联合实验室(联合研发中心)、科技转移中心是满足沿线国个性化需求、推进"一带一路"国际科技合作长期稳定发展的关键。"一带一路"沿线各国都有强烈的科技需求,共建联合实验室是发挥沿线各国的技术和人才优势、推动合作研究和联合开发的重要手段。技术转移不仅是"一带一路"沿线各国提高本国生产力水平的有效方式,也是区域可持续发展的基础保障。虽然专有或专利技术的转移并不会直接提升自主创新能力,但这却是突破技术瓶颈、补齐技术短板最直接和最有效的方法,也是进一步吸收扩散技术、不断自主创新的基础。因此,在"一带一路"国际科技合作中,联合实验室和技术转移中心的共建极为重要。

③　科技园区合作。科技园区合作包括两方面内容:一是引导我国高新区、自主创新示范区、农业科技园区、海洋科技园区、环保产业园区等与沿线国园区主动对接,鼓励国内有实力的企业与沿线国共建科技园区,形成多元化的科技与产业合作模式;二是鼓励科技型企业到沿线国创新创业,培育一批具有国际竞争力的跨国创新型企业,支持有条件的企业在科技实力较强的沿线国建立研发中心,加强知识产权和专利的利用,促进产业向价值链中高端攀升。从合作内容看,科技园区合作是落实"一带一路"倡议、促进产学研合作、提升国际科技合作水平的重要途径。从合作实践看,科技园区也是当前"一带一路"科技合作的热点,包括蒙古、埃及、南非、伊朗、印度尼西亚、泰国、保加利亚等国都希望依托科技园区,借助中国经验和技术发展本国科技。科技园区如此受青睐,一方面缘于科技园区的建立为两国企业、学者的合作交流提供了直接平台,有利于沿线国的科技创新,也能让科技迅速转入生产,提升沿线国的产业价值,提升产品的国际竞争力;另一方面,科技园区的建立有利于集中力量共同研究和解决生产中面临的技术挑战和技术难题。因此,科技园区是促进与沿线

国产学研有效对接、高效生产的重要载体,对促进沿线国的经济增长、生产率提高及产业价值链攀升等都具有重要意义。

④ 推动重大工程项目建设。其合作内容既包含基础设施方面,也包括科技资源方面。基础设施方面主要是指科技支撑铁路、公路的联运联通,突破港口、水上通道建设,支持航运保障系统,以及协助电网建设、改造和升级等;科技资源方面主要是指促进科研仪器、数据、文献等资源的互联互通,推动科技资源共享。从经济效益方面看,重大工程项目建设为科技资源在区域内及区域间的流动和共享提供了便利,是发挥技术、经济溢出效应的基础,可为经济体带来"工程红利",促进经济增长。

9.4.3 国际技术转移的"技术-制度-文化"复合体发展

根据国际技术转移理论,市场贸易和对外直接投资是实现国际技术转移最主要的两种渠道。其中市场贸易包含技术或专利的所有权和使用权通过市场途径出售,以及签订与知识产权相关的商业协议等方式。通过外商直接投资形式实现技术转移的方式较为多元,主要包含创建子公司以接受母公司的技术转移以及企业共同研发、技术交流、建立合资企业等形式在研发领域进行的国际产业合作等。

从传统意义上看,技术转移的成效主要取决于技术引进方、技术输出方和技术本身,即技术转移的最终效果取决于不同发展状态的技术、引进方的能力和输出方战略所限定的范围。由于技术转移不是单一的过程,而是转移、东道国企业和国家的认同、吸收和传播等多个过程的复合体,技术转移受到转移双方技术差距、技术本身生存环境、东道国制度和文化环境等多方面因素的影响。

不同类型技术转移的难易程度存在差异,通常,通用型技术(生产制造等相关技术)对输出方制度和文化依赖较低,且其生存和发展的必要条件为适应引进方的制度和文化环境。因此,通用型技术的转移较为容易。但对于大型基础设施项目如现代化铁路而言,由于具有"自然垄断"的属性,其运营已根植于技术输出国特定的制度与文化"土壤"中,当此类技术转移到制度和文化差异较大的国家时,则需要从"技术-制度-文化"复合体综合考虑。因此,技术转移难易程度可以大致表达为三个因素共同作用的结果:技术对制度与文化的依赖程度、转移双方的制度差异和文化差异。技术对制度、文化的依赖性越大,转移双方的文化和制度差异越大,技术转移越难,反之越容易。

自"一带一路"倡议提出以来,基础设施联通成为"一带一路"建设的优先领域。沿线国家基础设施较差,技术装备水平严重滞后,成为地方经济发展的障碍。各国政府希望通过参与"一带一路"倡议完善本国基础设施,从而引起了基础设施修建的热潮。由于大型基础设施项目具有投资大、周期长、涉及地域广,对地方经济和社会发展影响大、技术性强等特点,属于一种典型的变革性项目。在项目建设与运营过程中,由于投资资金往往采用向技术输出方进行借贷的形式获得,而技术转移又往往是在项目建设、运营和管理的过程中完成的,因此其更依赖于地方的制度与文化。因此,"一带一路"建设中的技术转移既要主动适应技术引进方的制度与文化约束,但又必须在此基础上,建设一套符合项目技术生存的制度体系和文化环境。

第10章　科技成果转化过程中的技术经理人

2016年,国务院印发的《促进科技成果转移转化行动方案》和2017年国务院印发的《国家技术转移体系建设方案》指出,国家技术转移体系是促进科技成果持续产生,推动科技成果扩散、流动、共享、应用,并实现经济与社会价值的生态系统。发挥企业、高校、科研院所等创新主体在推动技术转移中的重要作用,以统一开放的技术市场为纽带,以技术转移机构和人才为支撑,加强科技成果有效供给与转化应用,推动形成紧密互动的技术转移网络,构建技术转移体系的"四梁八柱"。要发展壮大市场化的技术转移机构、专业化的技术转移人才队伍;要加强技术转移人才培养,鼓励有条件的高校设立技术转移相关学科或专业,与企业、科研院所、科技社团等建立联合培养机制;要加强技术转移管理人员、技术经纪人、技术经理人等人才队伍建设,畅通职业发展和职称晋升通道;要将高层次技术转移人才纳入国家和地方高层次人才特殊支持计划;要引导有条件的高校和科研院所建立健全专业化科技成果转移转化机构,实行技术经理人市场化聘用制,引导专业人员从事技术转移服务。

2018年12月5日,国家领导人在国务院常务会议上指出,要引入技术经理人全程参与成果转化。至此,技术经理人作为国家高层次技术转移人才,以专业化的素养能力为基础,以全过程参与科技成果转化为使命,正式走向了我国创新驱动发展和科技成果转化历史舞台的中央。2020年,教育部、国家知识产权局和科技部在发布的《关于提升高等学校专利质量促进转化运用的若干意见》中指出,鼓励高校组建科技成果转移转化工作专家委员会,引入技术经理人全程参与高校发明披露、价值评估、专利申请与维护、技术推广、对接谈判等科技成果转移转化的全过程,促进专利转化运用。

10.1　技术经理人的职责与使命

10.1.1　技术经理人与技术转移从业人员

在科技成果转化的过程中,各种类型的科技中介机构围绕科技成果从产生到商品化、产业化提供针对性服务,所有这些组织机构的人员共同组成了技术转移从业人员群体,其中技术经纪人和技术经理人是两类主要的专业化技术转移人才。

技术经纪人与技术经理人既有联系又有区别,技术经纪人的历史使命和工作职能主要聚集于技术市场的居间服务,而技术经理人的历史使命是对科技成果的经营管理,技术经理人的工作职能不仅包括技术市场的交易,更要全程参与发明披露、价值评估、专利申请与维护、技术推广、对接谈判等科技成果转移转化的全过程。

1. 技术经纪人

技术经纪人是指技术市场里介于买卖双方之间起沟通和桥梁作用的中间人、中介人、介绍人或代理人等。科学技术由潜在的生产力转化为现实生产力,需要以技术商品的形式参与市场流通,实现技术商品的价值,达到科技与经济的有效结合。技术经纪人是市场经济的产物,在发展经济,促进技术成果流通,繁荣科技市场方面曾经发挥过积极作用。

在我国市场经济初期,尤其是技术市场刚刚形成之时,由于各行各业的信息依然受计划经济条块分割管理的局限,没有有效直接的渠道进行相互交流,于是借助行业管理信息和市场销售等信息的技术经纪人便应运而生,这些人活跃在技术交易的各个领域,起着为买卖双方牵线搭桥的作用。这部分人主要由离退休的科技人员、政府机关科技管理人员或下海的科技人员和高校研究所的技术人员构成。技术经纪人在技术市场中的角色功能,是以促进科技成果进行转移为目的,为促成他人技术交易而从事中介居间、行纪、代理等经纪业务,并取得合理佣金的公民、法人和其他经济组织。技术经纪人的行为按法律规定受委托人委托,代理其以主体身份独立表达自己的意志,承担交易中的市场风险。

随着"互联网＋"、物联网信息技术的迅猛发展,技术经纪人的存在状态受到了严重冲击。由于社会成员之间信息交流呈现出多样性、公开性和专业性,使得技术经纪人在开展技术成果供求居间或代理时角色地位发生了巨大变化,进而威胁到技术经纪人的经纪工作空间。单纯为技术的接受买方寻求供应卖方,为买卖双方牵线搭桥促使双方技术转移成交的工作,正越来越多地被新兴交易服务平台所取代。随着科技创新的日益开放、协同和生态化,技术经纪人的传统角色和作用已经无法满足科技成果转化的需要,为了适应市场变化的需要,技术经纪人不断演进发展,有些趋于提供更加专业化的科技服务,有些则进化成更高生态层级、更加复合型的技术经理人。

2. 技术经理人

技术经理人是科学技术与经济社会发展到一定历史阶段的产物。特别是在我国经济社会发展进入新时代以来,创新驱动发展已经成为国家发展战略,科技成果转化已经成为国家科技创新发展的重要实现方式,迫切需要一批专业人才全程参与发明披露、价值评估、专利申请与维护、技术推广、对接谈判等科技成果转移转化的全过程,因此技术经理人应运而生。

经纪人本质上是一种市场中为买卖双方说和交易,并抽收佣金的居间商人。经纪人以受人之托签订财产或商品买卖合同为主要业务,但并没有占有这些财产或商品或有关的产权凭证。经纪人的特点在于接受直接交易方的委托,利用自身占有的有效信息减少双方交易环节,促成交易,在实现直接交易方的利益的同时,也实现了自己的利益。根据国家1995年颁布,并于2004年修改的《经纪人管理办法》第2条规定:"本办法所称经纪人,是指在经济活动中,以收取佣金为目的,为促成他人交易而从事居间、行纪或者代理等经纪业务的自然人、法人和其他经济组织。"

经理人是与经理制度相伴产生的。经理制度是现代企业制度的核心,是伴随着西方国家的企业组织形态由古典企业发展到现代企业而产生的。企业所有权和经营权相分离、职业化经理阶层的出现是现代企业最突出的特征。现代企业经营管理复杂化,对经营管理的能力要求高,而一般的投资人难以胜任。企业所有权与经营权的分离,实质上是资本占有与经营才能的交换。经理人的核心价值是其经营管理能力。现代经理人,是指在一个所有权、法人财产权和经营权分离的企业中承担法人财产的保值增值责任,全面负责企业经营管理,对法人财产拥有绝对经营权和管理权,由企业在社会或企业内部现代经理人市场中聘任,而其自身以受薪、股票期权等为获得报酬主要方式的职业化企业经营管理专家。

通过以上分析可以看出,经纪人的地位和作用是对市场中非自己所有产权商品的交易居间,而经理人的地位和作用是依据契约委托关系的经营管理,因此技术经纪人与技术经理人的区别:技术经纪人是对技术在市场上的居间服务,技术经理人是对技术的经营管理。

10.1.2　技术经理人的使命——对科技成果的经营管理

知识的商业化过程中充满了随机和不确定性。从知识生产开始,到专利申请,已属不易,若要最终转化为有形产品,则要穿越无数个"死亡之谷"的考验才能问世。此时的有形产品,只是不过是处于概念验证的阶段,一个有待改进的雏形。而那些能够历经整个过程、真正出现在市场上,并最终获利的知识产品,则少之又少。因而,知识商业化并不是唾手可得的指令性活动,而是一个庞杂的系统工程。

知识商业化是知识的功利主义使用,是人们重视知识工具价值的结果。人们合理地认为,既然知识可以被用来申请专利,那么,只要加大知识产权保护、重视专利申请、扩大专利授权许可和鼓励成立新公司开发新产品就足够了。起初,人们认为这是推动知识商业化最直接、最有效的路径。然而实际效果并不理想。随着知识经济的发展,知识财富的货币价值和学术研究的经济价值使得大学与产业之间的关系越来越密切,科技成果的商业化、市场化已成为一种必然趋势。大学从学术化生存转向市场化生存。

学术资本主义是对当代大学与市场新型关系的归纳,是对经济领域的商业文化与高等教育系统中的学术文化日趋融合的一种描述。学术资本主义理念融合了知识世界的学术规则和经济世界的市场规则,大学的组织文化不仅要体现教学科研人员在其专业领域的社会声望与学术水平,也要体现其学术成果的市场价值和经济效益。学术资本主义是一种致力于科学研究商业化,寻求科技成果的经济效益,以市场价值为导向的知识生产与转化方式的理念。在这种理念的引领下,利益与效率占领了主导话语权,知识的资本化、产业化是大学新的核心任务,大学及其科技人员会尽力实现科技成果的商业化与市场化,大学必须向市场或企业销售自己的新成果、新技术。

大学科技成果的商业化与市场化,技术含量高,同时涉及法律、管理等,是一项非常专业的工作。如果有专业的人员从最初的信息采集、技术和市场评估,到专利申请管理和专利授权后的权利维护、信息服务,以及技术贸易服务、许可谈判、许可费管理和再投资等全方位、高水平、专业化和系统化的一条龙服务,肯定会大大提高成功率。此外,在学术资本主义理念下,科研人员的市场意识会大大增强,但科技人员不可能亲自参与每一项科技成果转化的各个环节。斯坦福大学有一句名言:"永远不要让教授坐到谈判桌前。"这是非常有道理的。常言业有所精,术有专攻。教授擅长的是研究、创造,而不是商业谈判。因此,科技成果商业化与市场化的管理、营销、运作、洽谈等具体程序应该由专业的、职业化的人员进行实施。技术经理人就是为了这个使命应运而生的。

要认识技术经理人的职责使命,需要认识现代企业制度与经理人制度的本质。

社会分工的不断演进使经理人逐步转向职业化,并作为一个独立的角色存在于社会。经理人作为普遍而具有影响力的角色,对当代社会和经济发展起着举足轻重的作用。经理人重要的社会职能,就是根据要素市场和产品市场的供需情况,按照投入产出的原则,尽量降低生产要素的总价格,使产出总价格与投入生产要素总价格之差最大化。经理人这样做的目的是追求利润最大化,在客观上却起了节约社会劳动、优化资源配置、提高社会劳动生产率的作用。经理人是推动社会与经济发展的核心力量。

在大学科技成果的商业化与市场化中,大学和科研人员拥有对科技成果的所有权,而技术经理人在契约委托下对科技成果进行经营管理,以实现学术和知识资本的利益价值最大化。

10.1.3　技术经理人的职责——全程参与科技成果商业转化

职业经理人是随着企业经营权和所有权的分离逐渐发展起来的一种职业,最显著的特征就是职业化和专业化。相对企业的职业经理人,在科技成果转化过程中需要更多关注的是技术经理人。技术经理人是指运用专业知识和实务能力,配合科技工作者完成科技成果转化的全过程,共同实现科技成果价值最大化的技术转移从业人员。

在创新技术的原理实现阶段,科研人员占据完全主导地位,技术经理人开始接触科研团队,引导科研人员打造未来具有竞争力的产品。在概念验证阶段,俗称科技成果转化"死亡谷"阶段,技术经理人的作用至关重要,他们需具备技术、产业、金融、知识产权、法律、财税等多方知识,高效组织整合技术供给方、技术需求方、技术中介、政府部门等各方资源,推动科研成果转化,研制出工程样机。在企业创建和技术交易阶段,技术经理人仍将发挥核心作用,配合科研人员创立企业或完成技术交易。科研人员从概念验证阶段开始,其主导作用逐步减弱,工程技术人员的作用逐步增强。在企业创建阶段,技术经理人需要完成与职业经理人的衔接和过渡。之后,科研人员与技术经理人协作进行新一轮研发。科研人员与技术经理人将成果转化的接力棒交给职业经理人,既保障了科研团队应有的回报,又推动科研团队进一步创新。

1. 技术经理人对知识产权/知识资本的经营

知识产权运营是指以实现知识产权经济价值为直接目的,通过知识产权转让、许可、质押融资、管理咨询等方式,借助市场交易实现知识产权开发的投资回报和经济效益的商业活动行为。

技术经理人在知识产权运营中担负着知识产权价值发掘、知识产权运营资金渠道建设、知识产权运营平台搭建、知识产权运营人才培养的职责:①发掘知识产权价值。高校院所拥有众多具有自主知识产权的科技成果,企业对科技成果的需求量巨大,发掘知识产权的价值是技术经理人一项核心工作。②建设知识产权运营资金渠道具有知识产权的科技成果需要通过产业化才能转化为现实生产力,因此,技术经理人需要将知识产权的投资者、所有者和运营者引入同一个平台,在知识产权运营过程中将市场中的技术资本、金融资本与人力资本进行优化组合。③搭建知识产权运营平台。技术经理人在知识产权运营过程中需要搭建知识产权运营平台,提供从研发服务、技术供给与需求、科技金融、政策咨询及创业孵化等全链条服务。④培养知识产权运营人才。知识产权运营是一项复合型综合业务,涉及技术、金融、法律、市场、管理等多方面业务,需要高素质复合型从业人员做支撑。技术经理人应充分利用知识产权运营领军人才的影响力,吸引更多的专业人才加入知识产权运营行业;另一方面,技术经理人应可以为创新主体提供知识产权运营培训业务,推动建设专业化知识产权运营队伍,提高社会认可度。

在全生命周期知识产权运营模式下,技术经理人会介入知识产权从研发到结束的全生命周期,包括知识产权的研发阶段、申请和授权阶段、运营阶段和结束阶段:①研发阶段。技术经理人在知识产权的早期研发阶段就积极地介入,其通过专业化的市场需求调查功能,对知识产权的早期研发阶段进行指导,使产生的知识产权从立项就具有市场潜力、运营价值。②申请和授权阶段。技术经理人在此阶段的核心任务就是对前期产生的科技成果进行保护,通过申请和授权,形成知识产权。技术经理人需要对产生的知识产权进行分类,构建完整的知识产权网络体系,多层次、多渠道地对研发阶段产生的知识产权进行保护。③运营阶段。技术经理人通过专业化的知识产权评估网络、知识产权金融投资网络和知识产权的法律咨询网络,为知识产权的产业化运营提供必要保障,包括前期的产业化可行性研究、知识产权评估、鉴定、企业孵化、融资担保、法务咨询等一系列服务,确保知识产权顺畅产业化。④结束阶段。技术经理人可以搜集、整理失效专利,如国外的失效专利可以在本国使用,在国外有专利权的技术但没有在国内进行专利申请的也是可以进行使用的。

2. 技术经理人对技术创业的孵化管理

新企业的创业过程被划分为机会发现、机会评估、产品开发和商业化四个阶段。在创业过程中,新创企业的知识管理活动能驱动创业能力的形成和演化,技术经理人参与企业的知识管理,提供支撑服务,增强知识管理对创业能力的驱动作用,提高创业的成功率。

(1)机会发现阶段。科技领域机会发现阶段的主要目标是机会识别,机会识别是创业者成功创业面临的首要问题。商业机会的识别和捕捉具有很大的不确定性,虽然有时候商业机会的产生具有"意外"因素,但依靠创业者的"信息偶遇"捕捉商业机会往往是困难的。创业者需要具有警觉性和创造力,以取得最大可能的机会发现数量和尽可能高的机会发现质量。警觉性和创造力高的创业者,可以将各种看似无关的想法串联起来,形成清晰的概念,从而发现机会。创业者的警觉性和创造力受知识驱动。

警觉性和创造力的构建不仅取决于创业者自身的经验知识基础,还取决于对外部知识资源的整合。

就创业者个人知识、组织能力等而言,新创企业者一般都居于弱势,难以独立完成机会识别。技术经理人能够帮助企业更快速、更有效率地获取相应市场知识和技术知识,正确识别市场机会,其利用自身的优势,整合各种知识资源,进行机会扫描,缩小机会选择范围,获得更多的信息,使创业摆脱"本地搜索"和"过度搜索"的困境。

(2)机会评估阶段。机会评估阶段的主要目标是评价机会的商业价值,以决定是利用,还是放弃。机会评估需要确认可能带来市场机会的新技术的特性和前途,正确估计风险、成本和期望收益,此时,创业者的决策能力在其中起决定作用。通常机会的商业价值评估是在模糊环境下进行的,知识的搜索和获取能够减少创业者决策的不确定性。新创企业在自身战略思想指引下进行机会分析,对机会利用价值进行评估,并就产品概念进行构思,机会评估和产品构思得到确认后即形成产品概念。此阶段的决策能力主要取决于创业者的知识基础。评估和构思之前,创业者很少单凭自身的经验做出决策,需要搜索内外部相关知识,充分地进行前期调查,一般会从其社会网络中寻求外部知识,以便正确地决策。因此,创业者的决策能力仍然受制于能否搜索到和获取相应知识。

创业者最初依靠老乡、亲友等亲缘关系网络,以及同行圈、供应链等产业网络,搜索和获取机会评估所需知识,但即便这样,仍然难以完全摆脱认知"陷阱",因为跨领域和跨产业网络知识仅靠创业者的社会网络实际不易触及。通常,技术经理人能依赖其广泛联系的知识网络,更有效地监测外部市场和技术环境,跨领域和跨产业网络知识动态,正确评价和过滤知识,为创新企业提供高质量的市场和技术情报。此外,技术经理人还能为新创企业的机会评估提供管理支持,比如资料归档、信息编码、机会筛选、评估方法和评估建议等。这种服务对新创企业很有必要。另外,技术经理人还可以协助企业根据机会评估的结果,把创意迅速转变成产品概念。

(3)开发阶段。开发阶段的主要目标是将产品和技术由一种想法或概念转变为现实的产品和技术原型。随着创新模式由封闭式创新向开放式创新转变,外部知识对新创企业开发活动的影响逐渐加深。企业必须跨越现有的组织或领域边界搜索新知识、获取新知识,并加以转化和利用,才能产生强大的适应能力。构建知识吸收能力对于新创企业产品开发和技术创新的重要性不言而喻。但在开放式创新环境下,这一过程很难由新创企业独立完成。在这一阶段,技术经理人通过扫描获取知识的市场和技术环境,帮助企业寻找知识源,还帮助企业与拥有知识的其他主体建立关系网络,获取并转移知识,吸收已获取知识。

在整个开发阶段,技术经理人提供的服务支持具体表现在:①为新创企业的知识跨界搜索,并提供智能支持。通过技术趋势可视化技术和技术发展路径追踪技术监测外部技术发展状况。技术经理人能够深度接触、获取和整合分布在不同领域的知识,并把这些知识转移给需要的企业,为企业技术方案决策提供参考。②为新创企业的研究开发提供知识代理服务,匹配企业知识需求。首先,要求技术经理人与知识和技术的拥有者有着广泛而密切的联系,能够帮助企业嵌入外部知识源网络,推动企业和知识提供者进行磋商,促进知识的顺利转移和获取。其次,技术经理人可以通过识别哪种具体技术是新企业都可能需要的,然后发起和组织企业共同研发,再推动新知识在整个产业的共享或跨领域的应用。另外,为了填补新企业的知识空白,缩短研发时间,共同研发中心会帮助企业制订技术合同,把研发工作分包给处于共同研发中心和企业之外的第三方。除此之外,技术创新模拟,联系和租用外部实验室、专用设备,取得专利技术许可,执行知识产权事务,也是技术经理人经常为新企业提供的代理服务。③为新创企业的研究开发提供知识智库。具备知识智库功能的技术经理人通常比新企业更加熟悉行业内情况,企业很乐意与其建立起信任关系。在这一过程中,技术经理人参与知识转移、知识搜索、知识获取、知识内部转化以及利用活动,通过知识搜索智能支持、知识代理和知识智库服务,能够帮助新创企业逐步建立起产品开发和技术创新所需的知识识别、吸纳、转化和利用能力。

(4)商业化阶段。商业化阶段的主要目标是将成型的产品成功地投放市场,将价值传递给最终用户,实现最大化的收益。最佳的市场进入时机和正确的市场进入策略是创业成功和企业存活的关键。新创企业只有识别正确的细分市场,合理安排资产、选择恰当的销售渠道,制定合理的价格策略,在目标市场上售卖产品,才能在市场中获得收益。市场进入决策也是在一种不确定环境中进行的决策,仅凭创业者的经验知识会陷入"短视"和僵化,错失进入机会。新创企业往往缺乏商业分析和市场进入的知识和经验,对哪些细分市场更有利可图没有能力判断,又缺乏社会资本建立商业关系,更没有正规的知识管理惯例和流程支持市场进入决策,因此经常产生"试错"行为。显然,新创企业在市场进入时,无论是知识搜索、知识获取,还是知识吸收利用都需要技术经理人的支持。在商业化阶段中,技术经理人不仅可以参与知识资源的搜索和整合,以破解企业本地搜索的难题,也可参与构建知识管理惯例的流程,进而提高企业市场进入和获利能力。

3. 技术经理人帮助创新企业跨越"死亡谷"

通常,初创企业的早期融资主要依赖于企业家的个人储蓄以及亲戚朋友的支持。和大多数国家一样,中国的初创企业很难获得银行贷款,一方面因这些初创企业缺少足够的抵押品,另一方面因为银行与初创企业的信息不对称。因此,除非有幸通过其他渠道获得融资,大多数初创企业在还没有到达成长期时就因为资金耗尽而夭折了。人们形象地将从有创业想法的种子期到首次获得风投资金的时间区间称为"死亡谷",以此对应"技术—工程"技术创新不确定性的"死亡谷"。在美国等发达国家,创业者有相对多的融资来源,如孵化器项目、天使投资、微贷、早期风投以及融资平台等。在中国,P2P 平台在近年来发展迅猛,从 2010—2016 年出现了大概 5 000 家的 P2P 平台,但是它们当中的一半现在已经不复存在,而且这些 P2P 平台的大部分项目是以产品为基础而非股权融资的,这些因素使得融资平台难以作为初创企业稳定的资金来源。即使从金额上看,融资平台在中国企业的初创融资中扮演的角色也非常有限。

概念证明中心产生于美国研究型大学,是一种在大学内部建立和运行并致力于促进大学科研成果转化的机构,它通过提供种子资金、商业顾问、商业概念证明、知识产权保护、创业教育等为大学科研成果转化提供个性化支持,而提升大学科研成果转化效率和效果。概念证明中心的功能主要包括:① 为不能获得资金支持的大学早期研究成果提供资金支持;② 为大学科研成果转化提供市场顾问与培训;③ 培育和促进创业文化;④ 进行创业教育。

概念证明中心是大学内部设立的机构,在大学的科技成果转化办公室的领导下运行,通过加速已申请专利的科技成果进入市场,从而对科技成果转化办公室的工作起到补充作用。与传统的科技"孵化器"相比,概念证明中心的运行模式有两个特征:①概念证明中心允许受资助的教师和学生在大学实验室研发,而科技"孵化器"进行的研发活动通常与大学是分开的;②概念证明中心必须对作为大学研究成果的产品的商业价值进行评估,科技"孵化器"则通常是为已有一个产品的创新企业提供种子基金或分享工作环境。

实践中技术经理人可通过概念验证中心以及早期的融资渠道,帮助大学的科技创新跨越"死亡谷"。

10.2　技术经理人的专业知识素养和职业能力要求

技术经理人是新时代创新驱动发展战略背景下国家亟需的高端复合型专业化人才,技术经理人要实现全程参与科技成果转化和对科技成果的经营管理,需要具备必要的知识素养和职业能力。

技术经理人经营管理的对象是科技成果转化中的科技成果。他们既要懂科技成果的技术含量,又要懂市场经营,更要具有协同合作的精神;他们是一群素质全面的高级管理人才,既要对市场有深刻理解,也要对成果和资金的对接过程有很高的领悟力,还要有强大的战略策划能力;他们能够对项目进行包装、推销和实时跟踪,进而推进项目最终取得成功。

10.2.1　技术经理人的专业知识素养

技术经理人全程参与科技成果转化工作需要具备的 6 类专业常识知识,包括:①科技成果转化法律政策知识。科技成果转化法律政策是国家科技成果转化工作体系的支撑保障,技术经理人需要了解科技成果转化政策以及相关的科技创新政策、产业发展政策、科技金融政策、区域创新政策等。②成果与创新主体相关知识。科技成果转化拥有一定的规律性,技术经理人需要了解科技成果转化的过程规律、价值管理和运营机制,需要了解科技工作者群体的工作性质、工作规律和发展诉求等。③知识产权制度知识。知识产权是科技成果转化的重要保障,技术经理人需要了解国内外相关的知识产权保护与知识产权运营的相关知识。④技术市场与交易知识。技术市场是科技成果转化工作体系基础架构的重要组成部分,技术交易是科技成果转化的重要实现方式,技术经理人需要了解国内外的技术市场体系,了解技术交易的商务策划、交易规则、营销谈判、合同订立和交易管理等。⑤科技金融知识。科技金融是科技成果转化的重要支撑,技术经理人需要了解与科技成果转化相关的科技金融体系、金融工具、融资策略、融资方式等知识,包括创业融资、资本市场的股权债券融资和银行金融机构的间接融资等。⑥创新、创业知识。创新、创业是科技成果转化的重要通道,技术经理人需要了解与技术创业和新企业创立的政策、程序、财税、法务等相关知识,了解孵化器、众创空间、加速器、大学科技园等创业孵化载体。

1. 科技成果转化法律政策知识

科技成果转化法律政策是国家科技成果转化工作体系的支撑保障,技术经理人要对科技成果转化相关的法律法规、中央和地方各级政府以及相关部委围绕科技成果转化出台的相关配套政策文件理解透彻,善于同政府部门打交道。目前,我国经济建设仍有一部分还处于依靠重复建设的粗放式扩张状态中。企业、高校、科研院所对科技创新的有效需求相对不足,并且我国的市场经济尚在发展之中,市场机制的建立仍需一个过程,所以仅仅依靠市场需求推动科技成果转化难度相当大。政府出台的相关政策对于推动科研成果有效转化非常重要,所以技术经理人了解和运用科技成果转化的相关法律政策知识至关重要。

2. 科技成果与创新主体相关知识

技术经理人经营管理的对象是科技成果转化中的科技成果,因此技术经理人需要了解科学研究和科技创新的规律以及科技成果的创造过程。在自然科学中,科学与技术是两个层面。其中,科学分为基础研究和应用研究,基础研究不直接以应用为目的,但它是可持续发展的动力保证;技术分为开发性研究和直接指导生产的设计研究。这样在自然科学中就存在多个不同层次的研究,其应用性质是依次增强的。

从科学研究到科技成果商业化的整个过程,可分为研究、开发、商业化、产业化四个阶段。研究即科学研究,解决对未知领域的认识问题,研究成果即科学发现,并无明确的应用目的;开发即技术开发,是为科学研究成果找到明确的应用目的的过程,仍是探索性的;商业化即产品开发,即将科技成果转化为具体的产品,为消费者服务;产业化即工艺开发和商业模式开发,目的是为客户提供质优价廉的商品。

从研究、开发到商业化、产业化,往往要经历许多波折,跨越许多障碍。从科学研究到技术开发转化所经历的障碍,是由技术的不确定性造成的;从开发到商业化的所经历的障碍是因顾客的不确定性导致的;从商业化到产业化所经历的障碍是由市场竞争造成的,在这一阶段,主要矛盾已经从技术转移到市场,不仅要不断降低产品的单位成本,提高产品的性能,即为顾客提供高性价比的质优价廉产品,还要注重商业模式开发。

科学家和科技工作者是科技成果的创造者,是从事科学技术研究、开发、应用、传播、维护和管理的主力军,也是推动科技进步、国家经济发展的重要力量。科技工作者的创新创业活力受工作环境、生活条件、激励机制、人才政策等诸多因素影响,了解这些影响因素状况,对技术经理人与科技工作者交往合作,并开展科技成果转化工作具有重要的现实意义。

3. 知识产权制度知识

知识产权制度是智力成果的所有者在一定期限内依法对其智力成果(如专利、著作权、非披露信息、拓扑图、植物新品种等及工商业性标记如商标、地理标志等)享有独占权,并受到保护的法律制度。知识产权制度不仅是一个国家或地区保护知识产权人利益的法律制度,而且也是一个国家或地区保护和激励创新,提高创新能力、产业竞争力与综合国力的重要的激励机制、法律保障机制与利益平衡机制。随着知识经济的发展、新科技革命的到来,知识产权制度的实施越来越具有战略性,成为一个国家或地区开展国内外竞争的战略武器和法律机制。随着经济全球化的深化及国际竞争的加剧,知识产权日益受到各国重视。

国务院 2008 年发布的《国家知识产权战略纲要》确立了我国知识产权制度运行的基本格局,从国家战略层面谋划整个知识产权制度,以知识产权制度特有的激励创新和保护创新成果机制促进我国创新能力的提升。中共中央和国务院在 2015 年发布的《关于深化体制机制改革加快实施创新驱动发展战略的若干意见》中强调,要"营造激励创新的公平竞争环境","实施严格的知识产权保护制度"。经过 20 多年的建设和发展,目前,我国已经建立起从立法到执法,从规划到政策的知识产权保护、运用及管理的完整体系。

了解国内外知识产权制度和知识产权相关知识,是技术经理人开展科技成果转化工作必要的知识素养基础。

4. 技术市场与交易知识

国务院在 1985 年发布的《国务院关于技术转让的暂行规定》中指出,"在社会主义商品经济条件下,技术也是商品,单位、个人都可以不受地区、部门、经济形势的限制转让技术。国家决定广泛开放技术市场,繁荣技术贸易,以促进生产发展。"此规定首次正式明确了技术商品和技术市场的法律地位。同年,中共中央在《关于科学技术体制改革的决定》中进一步指出"技术市场是我国社会主义商品市场的重要组成部分",要"促进科技成果的商品化,开拓技术市场,以适应社会主义商品经济的发展。"技术市场以法律的形式得以确认,技术市场的建立和发展为科技成果的转化创造了良好环境。

自 2001 年中国加入 WTO 之后,我国技术市场得到了迅猛的发展,各地技术市场法律法规逐渐完善,建立了较好的市场秩序,使得技术交易得到了基本保障。伴随着互联网时代的到来和网络技术的普及,我国技术市场由实体阵地逐渐转向网络阵地,各地技术市场纷纷成立网上技术市场。网上技术市场是一种在线平台,企业、高校、研究机构及个人通过它能够沟通技术供求信息,促进科技要素合理组合,加快科技成果的转化和应用。网上技术市场作为在现代互联网技术条件下产生的一种虚拟市场,使得技术市场这一主要以信息传递、交流、交换为基础的科技商品交易得到了新的发展,成为各国科技成果转化的新途径。

了解国内外技术市场和技术交易知识,是技术经理人从事科技成果转化工作必备的知识素养要求。

5. 科技金融知识

科技创新需要资金的支持,合适的金融制度和金融工具可以在一定程度上规避科技创新中的各种风险和不确定因素。科技金融就是促进创新的各类金融制度、政策体系及其系统安排。它为科技创新提供了多层次的金融市场和多种融资工具,使得创新活动能够获得充裕的资金。最重要的是,科技金融工具的使用分担了创新活动风险,并且能够在最大程度上揭示市场信息。科技金融的工作目标是较明确的,从较低要求看,要为科技创新型企业提供必需的金融服务,核心是解决融资难问题。从较高要求看,是要借助金融创新,用市场化手段,带动各类生产要素向科技创新聚集,让科技创新成为比较有优势的发展模式,为经济社会的转型升级提供源源不断的内生动力。

自 2014 年以来,在《中共中央关于全面深化改革若干重大问题的决定》系统部署下,在创新驱动战略和供给侧结构性改革深入推进下,经济、财政、金融、科技等领域改革不断深入,国家层面定下产业链、创新链和资金链"三链"融合发展的基调,金融与科技、产业的融合发展迎来新的局面。在国家宏观政策调控和引导下,我国科技金融的发展已经由政策驱动、财政投入转向市场化驱动、社会资本驱动。以商业银行为代表的金融机构参与的深度和宽度不断拓展,科技银行及其科技贷款规模及品种、科技金融服务平台及运作模式等都有了突破性的进展,投贷联动运作模式也在政策设计和实践层面取得了双重突破;以全国中小企业股份转让系统和区域性股权交易市场为代表的多层次资本市场建设得到进一步完善。

伴随着经济社会的日益市场化和金融体系的不断发展完善,我国科技金融已从最初的科技贷款发展成为囊括载体、PE/VC、资本市场、银行、保险、租赁、信托、互联网金融、第三方服务以及相应的政府配套政策在内的、较完备的体系,已基本具备为科技创新型企业提供必需金融服务的能力,基本形成了积极服务科技创新的氛围。

了解科技金融制度和科技金融工具,对技术经理人开展科技成果转化工作具有重要的意义,是技术经理人必备的知识素养基础。

6. 创新、创业知识

技术创新和技术创业是不同的知识领域,技术创业不同于技术创新,因为技术创业的情境是企业组织形成的过程,而在技术创新的情境中,企业组织已经存在。技术创业不同于一般创业,技术创业侧重于技术机会的开发,需要比一般创业有更深厚的技术能力和管理能力。技术创业一般由具有 STEM 背景的工程师或科学家(团队)发起,面临着高度的技术和应用不确定性,有着更大的资本需求,但也具有更大的机会空间。了解技术创新、创业知识,是技术经理人开展科技成果转化工作必备的知识素养。

10.2.2　技术经理人的职业能力要求

技术经理人全程参与科技成果转化工作,除了需要具备 6 类常识知识之外,还需要具备 5 项关键核心能力,包括:①战略思维与商业洞察能力。技术经理人应该能够对行业、市场、高新技术发展以及其中蕴含的商业机会,进行全局性和长远性地分析、综合、判断、预见和决策。②技术识别能力。技术经理人应该能够结合产业发展和市场需求,对专利技术的商业化价值进行分析和评估,进而识别和选取可用于转化的高价值技术。③资源整合利用能力。技术经理人应能够根据目标和需求,对不同来源、层次、结构和内容的资源进行选择、配置和融合,进而利用这些资源实现科技成果成功转化。④沟通合作与影响能力。技术经理人应该能够根据环境、对象、任务、目标,进行恰如其分的有效沟通,从而构建良好的人际关系,进而推动长期信任与合作关系发展。⑤团队领导与管理能力。技术经理人应该能够根据项目任务构建团队,并运用规划、协调、决策、激励等管理手段,引导团队成员自觉、高效地完成任务、实现目标。

1. 战略思维与商业洞察能力

战略思维是以战略哲学为基础,围绕战略目标进行战略研究要具有的思维理念、思维活动、思维方式和思维能力的总称,包括战略认识论、价值论和方法论,是战略分析、战略决断、战略实施和战略评估的全过程。科技成果转化是新产品、新工艺等从产生到市场应用的全部过程,它包括初始设计与研发、投产制造与商业化扩散等一系列过程,是科技与经济一体化的过程。技术经理人的战略思维是指基于对科技成果转化全链条设计、一体化组织实施的认知信息,运用自身的知识体系和价值体系,建构出战略决策方案的全部过程。

技术经理人的使命是对科技成果的经营管理。科技成果的商业化运用需要技术经理人具备商业洞察能力。商业洞察是指对商业价值的研究和分析,其中包含对商业活动、行业、产业等商业因素的洞察,商业洞察的目的是对商业机会的识别。

其中,商业机会是指在市场经济环境中一定的时间内,人们的参与下,出现(发现或者创造)某种未被满足的需求与通过努力满足这种需求,并由此而给企业(或者个人)产生或带来效益的某种可能性(际遇)。这种需求可能是现实的,也可能是潜在的,并且发现(或创造)与满足这种需求,需要人们在主观上做出努力。至于产生或带来的效益则是指在一定的、相对短暂的时间内,获得高于社会平均资本利润的收益,其可能性一般要由众多因素与条件共同制约与促成。商业机会不同于一般的商业信息,它的判断必须要包含需求存在与否、能否满足这种需求和能不能带来效益3个方面,而并非像商业或市场信息那样仅是存在了某种需求的可能而已。

商业机会有5大来源,包括解决问题、环境变化、创造发明、市场竞争和新模式与新技术的产生。人们生活中的尚未被满足或未被完全满足的需求、外界环境变化导致的消费观念的改变、新产品和新服务的周边产业、弥补竞争对手的不足、新技术的应用等均蕴含着各种商业机会。

影响商业机会识别的关键因素包括机会识别的敏锐力、社会网络和企业家个人特质。机会识别敏锐力能够使企业家发现其他人不能察觉的商业机会,社会网络能够为企业提供各种各样的市场信息,企业家的个人特质包括经验知识、创业动机、认知学习能力、资源禀赋等,对识别商业机会有重大影响。

常见的商业机会识别方法包括市场调研、情报分析、问题导向和创新变革。对市场资料的收集梳理,对宏观和微观环境的系统分析,基于客户的建议的不断改进,新技术、新方法与市场需求的匹配均能够有效地识别市场机会。

3. 沟通合作与影响能力

在整个科技成果转化的链条中,技术人员、经营人员、投资人以及专利代理师、资产评估师、技术经纪人等多种角色相继出现,并发挥相应作用,不同类型和角色人群的理念、出发点、利益点各具差异。技术经理人如何把他们聚合在一起,发挥各自特长和优势,沟通合作与影响能力至关重要。此外,对科技成果的商业化运营,还须技术经理人具备相应的营销和谈判能力。

(1)沟通能力。沟通是发送者与接收者之间传递信息,兼具情感交流的过程,沟通需要具备有效性。有效沟通不但是指信息从发送者顺利地传送到接受者,还应包括接受者对信息的准确无误的理解和明白。

沟通是组织间合作行为中最为重要的影响因素,组织间的有效沟通,使得企业可以以更低的成本、更快的速度研发出适合市场和客户的新产品,并且可以降低新产品开发的风险。信息交流会提高组织能力,从而促进企业产品的创新。关系双方的沟通越有效,越有利于企业间知识的转移,组织间沟通有利于关键信息在网络内的分享和传递,并能展现出良好的组织间关系资本的潜在价值。

高质量的组织沟通有利于组织成员相互信任和尊重的形成,有利于知识、信息等资源的共享,进而有利于员工创新行为的产生。高质量的组织沟通能够促进知识、经验和信息的共享与整合,有利于员工相互学习,从而激发员工产生创新构想。此外,通过高质量的组织沟通,员工可以互通有无、交流思想,从而为其执行创新构想提供所需要的知识或信息,有利于员工获得上级和同事的信任和支持。在高质量的组织沟通环境下,信息的共享有助于激励员工更加主动和乐意地承担风险,尝试新挑战。

(2)谈判能力。谈判在日常生活和职业生涯中必不可少。交换想法,想要改变关系,或者为了达成协议而协商,就需要谈判。商务谈判是指经济领域内企业或经济体之间的相互沟通和理解,以满足对方的利益和自身的经济需求,通过相互沟通和了解,彼此间的经济关系得到改善,从双方的交易条件出发,互相交流妥协,达到交易目的的过程。商务谈判是谈判双方围绕商业话题,通过交流传达自己的意愿和需求;通过谈判,平衡彼此之间的利益需求,以便进行商业往来。随着经济的发展,商务谈判已经成为现代经济社会中不可缺少的一部分。

商务谈判具有如下特点:商务谈判主要发生在经济领域,通过各方的磋商,改善经济关系满足双方的需求,因此谈判各方都是以自我的经济利益最大化进行磋商,并且要平衡其他各方的经济利益,使利益保持均衡,以便使后续的商品贸易交往得以顺利进行。商务谈判整个过程有合作与冲突,谈判各方一定是朝着互惠互利的方向进行努力,当各方面利益获得满足时,商务谈判过程便表现出合作性,当各方利益不能达到满足时,商务谈判过程便会表现出冲突性。另外,谈判过程会存在文化差异、思维差异、价值观念差异、社会交往背景差异等,如要保证商务谈判的顺利进行,就必须考虑对方与自己在各方面的差异。

(3)营销能力。市场营销是个人或组织通过一系列过程和机构所开展的创造、沟通、传递和交换,对于顾客、代理商、营销者和社会具有价值的市场提供物的活动和行为。之前,市场营销的内涵一直处于拓展和变化之中。这种拓展可以概括为如下几个方面:①营销主体的拓展:企业→一切面向市场的组织和个人。②营销客体的拓展:货物和劳务→货物、劳务和思想→价值。③营销对象的拓展:顾客→利益相关者。④营销方式的扩展:销售活动→产品、价格、促销及渠道→创造、传递价值和管理关系。⑤营销目标的拓展:通过扩大销售获得主体利益→通过满足需求获得主体利益→通过价值创造、传递及顾客关系管理使企业及其相关者受益,即实现所谓的"双赢"或"多赢"。

(4)市场营销伦理精神的变化。康德著名的"人是目的"命题揭示出人作为理性者存在,作为自在的道德主体,本身就是目的,具有绝对价值。"人是目的"的命题对营销理念的要求是:不应该只考虑交易是否成功,而不考虑顾客的思想、利益和需要;在任何时候都应该以每个人应享有的全部尊敬和道德尊严对待他们,包括把他们用作达到自己目的之手段时也理应这样。

从"利己主义"到"己他两利"。企业对利润的追求也存在伦理境界的高低,由"利己主义"到"己他两利"是伦理境界的提升。20世纪70年代闪亮登场的社会营销观念实现了"己他两利"的伦理境界的跃迁。社会营销强调的是,企业在满足消费者需求的同时能够最大限度地兼顾社会总体利益,使企业提供的产品与服务达到社会福利最大化。因此社会营销把企业、消费者、社会利益3者有机地结合起来。20世纪90年代,关系营销观念出现。关系的涵盖范围一开始只包括企业与客户关系、与上游企业关系、与竞争者、社会组织和政府间的关系,后来还应延伸到企业内部关系,企业与整个社会的关系。由于关系营销顺应了"己他两利"的伦理诉求,谋求"最大多数人的最大利益",所以关系营销有助于发展,并强化互惠互利的信任关系,实现企业的可持续发展。

从"趋利营销"到"义利合一"。获利是企业生存和发展的前提条件,但随着时代的发展,企业市场营销理论逐渐从"趋利营销"向"义利合一"转变。

"产品(product)、价格(price)、渠道(place)、促销(promotion)"是传统的4P营销组合策略,后来又在4P的基础上演变为6P,增加了面对公众压力采取积极应变策略以及主动回应社会和公众需求和承担社会责任。20 世纪 70 年代由于服务业的迅速发展，又出现了 7P 营销组合策略。7P 营销策略是在原 4P 基础上增加了人、进程和有形展示而构成的。这里的人，指与顾客打交道的企业人员，强调他们的技能、品质、性格、言谈举止对顾客的影响；进程，指产品和服务传递给顾客的过程，注重顾客的理解和认知过程；有形展示是针对服务的无形特征，试图使服务有形化，让顾客在购买和消费前更有把握，注重顾客的参与感和安全感。7P 营销中新增加的 3P 都以顾客为核心，以顾客的所感、所虑、所惑出发，深入挖掘构成顾客价值的非实体因素，主张营销行为的适当性、注重消除购销双方信息的不对称性。

20 世纪 90 年代，劳特明的 4C 理论是以 4P 理论的挑战者角色出现的。它分别指 Customer（顾客）、Cost（成本）、Convenience（便利）和 Communication（沟通）。Customer（顾客）主要指顾客的需求。如果说 4P 理论的直接目标取向是如何用产品打动顾客的心，从而获取利润，其伦理意蕴仅仅是利益和行为的功利；而 4C 理论的直接目标是如何给顾客带来便利，满足顾客的需求，在实现顾客价值的同时，获取企业的利润，其伦理意蕴不仅是利益和功利，还包含正义、应当和行为本身的善。

4. 技术识别能力

技术识别能力主要是指通过对专利价值的评估，识别较高价值专利的能力。专利价值是指由市场决定的、专利为专利权人带来的（潜在的）经济回报。专利权赋予专利持有者对特定技术或过程在一定时间内拥有一定程度的垄断权，这种垄断收益可以通过两种方式实现：第一，专利权人利用专利将其他竞争者挤出产品市场，致使产品价格上升，从而在产品市场获得超额利润；第二，专利权人进行技术授权或技术转让，在技术交易市场获得超额回报。

对于专利的价值，应主要从法律、技术、经济和专利自身的视角对专利价值进行界定和分析。从法律角度看，专利是受法律规范保护的发明创造，它是指一项发明创造向国家审批机关提出专利申请，经依法审查合格后，向专利申请人授予的在规定的时间内对该项发明创造享有的专有权。专利具有两个基本特性，即"公开"与"独占"，专利"独占性"使专利权人以利益的独占，并以公开专利信息作为获得专利独占权的补偿，使得社会大众能够更加便捷地接触到专利,通过正规的渠道获取专利技术信息,实现专利公共价值最大化。从技术角度看,国外多采用技术创新度考察专利的技术质量,即将技术分为 10 级,分别是:已有技术(0 级)、微变技术(1 级)、新增附加技术(2 级)、显变技术(3 级)、对已知技术的修改技术(4 级)、改进技术(5 级)、新颖技术(6 级)、新颖(7 级)、创新技术(8 级)、重大创新(9 级)、技术突破(10 级),专利技术级数越高意味着专利产出的质量越高,价值越大。

从经济学角度看,专利不仅是技术成果的载体,同时也是一种非物质形态的无形商品。作为一种商品,专利具有价值和使用价值,价值由其技术含量决定,使用价值通过专利技术转化实现。专利是具有实用性的一种无形资产。实用性,即指该专利能够制造或者使用,并且能够产生积极效果。所谓能够制造或者使用是指专利能够在工业及其他行业的生产中大量制造,在应用于工业生产和日常生活中的同时产生积极效果。这里必须指出的是,专利法并不要求其发明或者实用新型在申请专利之前已经经过生产实践,而是分析和推断在工农业及其他行业的生产中可以实现。作为商品的使用价值就是专利的商业价值。使用价值是能够满足人们需求的物品的有用性,由商品自然属性决定,同种商品拥有不同的自然属性,不同主体对使用价值有不同解读。因此在实现专利商业价值的过程中,企业偏好于把技术转化为生产力,生产产品以获得市场收益,个人或高校则更倾向于直接将专利出售,获取专利转让费。

从专利自身的质量角度看,专利自身质量直接影响专利价值,而专利质量受专利申请文件的质量和专利授权率的影响。一方面,申请专利时除了要提供基本的专利名称、发明人姓名等基本的信息外,发明专利或实用新型专利还应该提供说明书、请求书、摘要及权利要求书,这些文件是证明专利具备新颖性、创造性、实用性的必要文件,其中权利要求书直接决定专利的保护范围,因此,专利申请文件质量的高低直接影响专利价值的大小。另一方面,专利授权的质量决定专利质量。专利授权率间接体现了一个国家授权专利的水平,当一国专利授权水平得到社会认可,相应的专利质量也得到肯定,说明专利更容易实现技术转化。另外,专利使用者的需求是否得到满足是决定专利价值高低的重要因素,在同等条件下,更能满足使用者需求的专利,其专利价值越高,反之亦然。虽然专利价值可以从多方面进行界定和理解,但最终都归结于专利的技术价值和商业价值,只不过对不同的主体而言有不同的侧重点,高校、科研机构更注重于专利的技术价值,企业等则更关注专利的商业价值。

5. 资源整合能力

资源整合能力是技术经理人对科技成果进行商业化经营的必备能力。资源整合这一理论的提出来自于企业管理,它作为战略调整的手段,是企业管理的日常活动。资源基础论认为资源是企业能力的来源。资源整合,就是要通过组织和协调,优化投资环境,合理地利用和科学有效地配置自然资源、资本资源、人力资源、信息资源、技术资源等生产要素资源,使他们的互相关联程度增强,从而达到优化配置状态。在资源整合中,资源是基础,整合是关键。它的实质是对资源的开发利用。资源的整合要求产生集聚的效果,取得 1+1 大于 2 的最终效果。

(1)资源拼凑与创新拼凑能力。从创业资源理论看,创新与创业活动是一种资源整合与转换的过程,通过资本资源、技术资源、人力资源等资源优化组合,最终形成创新产品与创业企业。传统基础资源理论认为,创新主体或创业者利用异质性、有价值、不可替代的资源进行双创活动从而获得竞争优势,这些资源不仅包括物质、资本等有形资源,还包括人力、技术等无形资源。传统基础资源理论强调了双创活动的资源属性,并识别那些显著影响双创活动的资源类型。但双创主体往往遇到资源约束问题,在资源约束下,如何挖掘与利用资源成为双创的关键因素。在强资源约束和高度环境不确定性下,创业活动成为探索性、试错性、创新性的快速行动机制,需要采取·些独特而行之有效的策略实施。创业资源交易理论强调,突破资源约束,创新主体或创业者可按照实现目标在社会上搜寻标准化资源,并通过相当的成本与条件换取所需资源,实现双创目的。

创业拼凑本质上是创业者创造性地利用手头资源克服资源约束、进行价值创造的资源利用行为机制,是看待和收集资源的特别方式。创业拼凑的行为主体被称为拼凑者,他们是一类能工巧匠,倾向于使用手边的任何东西,并以一种有别于其原有用途的方式对资源加以利用。拼凑者的形象特征与专业的、严谨的"工程师"形象相比具有强烈反差。工程师是采用标准化资源或系统化方法解决问题的人,他们接受过特定领域内系统、规范、专业的教育;他们依照事前计划行事,往往是设计者而非使用者。与此相对,拼凑者是采用非标准化、非规范化方式解决问题或创造机会的人,他们往往多才多艺,掌握着广泛而多变的自学知识和技能,对手头资源的了解源于实践;他们的行为方式更倾向于事中即兴,形成资源库的主要原则是"将来可能会有用",行为结果则具有高度创新性,并对创新有高度的热情。与工程师不同,拼凑者扮演着设计者和使用者的双重角色,拼凑方案多是为了解决自身困境而产生的。

合格的技术经理人需要有上述这种能力。

6. 团队领导与管理能力

团队领导与管理能力是技术经理人对科技成果全链条管理、一体化组织实施所必备的能力。领导力被视为特质、行为、权力、艺术以及影响力等。领导力之所以重要,是因为它能帮助组织达成目标,从某种角度说,组织目标是否达成是判断领导有效性的唯一标准。领导力不是孤立存在的,必须通过人际关系发生作用。因此,领导力可以被理解为通过关系管理实现组织目标的过程。优秀的领导者就是有能力驾驭组织内外部的各种复杂关系,并且达成卓越的组织目标的人。

领导力存在于人与人的关系中。领导力可以拆分为以下几个维度:管理自己(Manage Yourself,MY)、管理上级(Manage Your Boss,MB)、管理下属(Manage Your Members,MM)、管理同事(Manage Your Colleagues,MC)、管理外部伙伴(Manage Your Partners,MP)。

管理自己(MY)是领导力的基础,它是领导者价值观、个性、能力、行为倾向的综合反映。管理下属(MM)是领导力的主要任务,它是激发团队完成组织目标的过程。领导—成员交换理论正式将领导者与下属的关系作为领导力的重点研究对象。管理上级(MB)是领导力的必要条件,包括与上级双向沟通、明确目标、获取资源等一系列过程。管理同事(MC)是领导力在组织内部的延伸,是指与同事形成建设性伙伴关系等。管理外部伙伴(MP)是领导力在组织外部的延伸,是指跨越组织、整合资源,组织只有与外界发生交互,才能获得更多的优质资源,不断地迭代,并将价值观、产品与服务输出,因此实现组织目标需要依靠其他组织的协助,管理外部伙伴也就尤为重要。

10.3 技术经理人行业组织

10.3.1 国际行业组织

自 1964 年联合国贸易发展会议提出"技术转移"的概念以来,世界各国对技术转移进行了大量的实践探索和理论研究,出现了大量专门从事技术转移工作的组织机构。进入本世纪以来,这些技术转移机构又开始联合组建行业协会,为技术转移的国际化发展提供行业标准和从业规范。

目前,世界上主要的行业协会有:美国大学技术经理人协会(AUTM)、欧盟技术转移经理人协会(ASTP‐Proton)、英国大学知识商品化协会(PraxisUnico)、澳大利亚知识商品化组织(KCA)、意大利研究价值评估网络(NETVAL)、马来西亚创新与技术经理人协会(ITMA)、南非研究和创新管理协会(SARIMA)、瑞典创新与技术转移联盟(SNITTS)、印度技术管理协会(STEM)、西班牙创新管理与技术转移协会(RedTransfer)、德国大学技术联盟(TechnologieAllianz)、日本大学创新与技术转移网络(UNITT)、土耳其大学创新市场化平台(ÜSÏMP)、美国加拿大国际许可高级管理人协会(LES)、国际生物技术创新组织(BIO)等。其中,美国大学技术经理人协会(AUTM)、欧盟技术转移经理人协会(ASTP‐Proton)、英国大学知识商品化协会(PraxisUnico)颇具代表性。

1. 美国大学技术转移经理人协会(AUTM)

目前,美国的技术转移基本已实现了 TL、FLC 和 AUM 三位一体的支撑结构,即美国各高校的技术授权办公室(Office of Technology Licensing,简称 OTL),美国联邦实验室技术转移联合体(FLC)和大学技术经理协会(Association of University Technology Managers,简称 AUTM)。有大量的技术转移从业人员活跃在美国的技术交易市场中,通过 OTL 和 FLC 等平台交流技术转移信息和经验等,并且还能就技术转移涉及的一些复杂政策和法律问题进行信息咨询、讨论解答等,合理有效地整合了大量信息,实现了资源优化配置,极大地促进了美国经济的发展。

美国大学技术经理人协会（AUTM）在高校技术成果转移中发挥重要作用，比如，构建多元参与的信息服务平台、提供专业化的技术转移咨询、培养技术转移专业人才等。AUTM 的成员不仅包括技术转移从业者，还包括企业、社会组织和政府机构，其创始宗旨是联合技术转移各方主体，促进高校和科研机构的科技成果向市场转化。AUTM 亦通过举办年会和区域会议为其成员提供交流和联系的平台，通过发放会员名录方便成员间的联系，出版专业刊物以让其会员及公众充分了解商业开发、许可、专利和研究开发方面的最新信息，以及重大的法律问题。而 AUTM 的这些努力为协会成员提供了一系列广泛而深入的交流渠道，为其成员间进行专业交流、相互学习、经验共享创造机会，进而推动技术转移活动的广泛开展。AUTM 通过提供专业课程和培训项目，对技术转移从业者进行专业培训，以使他们能够掌握基本的专业知识，熟悉特定技术领域的特点，把握技术领域的发展趋势和价值，识别技术的市场前景，对技术市场有灵敏的嗅觉，了解相关技术领域公司的技术要求，并具备一定的法律和金融知识。同时，AUTM 还通过组织专业资格认证考试的方式，为技术转移人才的认定提供可供参照的标准。而 AUTM 制作并发放技术转移实践手册则为技术转移工作者的日常工作提供了系统的实践指导。

2. 欧盟技术转移经理人协会（ASTP）

ASTP（The Association of European Science and Technology Transfer Professionals）是 1999 年在海牙成立的欧洲知识和技术转移行业专业协会，初期成员包括以欧洲地区为主的超过 41 个国家 650 名 KT（Knowledge Transfer）或 TT（Technology Transfer）从业者，并为他们提供行业相关的专业培训和实践交流。2013 年 5 月，ASTP 与 ProtonEurope 合并，后者源自 2003 年由欧盟委员会支持展开的一个科研项目，随后在 2005 年正式建立，成为同样专注 KT/TT 领域的非营利协会。

合并后的 ASTP - Proton 被赋予为"欧洲 KT/TT 中心"，为行业发展提供更多、更好、更全面的服务。如今，ASTP - Proton 拥有 1 600 多家大学和产业界会员，是欧洲最大的技术转移组织，也是欧洲技术转移大会的主办单位。

ASTP - Proton 是一家致力于沟通大学和企业间技术转让、科研成果产业化，力求进一步提高公共研究对社会环境和经济效益的积极影响的非营利性组织,其为大学和科研机构与企业界进行技术转移过程中提供知识产权保护、专利价值评估、技术市场分析等相关服务。ASTP - Proton 的使命是促进技术转移时间更加流程化、专业化,为专业从业者和技术转移办公室等相关机构提供指导和帮助;同时,通过开设网上在线课程培训,为想要进入技术转移领域的从业者提供全面的指导,帮助其提高专业技能、适应行业发展。

3. 英国大学知识商品化协会(PraxisUnico)

PraxisUnico 作为英国政府出资成立的国家级技术转移机构,负责英国乃至整个欧洲的国际技术转移,同时也给全英所有大学以及约 1/3 的欧洲大学技术转移办公室做技术转移、法律法务方面的培训,至今已发展至 170 多家会员机构,每年定期举办的技术转移年会,吸引超过 300 位技术转移专家前来参会。

PraxisUnico 支持英国知识交换与商业化(KEC),也是全球性技术转移经理人联盟(ATTP)的发起机构之一,ATTP 联盟是为全球技术转移机构制定专业化标准的组织,由其认证注册行业内最具权威的技术经理人资格证书。

PraxisUnico 通过世界领先的培训培养知识交易与技术转移专业人才,在活动中链接会员和投资人、客户、合作伙伴等,共同推动领域内的最佳实践与成果,促进公共研究机构、企业与政府之间相互作用,汇集主要的利益相关者共同交流。

4. 国际技术转移经理人联盟(ATTP)

技术转移的概念自提出以来,就是以经济全球化和世界一体化为时代背景和发展目标的。近年来,世界主要国家纷纷意识到发展技术转移国际从业标准的重要性,开始组建全球性质的行业组织联盟,通过开展考试与资格认定等工作,掌控技术转移的国际人才资源,进而在世界技术创新和经济发展中抢占战略竞争优势。

2010 年,欧洲、美国、英国、大洋洲所在区域最具影响力的 4 个跨国技术转移组织成立了彼此认定的国际技术转移经理人联盟(ATTP)平台,总部在苏格兰。ATTP 的目的是通过组织实施"注册技术转移经理人(RTTP)"的国际认定,为在大学、产业、政府实验室从事知识转移和技术成果商业化运营工作的人员提供国际从业标准。

国际注册技术转移经理人认证(RTTP)由北美大学技术经理人协会、英国普雷塞斯技术转移中心、欧盟技术转移经理人协会、澳大利亚知识商品化组织世界四大技术转移组织联合认证、考核,在全世界 60 多个国家通行有效。截至 2020 年 7 月,有来自全球近 40 个国家的 591 位专业人员通过了 RTTP 认定。

10.3.2 国内行业组织

随着科技成果转化的深入发展,借鉴国际行业组织发展经验,我国国内从事技术转移工作的组织机构也开始联合组建了各种行业协会,包括全国和各地区的技术市场协会、技术经纪人协会、技术经理人协会等。比较典型的与技术经理人相关的行业协会有中关村技术经理人协会、西安技术经理人协会等。

1. 中关村技术经理人协会

2019 年 9 月 27 日,中关村技术经理人协会揭牌成立。技术经理人就是既懂技术,又懂孵化市场资源的专业型人才。中关村管委会支持 70 多家高校院所、服务机构和科技企业,联合发起成立了中关村技术经理人协会,目的是培养更多的从事技术转移和转化的专业科技人才,让专业的人做专业的事,加强交流,共享资源,共同营造成果转化的良好的生态。

中关村管委会支持中关村技术经理人协会开展以下工作:一是长期开展转移转化人才培训,提升服务能力,扩大人才队伍,推动人才培训基地的建设;二是持续推动会员单位举办成果转化"火花"活动,促进技术经理人、科学家、企业家、投资人等对接合作;三是每年筛选一批优质科技成果项目,推动技术经理人提供精准服务;四是推动技术经理人、分园工作站、孵化机构、投资机构、大企业等深度对接,促进优质科技成果在示范区落地转化;五是建立技术经理人业绩监测机制,建设线上和线下服务平台,跟踪服务成效;六是每年开展技术经理人和优秀成果转化项目评选,推选年度人物,并进行深入宣传;七是开展中关村技术经理人标准创制,挖掘一批优秀的技术经理人,积极协调并推动中关村技术经理人职称评聘和职业化发展;八是开展其他科技成果转化的相关工作。

中关村技术经理人协会目前会员单位有 72 家,包括北大、清华、北航、北理等 16 家高校的技术转移办公室,中科院物理所、中科院计算所、中科院微生物所等 13 家科研院所的技术转移平台,北医三院、积水潭医院、北京友谊医院等 5 家医院的成果转化办公室,中电科、国家电网互联网研究院等 4 家大企业的技术转移机构;中孵高科、中科创星、埃米空间等 15 家孵化器;中技所、昌发展等 18 家各类科技服务机构。

2. 西安技术经理人协会

西安技术经理人协会自 2014 年 3 月由西安科技大市场发起倡议设立筹备时起,在市科技局、市人社局、市高新区管委会领导暨十余家发起单位大力支持和指导下,在协会志愿者辛勤努力下,于 2014 年 10 月 22 日正式成立。

协会的正式成立,为贯彻落实党的十八届三中全会、四中全会关于国家产业结构转型升级、推动科技创新,加快建立健全各主体、各方面、各环节有机互动、协同高效的国家创新体系、提倡大众创业、万众创新的精神,建立创新、规范的西安技术经理人行业体系和技术经理人队伍,完善西安地区产学研、政金介、媒商用等全方位、立体化的技术转移和科技成果转化行业体系功能,提高西安市技术转移和科技成果转化行业水平,具有充分的现实意义和深远的历史意义。

为使西安技术经理人行业健康、规范、有序、快速发展,保障技术交易市场和技术经理人协会、技术经理人公司,以及职业技术经理人协同创新、互利共赢、共同发展,协会始终坚持以"培育高端人才、建立专业标准、打造金牌行业、构建交流平台、促进合作共赢、推动创新发展"为宗旨,通过重点建立技术经理人行业规则体系,维护科技成果转移转化市场秩序;通过重点培育中、高级技术经理人队伍,建立和壮大各层次技术经理人队伍;通过重点搭建科技成果商业转化评估项目、科技金融产品推荐服务项目,以及技术经理人职业保障基金项目等支撑平台,为广大协会会员和技术经理人提供具有强烈吸引力的市场化增值服务,为实现党中央提出的"三个服务",既"为推进国家技术创新体系建设服务,为加快区域经济创新发展服务,为提升企业创新能力服务"目标,促进西安地区科技服务业健康发展,起到积极的促进作用。

3. 安徽省科技经纪人协会

安徽省科技经纪人协会已于 2004 年 11 月 27 日成立,其宗旨定位为:适应社会主义市场经济体制需要,以全面提高科技经纪人队伍整体素质为己任,整合科技经纪人人才资源,为开展各种科技活动服务;沟通政府与科技经纪人之间、科技工作者经纪人与客户之间的联系,为科技经纪人提供咨询、策划、培训、法律和信息服务。从近几年的实践看,该协会在经纪人自律管理方面发挥的作用有限,承担的职能也较少,在省内技术经纪界的影响力有限。相比之下,上海、深圳、北京等地的技术经纪人组织自律管理已经相当成熟和完善,虽然成立的时间相对较晚,但在技术经纪业发展方面扮演愈加重要的角色,不仅成为技术经纪人交流的平台,而且更多地承担起有关培训、资格认证等职责,组织协调技术经纪人为社会提供技术中介、科技成果与新产品鉴定、科技成果转化等方面的服务。

4. 浙江省技术经纪人协会

2007 年 10 月 18 日,浙江省技术经纪人协会在杭州成立。协会加强了技术经纪业的自律管理,提高技术经纪从业人员的服务能力和水平,促进了科技成果转化,推动技术创新,进一步繁荣浙江省的成果技术市场。协会积极组织技术经纪人培训和资质认定,协调技术经纪人为社会提供技术评估、技术中介、技术交易、科技成果与新产品鉴定、科技成果转化等方面的服务。

5. 吉林省技术经纪人协会

2017 年 6 月 12 日,吉林省技术经纪人协会在长春成立,协会推动了吉林省技术转移人才的培育和专业化队伍建设,促进了技术转移和科技成果转化。该协会成立之初,中科院长春应化所、光机所、吉林吉大孵化器、吉林省科技大市场 12 家单位以及吉林省各地的技术经纪人 200 余人参加了会议。建立技术经纪人协会,既是落实国家有关政策的要求,也是吉林省推进科技成果转移转化的需要,更是吉林省技术经纪人培养工作的现实需要。旨在把协会办成交流提高、凝练队伍的平台,政企互动的纽带,校企联系的桥梁,探索科技成果转移转化模式的试验田。充分发挥协会在技术资本市场的纽带作用,突出协会优势,探索技术成果转移的创新模式。

吉林省技术经纪人协会是根据《社会团体登记管理条例》有关规定,按法律程序办理登记注册,由中科院长春应化所、长春光机所、吉林大学孵化器有限公司、吉林省生产力促进中心、吉林市科技信息研究所、通化市生产力促进中心、辽源市科技信息研究中心、白城市科技创新服务中心、吉林省技术产权交易中心有限公司、中科院长春应化所科技总公司、吉林省光电子产业孵化器有限公司、吉林市欣华投资咨询有限公司等省内科研院所、高校、企事业单位共同发起成立的科技类社会民间组织。协会登记管理机关是吉林省民政厅，业务主管单位是吉林省科技厅，其接受登记管理机关和主管单位的监督管理和业务指导。

后　记

　　中国经济社会发展进入新时代以来，创新驱动已经成为国家发展战略。作为创新驱动发展战略的重要内容，科技创新已经成为提高我国社会生产力和综合国力的战略支撑。为加快建设创新型国家，党中央对科技创新和成果转化提出了更高的要求。

　　科技成果转化的本质是科学知识的商业化和市场化。在知识经济社会中，科学知识越来越多地取代了土地、劳动力和资本等传统要素，而成为经济发展新的"发动机"。但是，科学知识不是现实的生产力，只有将知识信息转化为有效的经济知识、将无形知识转化为有形产品，并且对科技成果转化发生的缘由、理性基础和科学知识的传统等问题进行深入的科学及理性分析，才能理解，并真正地推动科技成果转化。

　　之所以要以国家政策的形式推动科技成果转化，根本原因在于，在政府和社会公众看来，学院性科学家生产出来的知识在很大程度上仍停留在"书架"之上，并未真正地实现其经济价值，以至于形成了"知识的学院生产"和"知识的社会使用"之间的矛盾。这种社会现象被称为"知识悖论"，即原本为了公众利益而生产的知识，由于没有被充分地利用，最终造成了知识的浪费和公众利益的损害。

　　知识悖论之所以发生，从根本上说，源于两方面的原因。其一，知识的生产者和使用者角色的分立直接导致了知识生产和使用的矛盾。由科学家组成的这个科学共同体，责无旁贷地承担着知识生产的重任。相比较来说，知识使用的情况则比较复杂。依据不同的行为主体，知识的使用可以分为知识的科学共同体使用和社会使用。科学共同体对现有的知识加以使用，可以生产出更多的知识，进而增加人类的知识总量；知识的社会的工具性使用，则可以得到有形产品，进而满足人们生存生活的物质需求。其二，对科学知识经济效用的重视，最终导致了知识悖论的发生。

　　在知识经济社会中，知识对经济的贡献程度，直接决定了国家和区域经济的竞争力和发展水平。人们越来越多地看到知识的使用价值所蕴藏的政治经济学意义。在以知识为基础的经济社会中,人们越是渴望自己的有形产品更多、更快地占领市场,也越是对现有科学知识的转化效率和现状感到不满。不仅如此,人们对正在生产和即将生产的"知识",也迫不及待地想要看到其实际价值。现在人们普遍认为,经济上有效的知识和能够转化为生产力的知识,才是社会所真正需要的知识。

科技成果转化的本质,就是在解决知识悖论这一经济社会现象,对具有实用价值的科学知识和技术成果进行商业化和市场化,最终转化成社会生产力。科技创新不仅仅是实验室里的研究,而是必须将科技创新成果转化为推动经济社会发展的现实动力。

科技成果转化是一项复杂的系统工程,科技成果转化工作体系是促进科技成果持续产生,推动科技成果扩散、流动、共享、应用,并实现经济与社会价值的生态系统。做好科技成果转化工作,需要专业化的科技成果转化和技术转移人才。在这里,我们希望通过所有人的共同努力,为专业化技术转移人才的培养及其职业化发展创造更好的环境和条件,更快更好地培养出国家迫切需要的专业化技术转移人才队伍,为建设创新型国家、实现"两个一百年"奋斗目标做出应有的贡献。

推荐书目

[1] 艾伯特·N·林克，唐纳德·S·西格尔，迈克·赖特. 大学的技术转移与学术创业——芝加哥手册[M]. 上海：上海科技教育出版社，2018.

[2] 埃里克·莱斯. 精益创业[M]. 北京：中信出版社，2012.

[3] 安同良等. 长三角地区研发的行为模式与技术转移问题研究[M]. 北京：经济科学出版社，2011.

[4] 北京市科学技术委员会. 探索之旅：科技成果转化的北京模式[M]. 北京：北京科学技术出版社，2013.

[5] 布雷登. 埃弗雷特，奈杰尔. 特鲁西略. 技术转移与知识产权问题[M]. 北京：知识产权出版社，2014.

[6] 布鲁斯·巴林杰. 创业管理：成功创建新企业（原书第5版）[M]. 北京：机械工业出版社，2017.

[7] 卜昕等. 美国大学技术转移简介[M]. 西安：西安电子科技大学出版社，2014.

[8] 蔡声霞. 国际技术转移与发展中国家的技术能力建设[M]. 北京：经济科学出版社，2014.

[9] 曹海涛. 合伙创业：合作机制＋股份分配＋风险规避[M]. 北京：清华大学出版社，2018.

[10] 曹荣. 科技成果转化的金融支持研究——基于中美比较的视角[M]. 北京：科学出版社，2019.

[11] 曹兴. 技术联盟知识转移行为研究[M]. 北京：科学出版社，2014.

[12] 陈怡安，组织学习与技术转移绩效的关系研究[M]. 北京：电子科技大学出版社，2014.

[13] 陈飞翔，胡靖等. 利用外资与技术转移[M]. 北京：经济科学出版社，2006.

［14］陈鹏，商务谈判与沟通实战指南［M］．北京：化学工业出版社，2019.

［15］陈强，鲍悦华．常旭华．高校科技成果转化与协同创新［M］．北京：清华大学出版社，2017.

［16］陈玉涛．科技成果评价［M］．北京：企业管理出版社，2018.

［17］陈向东．大转移：影响世界的技术和知识流动［M］．北京：经济日报出版社，2000.

［18］陈向东．国际技术转移的理论与实践［M］．北京：北京航空航天大学出版社，2008.

［19］杜军．发酵行业技术转移现状与模式选择［M］．北京：清华大学出版社，2011.

［20］菲利普·科特勒，阿姆斯·特朗，楼尊．市场营销：原理与实践（第16版）［M］．北京：中国人民大学出版社，2015.

［21］冯进路．企业联盟知识转移与技术创新［M］．北京：经济管理出版社，2007.

［22］冯秀珍，张杰，张晓凌．技术评估方法与实践［M］．北京：知识产权出版社，2011.

［23］弗雷德·R·戴维．战略管理：概念与案例第13版·全球版［M］．北京：中国人民大学出版社，2012.

［24］弗兰克·泰特兹．技术市场交易：拍卖、中介与创新［M］．北京：知识产权出版社，2016.

［25］傅宏宇．国有企业专利实施与科技成果转化法律规范集成与适用指南［M］．北京：中国法制出版社，2017.

［26］富田彻男，张明国．技术转移与社会文化［M］．北京：商务印书馆，2003.

［27］傅正华，林耕，李明亮．我国技术转移的理论与实践［M］．北京：中国经济出版社，2007.

［28］傅正华，等．地方高校技术转移研究［M］．北京：知识产权出版社，2012.

［29］盖温·肯尼迪．谈判：如何在博弈中获得更多（第四版）［M］．北京：民主与建设出版社，2018.

［30］郜志雄. 专利技术转移机制［M］. 北京：中国时代经济出版社，2016.

［31］郭燕青. 技术转移与区域经济发展［M］. 北京：经济管理出版社，2004.

［32］哈罗德·科兹纳. 项目管理：计划、进度和控制的系统方法（第12版）［M］. 北京：电子工业出版社，2018.

［33］黄静波. 国际技术转移［M］. 北京：清华大学出版社，2005.

［34］黄宁燕. 国外技术转移案例研究［M］. 北京：科学技术文献出版社，2018.

［35］黄琪轩. 大国权力转移与技术变迁［M］. 上海交通大学出版社，2013.

［36］何建坤等. 研究型大学技术转移：模式研究与实证分析［M］. 北京：清华大学出版社，2007.

［37］贺艳，许云. 北京地区高校和科研机构技术转移模式研究［M］. 北京：人民出版社，2017.

［38］侯光明，等. 军民技术转移的组织与政策研究［M］. 北京：科学出版社，2009.

［39］胡靖. 跨国公司在华技术转移行为研究［M］. 上海：上海财经大学出版社，2009.

［40］吉姆·米尔豪森，傅婧瑛. 商业模式设计与完善［M］. 北京：人民邮电出版社，2016.

［41］姜铭. 基于DEA的技术转移服务效率研究——以青岛市为例［M］. 北京：科学出版社，2016.

［42］蒋樟生. 产业技术创新联盟稳定性管理：基于知识转移视角［M］. 北京：中国经济出版社，2011.

［43］蒋樟生. 产业技术创新联盟信任机制研究：知识转移视角［M］. 杭州：浙江工商大学出版社，2016.

［44］姜振寰. 技术史论坛——技术的传承与转移［M］. 北京：中国科学技术出版社，2012.

［45］凯瑟琳.艾伦，李政. 技术创业：科学家和工程师的创业指南［M］. 北京：机械工业出版社，2010.

[46] 科丽·科歌昂，叙泽特·布莱克莫尔，詹姆士·伍德.项目管理精华:给非职业项目经理人的项目管理书[M].北京:中国青年出版社,2016.

[47] 拉希德.卡恩,李跃然,张立.技术转移改变世界——知识产权的许可与商业化[M].北京:经济科学出版社,2014.

[48] 李虹.国际技术转移与中国技术引进[M].北京:对外经贸大学出版社,2016.

[49] 李建明.我国中小高技术企业知识联盟中的知识转移影响因素研究[M].上海:上海财经大学出版社有限公司,2008.

[50] 李建强.创新视阈下的高校技术转移[M].上海:上海交通大学出版社,2013.

[51] 李小丽.三螺旋模式下大学专利技术转移组织构建研究[M].北京:经济科学出版社,2019.

[52] 李雪.晚清西方电报技术向中国的转移[M].济南:山东教育出版社,2013.

[53] 林耕,张玢,傅正华.超越与梦想——我国技术市场发展战略研究[M].北京:知识产权出版社,2016.

[54] 王林雪,康晓玲.技术创业:商务谈判与推销技术[M].西安:西安电子科技大学出版社,2010.

[55] 刘海龙,等.农业技术转移决策支持系统(DSSAT)在改进非洲施肥技术方面的应用[M].北京:中国农业科学技术出版社,2015.

[56] 刘群彦.科技成果转化:法律意识的社会学研究——以上海高校及科研院所为例[M].上海:上海交通大学出版社,2019.

[57] 柳卸林,何郁冰,胡坤等.中外技术转移模式的比较[M].北京:科学出版社,2012.

[58] 刘秀玲.国际直接投资与技术转移[M].北京:经济科学出版社,2003.

[59] 陆旭东,刘海波,王永杰,等.交通运输技术转移蓝皮书2018[M].北京:人民交通出版社,2019.

[60] 罗伊·列维奇,布鲁斯·巴里,戴维·桑德斯.商务谈判(第6版)[M].北京:中国人民大学出版社,2015.

［61］马忠法,等. 清洁能源技术转移法律制度研究［M］. 北京:法律出版社,2018.

［62］马治国,翟晓舟,周方. 科技创新与科技成果转化:促进科技成果转化地方性立法研究［M］. 北京:知识产权出版社,2019.

［63］迈克尔·希特,杜安·爱尔兰,罗伯特·霍斯. 战略管理:概念与案例(第 12 版)［M］. 北京:中国人民大学出版社,2017.

［64］美国项目管理协会. 项目管理知识体系指南(PMBOK 指南)(第六版)［M］. 北京:电子工业出版社,2018.

［65］全国人大常委会法制工作委员会社会法室. 中华人民共和国促进科技成果转化法解读［M］. 北京:中国法制出版社,2016.

［66］汝绪伟,李海波,陈娜. 科技成果转化体系建设研究与实践［M］. 北京:科学出版社,2020.

［67］宋明顺,吴增源,郑素丽. 技术创业与知识管理［M］. 北京:中国标准出版社,2015.

［68］孙烈. 德国克虏伯与晚清火炮——贸易与仿制模式下的技术转移［M］. 济南. 山东教育出版社,2014.

［69］孙源. 高技术集群企业知识网络的知识转移［M］. 北京:中国石化出版社有限公司,2016.

［70］汤建影. 基于员工流动的技术知识转移机理研究［M］. 北京:科学出版社,2009.

［71］谭英,范晨辉,王德海. 农业技术转移中的信息传播链研究［M］. 北京:中国农业大学出版社,2015.

［72］唐晓云. 国际技术转移的非线性分析与经济增长［M］. 复旦大学出版社,2005.

［73］唐素琴,周轶男. 美国技术转移立法的考察和启示——以美国"拜杜法"和"史蒂文森法"为视角［M］. 北京:知识产权出版社,2018.

［74］陶鑫良. 专利技术转移［M］. 北京:知识产权出版社,2011.

［75］托马斯·H·拜尔斯,理查德·C·多尔夫. 技术创业:从创意到企业(第 4 版)［M］. 北京:北京大学出版社,2017.

［76］王建明. 商务谈判实战经验和技巧——对五十位商务谈判人员的深度访谈(第 2 版)［M］. 北京:机械工业出版社,2015.

[77] 王婉.科技创新与科技成果转化[M].北京:中国经济出版社,2018.

[78] 王馨.面向创新的代际知识转移方法与机制:基于中国航天导师制的案例研究[M].北京:国防工业出版社,2013.

[79] 王旭,章东辉,马冬梅.技术创业管理[M].北京:中国劳动社会保障出版社,2011.

[80] 魏兴民.TRIPS约束下知识产权保护与跨国技术转移问题研究——以中国为例[M].北京:经济科学出版社,2017.

[81] 武剑.国防技术转移动力机制[M].北京:国防工业出版社,2017.

[82] 吴敬学.农业科技成果转化:模式、机制与绩效研究[M].北京:经济科学出版社,2013.

[83] 吴林海,吴松毅.跨国公司对华技术转移论[M].北京:经济管理出版社,2002.

[84] 吴越舟.企业顶层设计:战略转型与商业模式创新[M].北京:人民邮电出版社,2018.

[85] 小阿瑟·汤普森.战略管理:概念与案例(原书第19版)[M].北京:机械工业出版社,2015.

[86] 中国就业培训技术指导中心.创业培训标准(试行)[M].北京:中国劳动社会保障出版社,2019.

[87] 肖国芳著.中国高校技术转移绩效研究[M].上海:上海交通大学出版社,2019.

[88] 谢富纪.技术转移与技术交易[M].北京:清华大学出版社,2006.

[89] 谢旭辉.技术转移:就这么干[M].北京:电子工业出版社,2017.

[90] 邢斐.外商技术转移对东道国技术创新与产业发展的影响[M].武汉:华中科技大学出版社,2017.

[91] 熊焰,刘一君,方曦.专利技术转移理论与实务[M].北京:知识产权出版社,2018.

[92] 许云,李家洲.技术转移与产业化研究——以中关村地区为例[M].北京:人民出版社,2015.

[93] 薛昌明,等.现代力学方法的技术转移与工程应用[M].上海:华东理工大学出版社,2009.

[94] 杨明.技术转移与文化建设:以广东为例[M].广州:暨南大学出版

社，2011.

[95] 杨先明,等. 国际直接投资、技术转移与中国技术发展[M]. 北京:科学出版社,2004.

[96] 叶娇. 跨国技术联盟知识转移机制的研究——基于文化差异的视角[M]. 北京:经济科学出版社,2013.

[97] 闫傲霜,等. 技术经纪人培训教程[M]. 北京:兵器工业出版社,2014.

[98] 闫傲霜,等. 技术经纪人培训教程(京津冀)[M]. 北京:兵器工业出版社,2019.

[99] 易明. 国家创新驱动战略背景下的区域技术转移研究[M]. 北京:中国地质大学出版社,2017.

[100] 尹锋林. 低碳技术创新、转移与知识产权问题研究[M]. 北京:知识产权出版社,2015.

[101] 尹锋林. 新〈促进科技成果转化法〉与知识产权运用相关问题研究[M]. 北京:知识产权出版社,2015.

[102] 尹晓冬. 16~17世纪明末清初西方火器技术向中国的转移[M]. 济南:山东教育出版社,2014.

[103] 余呈先. 企业转型过程中的知识转移影响机制研究[M]. 北京:中国科学技术大学出版社,2013.

[104] 曾德聪,仲长荣. 技术转移学[M]. 福建:福建科学技术出版社,1997.

[105] 翟杰全. 技术的转移与扩散——技术传播与企业的技术传播[M]. 北京:北京理工大学出版社,2009.

[106] 张柏春,等. 苏联技术向中国的转移(1949—1966)[M]. 济南:山东教育出版社,2004.

[107] 张寒. 中国大学技术转移与知识产权制度关系演进的案例研究[M]. 北京:经济管理出版社,2016.

[108] 张红兵. 技术联盟组织间知识转移测度研究[M]. 北京:经济科学出版社,2014.

[109] 张经强. 区域技术扩散与产业梯度转移问题研究[M]. 北京:经济管理出版社,2009.

[110] 张剑. 世界科学中心的转移与同时代的中国[M]. 上海:上海科技出版社,2014.

[111] 张娟. 大学技术转移项目化管理及运行[M]. 北京:科学出版社,2016.

[112] 张乃根,陈乃蔚. 知识创新与技术转移[M]. 上海:上海交通大学出版社,2005.

[113] 张乃根,陈乃蔚. 技术转移的法律理论与实务[M]. 上海:上海交通大学出版社,2006.

[114] 张乃根,陈乃蔚. 技术转移与公平竞争[M]. 上海:上海交通大学出版社,2008.

[115] 张乃根,陈乃蔚. 技术转移后续研发与专利纠纷解决[M]. 上海:上海交通大学出版社,2009.

[116] 张士运. 技术转移体系建设理论与实践[M]. 北京:中国经济出版社,2014.

[117] 张乃根等. 美国专利法:判例与分析[M]. 上海:上海交通大学出版社,2010.

[118] 张乃根,马忠法. 清洁能源与技术转移[M]. 上海:上海交通大学出版社,2011.

[119] 张乃根,朱丹. 中国新专利法的司法实施研究[M]. 上海:上海交通大学出版社,2013.

[120] 张蔚虹. 技术创业:新创企业融资与理财[M]. 西安:西安电子科技大学出版社,2009.

[121] 张晓凌,等. 技术转移联盟导论[M]. 西安:知识产权出版社,2009.

[122] 张晓凌,等. 技术转移信息服务平台建设[M]. 西安:知识产权出版社,2011.

[123] 张晓凌,等. 技术转移业务运营实务[M]. 西安:知识产权出版社,2012.

[124] 张晓凌,张玢,庞鹏沙. 技术转移绩效管理[M]. 西安:知识产权出版社,2014.

[125] 章琰. 大学技术转移——界面移动与模式选择[M]. 北京:北京航

空航天大学出版社，2008.

[126] 张阳,余菲菲,施国良. 国际技术转移战略：以江苏为例[M]. 北京：科学出版社，2013.

[127] 张玉臣. 技术转移机理研究：困惑中的寻解之路[M]. 北京：中国经济出版社，2009.

[128] 赵黎明. 技术转移论[M]. 北京：中国科学技术出版社，1992.

[129] 周航.重新理解创业：一个创业者的途中思考[M]. 北京：中信出版社，2018.

[130] 周星星,陆华忠.现代农业科技成果转化操作实务[M]. 北京：科学出版社，2019.

[131] 周银珍,周淑贞. 环境视角下技术转移对高技术产业效率的影响[M]. 武汉：武汉大学出版社，2018.

[132] 朱常海，郭曼. 我国技术转移策略研究：技术、组织与创新生态[M]. 北京：科学技术文献出版社，2017.

[133] 中国标准化委员会. GB/T 34670—2017 技术转移服务规范[S]. 北京：中国标准出版社，2017.

[134] 中国科技成果管理研究会，国家科技评估中心，中国科学技术信息研究所.中国科技成果转化年度报告 2018(高等院校与科研院所篇)[M]. 北京：科学技术文献出版社，2019.

参考文献

[1] 鲍新中,霍欢欢. 知识产权质押融资的风险形成机理及仿真分析[J]. 科学学研究,2019(8):1423-1434.

[2] 鲍新中. 知识产权融资:模式、障碍与政策支持[J]. 科技管理研究, 2019(4):136-141.

[3] 蔡中华."一带一路"倡议中的知识产权——回顾与展望[J]. 产业创新研究,2020(2):4-12.

[4] 曹勇,杜蔓. 专利池中专利诉讼的发生路径及其启示研究[J]. 情报杂志,2018(4):69-73.

[5] 陈宝明."促进科技成果转化法"修订的意义与主要内容[J]. 中国高校科技,2016(1-2):16-18.

[6] 陈俐,冯楚健,陈荣,等. 英国促进科技成果转移转化的经验借鉴——以国家技术创新中心和高校产学研创新体系为例[J]. 科技进步与对策,2016(15):9-14.

[7] 陈强,鲍竹. 中国天使投资发展现状与政策建议[J]. 科技管理研究, 2016(8):21-25.

[8] 陈仕伟. 杰出科学家管理的理论与实践[D]. 博士学位论文,中国科学技术大学,2014.

[9] 陈套. 以色列创新引领发展的政策逻辑和实践选择[J]. 中国高校科技,2019(10):51-54.

[10] 陈套,冯锋. 中国科学院成果转化与技术转移机构运作模式研究[J]. 科学管理研究,2014(4):44-47.

[11] 陈涛涛,陈红喜,丁子仪. 我国科技成果转化政策演进脉络及未来进路分析[J]. 经济师,2020(2):11-13.

[12] 邓志华,肖小虹,张亚军. 团队精神型领导与研发团队创新行为的关系——团队自省性和团队外部社会资本的影响[J]. 商业经济与管

理,2019(12):66-77.

[13] 丁亚金.技术经纪人:学术资本主义理念下高校的重要资源[J].重庆交通大学学报(社科版),2013(5):97-100.

[14] 董亮,张玢,李明亮等.我国技术市场理论的嬗变——从科技成果转化到技术转移[J].科学管理研究,2015,33(1):112-116.

[15] 董英南.学术创业的空间知识溢出研究[D].博士学位论文,大连理工大学,2016.

[16] 段德忠,谌颖,杜德斌."一带一路"技术贸易格局演化研究[J].地理科学进展,2019,38(7):998-1008.

[17] 段琪,麦晴峰,廖青虎.基于扎根理论的高校学术创业过程研究[J].科学学研究,2017(8):1212-1220.

[18] 杜洪旭,莫小波,鲁若愚.中介机构在技术创新扩散中的作用研究[J].软科学,2003(1):47-49.

[19] 范雪灵,王小华.愿景型领导研究述评与展望[J].经济管理,2017(12):174-189.

[20] 房汉廷.中国科技金融简史及政府责任[J].广东科技,2015,24(21):18-22..

[21] 冯晓青.中国 70 年知识产权制度回顾及理论思考[J].社会科学战线,2019(6):25-37.

[22] 冯晓青.国际知识产权制度变革与发展策略研究[J].人民论坛,2019(8):110-113.

[23] 付继存,刘艳花.专利技术交易中的侵权风险及其防范对策[J].南都学坛(人文社会科学学报),2020(1):84-92.

[24] 甘志霞,张玮艺.美国高校技术转移体制机制分析[J].中国高校科技,2018(4):41-43.

[25] 高飞.我国高校技术转移机构发展策略研究[D].硕士学位论文,天津大学,2015.

[26] 高菲菲.医院在推动科技成果转化工作中的作用与探索[J].医院管理论坛,2019(11):11-14.

[27] 高静.以色列科技研发与成果转化国际合作研究[D].硕士学位论文,对外经贸大学,2015.

[28] 高懿. 科学家具有独特的人格特征吗[J]. 自然辩证法通讯,2019(10):90-95.

[29] 高志前. 全球主要国家技术转移体系的发展与特点[J]. 中国高校科技与产业化,2007(10):46-49.

[30] 高云峰,刘亚军."一带一路"倡议下知识产权保护合作与可持续发展目标的实现[J]. 社会科学家,2020(5):128-134.

[31] 龚志民,刘杰. 基于资源整合理论的创业服务对创新经济影响机理及推进策略[J]. 理论探讨,2019(2):102-107.

[32] 谷丽,阎慰椿,任立强,等. 专利代理人胜任特征对专利质量的影响路径研究[J]. 科学学研究,2016(7):1005-1016.

[33] 郭曼,朱常海,邵翔,等. 中国技术转移机构的发展策略研究——基于能力升级的视角[J]. 2018(1):16-23.

[34] 韩小腾,严会超,郑鹏,等. 中英高校科技成果转移转化比较研究及经验借鉴[J]. 科技管理研究,2019(7):121-126.

[35] 韩秀成,王淇. 知识产权:国际贸易的核心要素——中美经贸摩擦的启示[J]. 中国科学院院刊,2019(8):893-902.

[36] 何华. 知识产权全球治理体系的功能危机与变革创新——基于知识产权国际规则体系的考察[J]. 政法论坛,2020(3):66-79.

[37] 何剑华,耿燕,容晶. 关于英国科技创新和技术转移体系的学习与思考[J]. 机电工程技术,2019(4):64-66.

[38] 何鹏. 知识产权立法的法理解释——从功利主义到实用主义[J]. 法制与社会发展,2019(4):21-34.

[39] 贺艳. 美国、德国大学和科研机构技术转移模式及启示[J]. 华北电力大学学报(社会科学版),2019(2):128-134.

[40] 华冬芳. 技术交易中的信任机制和作用研究[D]. 博士学位论文,南京师范大学,2018.

[41] 胡海鹏,袁永,邱丹逸,等. 以色列主要科技创新政策及对广东的启示建议[J]. 科技管理研究,2018(9):32-37.

[42] 胡微微. 解构美国大学技术转移的 MIT 模式[J]. 高等工程教育研究,2012(3):121-125.

[43] 胡小桃. 德国科技创新的政策体制分析[J]. 湖湘论坛,2014(3):

97-101.

[44] 黄露,王海芸,陶晓丽.新形势下技术交易新态势研究[J].科技和产业,2019(6):95-100.

[45] 黄新平,黄萃,苏竣.基于政策工具的我国科技金融发展政策文本量化研究[J].情报杂志,2020(1):130-137.

[46] 黄艳,陶秋燕,马丽仪.社会网络、资源获取与小微企业的成长绩效[J].技术经济,2016(6):8-15.

[47] 金杰.大学技术转移的效率及影响因素研究[D].硕士学位论文,上海交通大学,2018.

[48] 蒋芬.我国技术市场发展演变趋势、存在问题及对策建议[J].科技通报,2016(10):250-254.

[49] 孔祥浩.以色列技术转移机制和模式研究的作用[J].价值工程,2013(12):5-7.

[50] 来小鹏.规范我国专利代理服务的法律思考[J].法学杂志,2017(7):60-66.

[51] 赖泽栋.资源拼凑视域下的区域创新创业资源整合机制[J].沈阳大学学报(社会科学版),2019(5):542-546.

[52] 李闯豪.AUTM的新发展及其对我国构建高校技术转移信息平台的启示[J]//朱雪忠.科技管理研究,2016(16):166-171.

[53] 李从刚,许荣,路璐,等.明星科学家在创新活动中的作用:一个文献综述[J].科技进步与对策,2019(21):155-160.

[54] 李丹琳.日本科技创新研究[D].博士学位论文,吉林大学,2017.

[55] 李华军.改革开放四十年:科技金融的实践探索与理论发展[J].科技管理研究,2019(11):63-70.

[56] 李玲娟,许洪彬.美、日、韩知识产权战略的调整与走向[J].湖南大学学报(社会科学版),2020(1):142-147.

[57] 李强,暴丽艳.职务科技成果转化收益分配比例与科研人员激励——基于委托-代理理论视角[J].科技管理研究,2019(2):233-240.

[58] 李石."知识产权制度"的哲学反思[J].哲学研究,2019(8):120-125.

[59] 李伟,海本禄.基于创业资源需求认知差异性的孵化器干预行为研究

　　[J].中国科技论坛，2020(1)：60-68.

[60] 李伟，王小曼，郑翼，等.以色列大学技术转移机构管理运行机制
　　　探析[J].改革与开放，2014(3)：27-28＋10.

[61] 李晓慧，贺德方，彭洁.日本高校科技成果转化模式及启示[J].科
　　　技导报，2018，36(2)：8-12.

[62] 李雪灵，李玎玎，刘京，等.创业拼凑还是效果逻辑？理论适用条件与
　　　未来展望[J].外国经济与管理，2020(1)：17-29.

[63] 李杨迪.我国知识产权服务业发展研究[D].硕士学位论文，山东财
　　　经大学，2016.

[64] 李玉清，田素妍，高江宁，等.德国技术转移工作经验及借鉴[J].中
　　　国高校科技，2014(10)：56-58.

[65] 李政刚.职务科技成果权属改革的法律障碍及其消解[J].西安电子
　　　科技大学学报(社会科学版)，2019(2)：68-75.

[66] 李政刚.赋予科研人员职务科技成果所有权的法律释义及实现路径
　　　[J].科技进步与对策，2020(5)：124-130.

[67] 梁洪力，王海燕.关于德国创新系统的若干思考[J].科学学与科学
　　　技术管理，2013(6)：52-57.

[68] 梁洪学.现代企业经理人职能性质定位的逻辑分析——从马克思对
　　　经理人的论述出发[J].江汉论坛，2016(9)：12-16.

[69] 梁洪学，王松华.现代公司制企业兴起及经理人作用[J].湖北经济
　　　学院学报，2007(6)：14-17.

[70] Lin William Cong，Charles M. C. Lee，屈源育，沈涛."死亡之谷"
　　　和"退出陷阱"羁绊中国创业企业——中国初创企业的融资现状与
　　　困境[J].清华管理评论，2019(9)：34-40.

[71] 林春波，许可.我国技术经纪人市场发展问题与对策[J].甘肃科技，
　　　2019(17)：5-7.

[72] 林龙飞，陈传波.中国创业政策40年:历程回顾与趋向展望[J].经济
　　　体制改革，2019(1)：9-15.

[73] 林伟光.我国科技金融发展研究[D].博士学位论文，暨南大
　　　学，2014.

[74] 林芸.不同投资主体的企业孵化器运营模式研究[D].硕士学位论

文，武汉理工大学，2016.

[75] 刘冰欣，赵丙奇. 创业资源、创业机会开发与新创企业成长关系研究 [J]. 特区经济，2016(11)：52-55.

[76] 刘博，孙文乐，官银. 我国天使投资运作模式转型研究——以创新工场为例[J]. 渤海大学学报哲学社会科学版，2018(4)：80-85.

[77] 刘文杰，张彦通. "技术创业商业化规程"：美国北卡州立大学创业教育新模式[J]. 高等工程教育研究，2018(2)：176-181.

[78] 刘湘云，吴文洋. 基于高新技术产业的科技金融政策作用路径与效果评价研究[J]. 科技管理研究，2017(18)：23-28.

[79] 柳学信，孔晓旭，牛志伟. 新中国 70 年国有资产监管体制改革的经验回顾与未来展望[J]. 经济体制改革，2019(5)：5-11.

[80] 刘娅. 英国公共科研机构技术转移机制研究[J]. 世界科技研究与发展，2015(2)：212-217.

[81] 刘媛媛. 技术中介促进科技成果转化的作用机制研究[D]. 硕士学位论文，武汉理工大学，2017.

[82] 刘云，桂秉修，冉奥博. 中国专利联盟组建模式与运行机制研究——基于案例调查[J]. 中国科学院院刊，2018(3)：225-233.

[83] 刘祯，程子玲，郭俊峰. 以色列科技创新发展情况及对我国的启示[J]. 科技创新发展战略研究，2019(5)：1-5.

[84] 陆建中. 农业科研机构自主创新能力研究[D]. 博士学位论文，中国农业科学院，2011.

[85] 陆婷婷. 大型综合医院科技成果转化现状与对策研究——以某省级医院为例[D]. 硕士学位论文，南京医科大学，2018.

[86] 罗薇薇. 英国技术转移实践与模式研究[J]. 云南科技管理，2018(3)：15-18.

[87] 罗文波，陶媛婷. 科技金融与科技创新协同机制研究[J]. 西南金融，2020(1)：23-32.

[88] 罗喜安. 现代经理人的作用和应具备的素质论略[J]. 中国集体经济，2011(1)：121-122.

[89] 骆严. 我国国立科研机构的创新政策及其与创新模式的协同研究[D]. 博士学位论文，华中科技大学，2015.

[90] 吕建秋. 区域科技成果生态化转化模式与机制研究[D]. 博士学位论文, 哈尔滨理工大学, 2017.

[91] 马海泉. 科学研究与现代大学[J]. 中国高校科技, 2017(7): 4-6.

[92] 马凌远, 李晓敏. 科技金融政策促进了地区创新水平提升吗? —— 基于"促进科技和金融结合试点"的准自然实验[J]. 中国软科学, 2019(12): 30-42.

[93] 马晓文. 美国研究型大学科技成果的产权管理研究[D]. 硕士学位论文, 华中科技大学, 2016.

[94] 马亚丽, 李华, 王方. 基于双边市场理论的网上技术市场定价策略[J]. 科技管理研究, 2016(11): 233-239.

[95] 马忠法. 国际知识产权法律制度的现状、演进与特征[J]. 安徽师范大学学报(人文社会科学版), 2018(3): 56-66.

[96] 南星恒, 田静. 知识产权质押融资风险分散路径[J]. 科技管理研究, 2020(4): 206-211.

[97] 牛华伟, 顾铭. 基于道德风险的天使投资最优融资合约研究[J]. 科研管理, 2020(3): 110-118.

[98] 牛宇燕. 经纪人法律概念之界定[J]. 中共太原市委党校学报, 2008(6): 54-56.

[99] 潘建红. 以高质量科技政策供给推动科技成果转化[J]. 学术前沿, 2019(12): 60-65.

[100] 庞大伟. 商业银行对中小科技型企业信贷融资问题研究——科技支行的兴起[D]. 硕士学位论文, 苏州大学, 2017.

[101] 彭道林, 黄芳. 论科学研究的应用[J]. 湖南师范大学教育科学学报, 2018(4): 61-65.

[102] 彭坚, 杨红玲. 责任型领导: 概念变迁、理论视角及本土启示[J]. 心理科学, 2018, 41(6): 1464-1469.

[103] 彭学兵, 陈璐露, 刘玥伶. 创业资源整合、组织协调与新创企业绩效的关系[J]. 科研管理, 2016(1): 110-118.

[104] 祁士超. 技术传播过程中的文化制约[D]. 硕士学位论文, 贵州大学, 2015.

[105] 钱学程, 赵辉. 科技成果转化政策实施效果评价研究——以北京市

为例[J]. 科技管理研究，2019(15)：48-55.

[106] 秦洁，宋伟. 对"促进科技成果转化法"修订的几点思考[J]. 中国科技论坛，2014(4)：10-14.

[107] 邱超凡.提高科技成果熟化程度促进科技成果转移转化[J].科技中国，2019(11)：37-40.

[108] 任虎，袁静."一带一路"倡议下国际技术转移机制创新研究[J].科技与法律，2018(1)：32-37.

[109] 任梅.大学学术创业运行机制研究[J].江苏高教,2018(12):1-8.

[110] 邵邦.中科院国家技术转移机构技术转移模式研究[J]. 科技和产业，2017(3)：128-131.

[111] 沈慧君，黄灿，毛昊.专利中介是否能帮助企业克服专利交易的经验劣势[J].中国科技论坛，2019(12)：116-125.

[112] 沈继培.进取型领导者如何让下级跟得紧[J].领导科学,2018(8)：27-29.

[113] 时毓瞳. 关系网络对技术创业资源获取的影响作用研究[D]. 硕士学位论文,吉林大学，2013.

[114] 史竹琴，朱先奇，许亚斌.科技园区创新成果转化的路径研究——基于多主体合作视角[J].经济问题，2020(1)：70-78.

[115] 束兰根.科技金融体系中的资源整合——基于商业银行视角的分析[J].金融纵横，2013(4)：4-10.

[116] 宋河发.我国知识产权运营政策体系建设与运营政策发展研究[J].知识产权，2018(6)：75-81.

[117] 宋河发，廖奕驰，郑笃亮.专利技术商业化保险政策研究[J].科学学研究,2018(6):991-999.

[118] 苏华峰. 协同创新生态系统中科技成果转化模式研究[D]. 硕士学位论文,杭州电子科技大学，2017.

[119] 孙海荣.专利战略竞争优势——内生论和外生论视角[J].中国科技论坛,2017(1)：94-102.

[120] 孙建国.企业签订技术合同中知识产权的问题研究[J].江苏科技信息,2018(27):21-23.

[121] 孙平,邵帅,史青芳.创业者与投资人的冲突、信任及其对创业绩效

的影响[J].山东大学学报(哲学社会科学版),2018(5):150-158.

[122] 孙中峰.美国技术转移措施及组织运作机制[J].全球科技经济瞭望,2003(5):12-13.

[123] 谭乔予,杨丽,张征,等.谦逊型领导研究述评与展望[J].投资研究,2018(12):132-144.

[124] 谈毅.科学研究过程中的利益冲突与规范[J].研究与发展管理,2016(3):115-121.

[125] 唐百川.技术中介参与下技术转移的演化博弈分析[J].江苏科技信息,2015(5):4-6.

[126] 唐素琴,曾心怡,卓柳俊.财政资助科技成果共有制与成果转化关系的考察[J].科技促进发展,2019(9):935-942.

[127] 万琦.论我国专利纠纷解决的司法、行政路径[J].电子知识产权,2018(2):89-101.

[128] 王弘钰,刘伯龙.创业型领导研究述评与展望[J].外国经济与管理,2018(4):84-95.

[129] 王姣娥,杜方叶,刘卫东.制度与文化对嵌入式技术海外转移的影响——以蒙内铁路为例[J].地理学报,2020(6):1147-1158.

[130] 王丽平,代赓.科技服务对科技成果转化质量的作用过程[J].科技管理研究,2019(19):244-253.

[131] 王玲玲,赵文红.创业资源获取、适应能力对新企业绩效的影响研究[J].研究与发展管理,2017(3):1-12.

[132] 王军,缪金钟,赵越.浅谈技术合同订立相关事项[J].安徽科技,2018(8):37-39.

[133] 王萌.科技人员股权激励对科技成果转化绩效的影响研究[D].硕士学位论文,西安理工大学,2017.

[134] 王敏,刘运青,银路.国外技术创业研究文献回顾与展望[J].电子科技大学学报(社科版),2018(1):56-65.

[135] 汪泉,曹阳.科技金融信用风险的识别、度量与控制[J].金融论坛,2014,19(04):60-64..

[136] 汪泉,史先诚.科技金融的定义、内涵与实践浅析[J].上海金融,2013(09):112-114+119..

［137］王铁成. 英国科技强国发展历程［J］. 今日科苑，2018(1)：47-55.

［138］王雪莹. 美国国家实验室技术转移联盟的经验与启示［J］. 科技中国，2018(11)：17-19.

［139］王艳. 技术创业者角色转换的影响因素研究［D］. 硕士学位论文，哈尔滨工业大学，2019.

［140］王煜. 以色列高科技发达的原因探析［D］. 硕士学位论文，西北大学，2018.

［141］王宇行. 以色列技术转移——60 年经验与案例［J］. 江苏科技信息，2009(8)：12-13.

［142］王世春. 浅析以色列大学技术转移模式［J］. 江苏科技信息，2015(4)：1-3.

［143］王永杰，张善从. 2009～2016：中国科技成果转化政策文本的定量分析［J］. 科技管理研究，2018(2)：39-48.

［144］王宇. 江苏"一带一路"创新合作与技术转移的实践与思考［J］. 科技管理研究，2020(7)：104-109.

［145］卫红. 美国专利代理行业发展现状研究［J］. 科技促进发展，2017,13(8-9)：728-732.

［146］卫平，高小燕. 中国大学科技园发展模式转变研究——基于北京、上海、武汉等多地大学科技园调查及中外比较分析［J］. 科技管理研究，2019(21)：20-25.

［147］文剑英. 科技成果转化的理性思考［J］. 科研管理，2019(5)：175-181.

［148］文巧甜，郭蓉，夏健明. 跨界团队中变革型领导与协同创新——知识共享的中介作用和权力距离的调节作用［J］. 外国经济与管理，2020(2)：17-29.

［149］温雯. 我国技术合同法律风险研究［D］. 硕士学位论文，西南交通大学，2015.

［150］温兴琦，David Brown，黄起海. 概念证明中心：美国研究型大学科技成果转化模式及启示［J］. 武汉科技大学学报(社会科学版)，2015(5)：555-560.

［151］吴方怡，王伟，穆晓敏，等. 专利丛林识别方法及测度指标研究［J］.

情报科学，2019(12)：140-143.

[152] 吴江，费佳丽，王倩茹. 国家大学科技园政策变迁的演进逻辑与动力机制[J]. 科学管理研究，2019(5)：29-35.

[153] 乌仕明，李正风. 孵化到众创：双创政策下科技企业孵化器的转型[J]. 科学学研究，2019(9)：1626-1631.

[154] 吴寿仁. 科技成果转化若干热点问题解析（十一）——关于科技成果成熟度的思考[J]. 科技中国，28-35.

[155] 吴寿仁. 科技成果转化若干热点问题解析（二十二）——科技成果转化中的技术合同政策导读及案例解析[J]. 科技中国，2019(3)：52-61.

[156] 吴伟，蔡雯莹，蒋啸. 美国大学市场化技术转移服务：两种模式的比较[J]. 复旦教育论坛，2018(1)：106-112.

[157] 武学超. 英国大学知识转移政策目标与实施工具的失配问题[J]. 中国高校科技，2018(9)：21-24.

[158] 吴妍妍. 科技金融服务体系构建与效率评价[J]. 宏观经济研究，2019(4)：162-170.

[159] 吴玉怡. 技术交易典型服务模式及平台研究[D]. 硕士学位论文，东南大学，2014.

[160] 谢克海. 5M 视角下的领导力理论[J]. 南开管理评论，2018(4)：219-224.

[161] 徐国兴，贾中华. 科技成果转化和技术转移的比较及其政策含义[J]. 中国发展，2010(3)：45-49.

[162] 许可，肖尤丹，何丽敏. 国立科研机构科技成果转化模式研究——以中国科学院为例[J]. 东岳论丛，2019(12)：138-146.

[163] 徐鲲，张楠，鲍新. 专利价值评估研究[J]. 价格理论与实践，2018(7)：143-146.

[164] 徐兰. 德国技术转移体系对我国的启示[J]. 中国高校科技，2016(4)：51-53.

[165] 徐兰，徐婷. 基于四位一体的德国技术转移体系对我国科研发展的启示研究[J]. 科技与管理，2017(1)：43-47.

[166] 许培源，程钦良. "一带一路"国际科技合作的经济增长效应[J]. 财

经研究，2020(5)：140-154.

[167] 徐兴祥，饶世权. 职务科技成果专利权共有制度的合理性与价值研究——以西南交通大学职务科技成果混合所有制实践为例[J]. 中国高校科技，2019(5)：87-90.

[168] 徐业敏. 商业银行科技金融业务发展研究[D]. 硕士学位论文，安徽大学，2017.

[169] 许云. 北京地区高校、科研机构技术转移模式研究[D]. 硕士学位论文，北京理工大学，2016.

[170] 许正中. 国有资产催化科技成果产业化机理探源[J]. 经济研究参考，2016(49)：51-58.

[171] 薛澜. 中国科技创新政策 40 年的回顾与反思[J]. 科学学研究，2018(12)：2113-2115.

[172] 闫佳宁，李燕. 日本学术机构技术转移机制及其对我国的启示[J]. 日本研究，2019(3)：39-47.

[173] 杨斌，肖尤丹. 国家科研机构硬科技成果转化模式研究[J]. 科学学研究，2019(12)：2149-2156.

[174] 杨蕾蕾. 基于知识产权价值链的高校科技成果转化机制研究[D]. 硕士学位论文，重庆理工大学，2017.

[175] 杨舒博，黄健. 改革开放 40 年中国知识产权制度变迁的动因分析[J]. 中国科技论坛，2019 (4)：35-41.

[176] 叶娇. 文化差异对跨国技术联盟知识转移机制的影响[D]. 博士学位论文，大连理工大学，2011.

[177] 易继明，初萌. 全球专利格局下的中国专利战略[J]. 知识产权，2019(8)：38-56.

[178] 易朝辉，管琳. 学者创业角色、创业导向与大学衍生企业创业绩效[J]. 科研管理，2018(11)：166-176.

[179] 殷朝晖，李瑞君. 大学教师学术创业的角色冲突及其调适策略[J]. 江苏高教，2017(4)：57-60.

[180] 苑泽明，郭景先，侯雪莹. 我国科技金融政策评价研究：构建理论分析框架[J]. 科技管理研究，2015(15)：69-75.

[181] 曾莉，戚功琼. 对"专利流氓""鲶鱼效应"的思考与建议[J]. 科技管

理研究，2017(15)：186-190.

[182] 翟晓舟. 科技成果转化"三权"的财产权利属性研究[J]. 江西社会
科学，2019(6)：171-179.

[183] 张爱丽.创业经验一定能促进创业机会开发吗？[J]科学学研究，
2020(2)：288-295.

[184] 张寒,蔡瑜琢. 大学技术转移组织机构的制度化及其演化[J]. 自然
辩证法研究，2017(2)：42-48.

[185] 张换兆,秦媛. 美国国家技术转移体系建设经验及其对我国的启示
[J]. 全球科技经济瞭望，2017(8)：50-55.

[186] 张敬婕.跨文化沟通的认知差异与领导力提升[J].领导科学,2019
(6)：115-117.

[187] 张珺. 中国科研院所科技成果转移转化创新管理机制探索[D]. 硕
士学位论文,东南大学,2015.

[188] 张俊芳,郭戎.中国风险投资发展的演进、现状与未来展望[J].全球
科技经济瞭望,2016(9)：34-43.

[189] 张琳,张晓军,席酉民. 领导者如何获取资源:基于制度理论、资源基
础观和领导理论的分析框架[J]. 科技进步与对策，2015（4）：
144-149.

[190] 张米尔,国伟,曲宁.面向专利预警的专利申请关键特征研究[J].科
研管理，2018(1)：135-142.

[191] 张铭慎. 如何破除制约入股型科技成果转化的"国资诅咒"？——
以成都职务科技成果混合所有制改革为例[J]. 经济体制改革，
2017(6)：116-123.

[192] 张明喜,郭滕达,张俊芳.科技金融发展 40 年：基于演化视角的分
析[J].中国软科学,2019(3)：20-33.

[193] 张明妍. 德国科技发展轨迹及创新战略[J]. 今日科苑，2017(12)：
1-14.

[194] 张千慧. 技术交易中的供需主体双边匹配决策方法[D]. 硕士学位
论文,西安电子科技大学,2015.

[195] 张盼盼. 美国公立研究型大学技术转移的 OTL 模式研究[D]. 硕
士学位论文,浙江大学,2017.

［196］张婷,肖晶.知识产权质押融资:实践、障碍与机制优化[J].南方金融,2017(2):86-90.

［197］张卫东,王萍,魏和平.技术交易中介服务体系的构建与运行[J].图书情报工作,2009(22):22-25.

［198］张文斐.职务科技成果混合所有制的经济分析[J].软科学,2019(5):51-54.

［199］张文俊.技术经理人全程参与成果转化服务模式研究[J].科技资讯,2019(14):197-199.

［200］张妍,郭文君.中央级科研院所科技成果转化国资管理政策变化浅析[J].高科技与产业化,2019(12):84-88.

［201］张艺凡,季闯,田莎莎.对天使投资与风险投资的比较分析[J].山东农业工程学院学报,2018(8):33-34.

［202］张占江,李敏,李珊.公司设立中专利权出资的风险及防范[J].中国发明与专利,2016(9):76-80.

［203］张征,王玉博,杨霞.战略型领导:概念、测量与作用机制[J].中国人力资源开发,2018,35(4):53-65.

［204］张宇庆.科研经纪人的角色定位探析[J].北京教育(高教),2016(5):74-76.

［205］赵捷,江山.英国促进科技成果商业化的举措[J].高科技与产业化,2013(3):44-48.

［206］赵询,李祥华.企业设立法律风险探究[J].法制与社会,2015(9):28-30.

［207］赵志娟.国内外网上技术市场主动服务模式研究[J].今日科技,2014(12):47-49.

［208］郑栋之,张同建.我国专利联盟特质对专利联盟市场绩效影响研究[J].科技管理研究,2018(11):154-158.

［209］郑开梅.技术经理人职业素养、能力提升分析与研究[J].江苏科技信息,2019(11):40-43.

［210］郑书前.专利陷阱识别与规制刍议[J].电子知识产权,2017(10):39-45.

［211］郑勇华,尹剑峰.技术专长、关系网络与创业机会识别[J].技术经济

与管理研究，2019(12)：3-8.

[212] 周传忠. 科研机构成果转化市场机制研究[D]. 博士学位论文，中国科学技术大学，2017.

[213] 周海源. 职务科技成果转化中的高校义务及其履行研究[J]. 中国科技论坛，2019(4)：142-151.

[214] 周敏."经纪人"历史溯源及对我国体育经纪人职能定位的解读[J]. 南京体育学院学报，2008(5)：85-87.

[215] 朱承. 完善科技成果转化政策法规体系 更好服务经济高质量发展[J]. 中国发展观察，2019(9)：36-40.

[216] 朱承亮，雷家骕.中国创业研究 70 年:回顾与展望[J].中国软科学，2020(1):11-20.

[217] 朱平利. 科技人员成果转化意愿的影响因素[J]. 中国高校科技，2017(4)：73-76.

[218] 朱雪忠. 中国技术市场的政策过程、政策工具与设计理念[J]. 中国软科学，2020(4)：1-16.

[219] 朱业琳. 创业投资与创业企业成长性的关系研究[D]. 硕士学位论文，对外经贸大学，2018.

[220] 卓泽林，赵中建."概念证明中心"：美国研究型大学促进科研成果转化的新组织模式[J]. 复旦教育论坛，2015(4)：100-106.